1x1 des Wissens

Allgemeinbildung NATURWISSENSCHAFTEN

Diplom-Mineralogin
Martina Rüter

Compact Verlag

Chefredaktion: Dr. Angela Sendlinger
Redaktion: Alice Hassel
Produktion: Wolfram Friedrich
Abbildungen: Lidman Productions, Stockholm; pixelio, München;
Gruppo Editoriale Fabbri, Mailand; dpa-Picture-Alliance, Frankfurt
Compact Verlag, München
Titelabbildungen: Compact Verlag, München (2); Lidman Productions, Stockholm (1)
von links nach rechts: Reagenzgläser, Muskelstränge, Schaltplatine

Gestaltung: Axel Ganguin
Umschlaggestaltung: Inga Koch

ISBN 978-3-8174-6094-6
5460941

Besuchen Sie uns im Internet: www.compactverlag.de

Inhalt

Astronomie in frühen Hochkulturen

Astronomie – die wohl älteste Naturwissenschaft. Alle Völker beobachteten von jeher den gestirnten Himmel sowie die auffälligen Phänomene und bemühten sich um eine meist religiöse Deutung der Geschehnisse. Die Archäoastronomie spürt die Anfänge der Himmelsbeobachtung auf und untersucht archäologische Ausgrabungsstätten nach ihrer astronomischen Bedeutung. Die ältesten Darstellungen des Sternenhimmels gehen bis in die Altsteinzeit zurück. Dazu zählen u. a. die Wandmalereien in der Höhle von Lascaux in Frankreich.

Stonehenge

Ein weiteres bekanntes Beispiel ist Stonehenge in Mittelengland. Dieser berühmte Steinkreis wurde an der Grenze von der Stein- zur Bronzezeit errichtet. Stonehenge zeigt, wie viele weitere Beispiele, dass die Erbauer ihre Kultstätten nach astronomischen Gesichtspunkten ausrichteten. Über den dort abgehaltenen Sonnenkult ist wenig bekannt. Die weltweit älteste konkrete Himmelsdarstellung ist die aus der Bronzezeit stammende Himmelsscheibe von Nebra (zwischen 2100 und 1700 v. Chr. gefertigt). Sie wurde 1999 nahe der Stadt Nebra in Sachsen-Anhalt bei illegalen Grabungen gefunden und konnte anschließend sichergestellt werden. Seit 2002 befindet sie sich im Landesmuseum für Vorgeschichte in Halle. Die annähernd kreisrunde Bronzeplatte hat einen Durchmesser von ca. 32 Zentimetern; ihr Gewicht liegt bei etwa 2 Kilogramm. Die Scheibe zeigt das Siebengestirn, den Vollmond und den zunehmenden Mond. Die am Rand dargestellten Horizontalbögen stellen die Auf- und Untergangspunkte der Sonne sowie die Sonnenbarke dar. Frühe Kulturen glaubten, dass die Sonne eine Scheibe sei, die in einem großen Schiff, der Sonnenbarke, den Himmel befährt.

Ägypter und Babylonier

Der Wechsel von Tag und Nacht, die Mondphasen sowie die jahreszeitlichen Veränderungen waren von großer Bedeutung für eine erfolgreiche Landwirtschaft und Jagd. Bereits die Ägypter kannten drei Jahreszeiten: Monate der Überschwemmung, Monate des Wachstums und Monate der Hitzezeit. Das neue Jahr begann mit dem Erscheinen von Sirius am Morgenhimmel, der die alljährliche Nilschwemme ankündigte. Ägypter und Babylonier kannten bereits die beiden grundlegenden Kalendertypen, die bis heute die meisten Kalendersysteme prägen: den Mondkalender, der sich an den Mondphasen orientiert, und den Sonnenkalender, der die Jahreszeiten widerspiegelt.

Bereits 3000 v. Chr. gaben die Babylonier den wichtigsten Sternbildern Namen. Die meisten der heute verwendeten griechischen Sternbilder (Tierkreissternbilder) sind babylonischen Ursprungs.

Julianischer und gregorianischer Kalender

Julius Caesar

Im 46 v. Chr. eingeführten julianischen Kalender besaß ein Jahr 365 Tage und 6 Stunden. Jedes vierte Jahr war ein Schaltjahr. Mit den Jahrhunderten wich der kalendarische Frühlingsbeginn immer mehr vom tatsächlichen ab. Deshalb reformierte Papst Gregor XIII. den Kalender im Jahr 1582, wobei auf den 4. Oktober direkt der 15. Oktober folgte. Das bis heute gültige gregorianische Jahr hat 365 Tage, 5 Stunden, 49 Minuten und 12 Sekunden. Alle durch 4 oder 400 teilbaren Jahre sind Schaltjahre; nicht jedoch die durch 100 teilbaren Jahre.

Maya und Azteken

Über das astronomische Weltbild der indianischen Hochkulturen in Mittelamerika ist wenig bekannt. Doch ihre Kultbauten und Rituale waren eindeutig mit den astronomischen und irdischen Zyklen der Natur verbunden. Besonders auf dem Gebiet der Kalenderrechnung und dem Wissen über die Planetenzyklen verfügten die Maya und Azteken über weitreichendes Wissen. Die Maya benutzten verschiedene Kalender nebeneinander, die auf einer Tageszählung im 20er-System beruhten. Der Azteken-Kalender besaß große Ähnlichkeit mit dem Maya-Kalender, wich allerdings in der Datumsbezeichnung ab. Ihr Kalender- oder Sonnenstein galt als Kultobjekt und bildete die Grundlage für astronomische Studien.

Chinesen

Bereits 3000 v. Chr. widmeten sich die Chinesen der Beobachtung von Finsternissen, Kometen und Meteoriten. Die altchinesischen Chroniken gelten noch heute als zuverlässig und relativ vollständig. Shih Shen vollendete um 350 v. Chr. einen Sternenkatalog mit 800 Sternen. Die Chinesen erdachten eigene Sternbilder, die von den arabisch-europäischen Bezeichnungen abwichen. ■

Die Entwicklung des Weltbilds

Begründer des geozentrischen Weltbilds, bei dem die Erde im Mittelpunkt steht, ist der Grieche Claudius Ptolemäus (83–161). Er war der Erste, der die umfangreichen Beobachtungsdaten der Himmelserscheinungen systematisierte. Dabei stützte sich Ptolemäus auf die Weltanschauung des Philosophen Platon (428–348 v. Chr.). Da der Kosmos (griech. Ordnung, Schmuck, Gegenstück zum Chaos) Platon makellos erschien, mussten sich die Planeten auf vollkommenen Kreisbahnen bewegen.

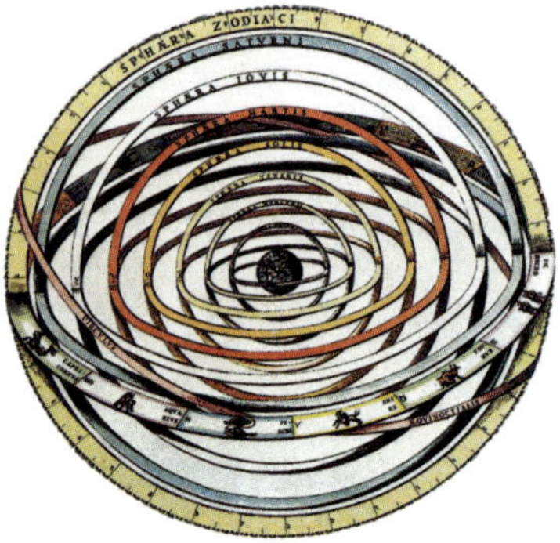

Ptolemäisches Weltbild

Weitere Verfechter des geozentrischen Weltbilds waren u. a. Aristoteles (384–322 v. Chr.), Anaximander (um 610–546 v. Chr.) und Hipparchos von Nicäa (190–125 v. Chr.). Aristoteles unterschied zwischen einer himmlischen und einer irdischen Welt. Er konstruierte ein Sphärensystem. Anaximander beschrieb die Erde als eine von Luft getragene Scheibe. Die Fixsterne waren wie Nägel an der starren Himmelsschale befestigt und bildeten so die äußerste Begrenzung der Welt. Hipparchos war einer der bedeutendsten Astronomen seiner Zeit. Unter Verwendung des Astrolabiums, einem Messgerät zur Winkelmessung am Himmel, verfasste er den ersten Sternenkatalog mit 1022 Sternen, welcher bis weit über die Renaissance in Gebrauch war. Ptolemäus trug all diese Erkenntnisse zusammen und schuf ein Standardwerk (den *Almagest*, wie die lateinische Form des arabischen Namens dieses Buches lautet), das sich gegen Kritiker standhaft bewährte. In seinem geozentrischen Weltbild bildete die Erde den Mittelpunkt, um den sich alle weiteren Himmelkörper (Mond, Sonne, Planeten) auf konzentrischen Sphären (durchsichtigen Hohlkugeln) bewegten. Die äußerste Sphäre war durch die Fixsterne begrenzt. Das geozentrische Weltbild sah demnach die Erde bereits als Kugel und nicht mehr, wie in früheren Kulturen vermutet, als flache Scheibe an.

Kopernikus: Begründer des heliozentrischen Weltbildes

Nikolaus Kopernikus (1473–1543) wagte erste öffentliche Zweifel an der Richtigkeit des geozentrischen Weltbilds. Kopernikus stellte zwar die Sonne in den Mittelpunkt der Welt, doch hielt er an den kreisförmigen Planetenbahnen fest. Er war der Meinung, dass eine Kugel das vollkommene geometrische Gebilde sei und somit perfekt für die Form des vollendeten Kosmos. Dies bedingte ein recht kompliziertes Kopernikanisches System.

Kepler: Planeten bewegen sich auf elliptischen Bahnen

Kepler befreite die Planeten von ihrer Kreisbahn und ließ sie auf elliptischen Bahnen um die Sonne kreisen. So vereinfachte sich das komplexe Kopernikanische Weltbild schlagartig. Die drei keplerschen Gesetze fußten auf Beobachtungen des dänischen Astronomen Tycho Brahe (1546–1601). Brahe entwickelte ein eigenes Weltsystem, welches geozentrische mit kopernikanisch-heliozentrischen Aspekten vereinte. Dabei kreiste die Sonne um die Erde; alle anderen Himmelskörper umkreisten jedoch die Sonne. Kepler war Assistent von Brahe. Nach dessen Tod entwickelte Kepler, auf der Grundlage von Brahes Aufzeichnungen über den Mars, seine Gesetze der Planetenbewegung.

Galilei und die Inquisition

1616 verlangte die Kirche von Galilei der kopernikanischen Lehre abzuschwören. In seinem später veröffentlichten Buch *Dialog über die Weltsysteme* diskutieren drei Gelehrte über das geozentrische und das heliozentrische System. 1623 erklärte die Kirche – trotz vorheriger offizieller Billigung des Buchs – einen Verstoß Galileis gegen das Dekret von 1616 und brachte ihn vor das Inquisitionsgericht, welches ihn 1633 zu lebenslangem Hausarrest verurteilte. Galilei starb 1642.

Galilei gerät zwischen die Fronten

Galileo Galilei

Galileo Galilei (1564–1642) geriet als Verfechter des heliozentrischen Weltbilds in Konflikt mit der Kirche. Das neue Weltbild hob den Unterschied zwischen irdischer und himmlischer Welt auf. Von nun an sollte es kein „Oben" (die Welt der Seligen) und kein „Unten" (die Welt der Gott Fernen) mehr geben. Im heliozentrischen Weltbild stand der Mensch nicht mehr im Mittelpunkt, wodurch die Stellung des Papstes in Gefahr geriet. Unter Verwendung des Fernrohrs beobachtete Galilei drei Monde des Jupiters, deren Existenz in krassem Widerspruch zur Lehre des Aristoteles stand. ■

Newton und die keplerschen Gesetze

Isaac Newton (1643 – 1727) beantwortete die Frage, warum sich die Planeten um die Sonne bewegen und bestätigte damit die Richtigkeit der keplerschen Gesetze. Newton fand heraus, dass die wechselseitige Anziehungskraft der Himmelskörper von ihren Massen und ihren Entfernungen voneinander abhängt. Das von ihm 1687 formulierte Gravitationsgesetz ist die Erklärung für die Bahnbewegung der Planeten um die Sonne. Diese Entdeckung bildete den krönenden Abschluss der kopernikanischen (heliozentrischen) Weltsicht.

Die von Johannes Kepler (1571 – 1630) formulierten drei Gesetze beschreiben die Bewegung der Planeten um die Sonne. Das erste keplersche Gesetz besagt, dass die Umlaufbahn eines Planeten eine Ellipse ist, in deren Brennpunkt die Sonne steht. Das später von Newton beschriebene Gravitationsgesetz bestätigt das erste keplersche Gesetz. Der Beweis für die Richtigkeit der keplerschen These ergibt sich aus der wesentlich größeren Masse des Zentralkörpers (Sonne) gegenüber der Masse der Planeten. Durch die elliptische Bahnbewegung verändert sich der Abstand zwischen Sonne und Erde im Verlauf eines Umlaufs. Für die Erde beträgt die geringste Entfernung von der Sonne (Anfang Januar) etwa 147 Millionen Kilometer, die größte Entfernung (Anfang Juli) etwa 152 Millionen Kilometer.

Johannes Kepler

Zweites keplersches Gesetz

Das zweite keplersche Gesetz handelt von der Konstanz der Flächengeschwindigkeit: Die Fläche zwischen Zentralkörper, Anfangspunkt (A_1) und Endpunkt (A_2) einer elliptischen Teilstrecke, die ein Planet innerhalb einer bestimmten Zeit

(t_I bzw. t_2) zurücklegt, ist immer gleich groß: $A_I / t_I = A_2 / t_2$.

Somit bewegt sich der Planet auf seiner Bahn schneller, wenn er der Sonne nah ist. Er muss hier einen längeren Weg auf der Ellipse zurücklegen, um die gleiche Fläche zwischen den drei Punkten Sonne, Anfangspunkt und Endpunkt zu erreichen, wie auf einem entfernten Teilstück der Ellipsenbahn.

Drittes keplersches Gesetz

Aus dem dritten keplerschen Gesetz folgt, dass die Bahngeschwindigkeiten von Planeten mit wachsendem Abstand zum Zentralkörper (Sonne) abnehmen. Merkur bewegt sich schneller um die Sonne als die Erde, da Merkur der Sonne näher ist. Die Definition des dritten keplerschen Gesetzes lautet: Die Quadrate der Umlaufzeiten (T) je zweier Planetenbahnen sind proportional zu den Kuben ihrer großen Halbachsen (a) : $(T_I / T_2)^2 = (a_I / a_2)^3$.

Als Halbachsen bezeichnet man die kürzeste und die längste Strecke zwischen Planet und Sonne. Der Begriff „proportional" sagt aus, dass die beiden Größen im gleichen Verhältnis zueinander stehen. Die Gleichung vereinfacht sich demnach folgendermaßen: $T_I^2 : T_2^2$ verhält sich wie $a_I^3 : a_2^3$.

Das newtonsche Gravitationsgesetz

Mit dem Gravitationsgesetz legte Newton den Grundstein für die klassische Mechanik: „Jede Punktmasse zieht jede andere Punktmasse mittels einer Kraft, die entlang der Verbindungslinie gerichtet ist, an. Die Gravitationskraft ist proportional zum Produkt der beiden Massen und umgekehrt proportional zum Quadrat des Abstandes der beiden Massen voneinander". Einfach gesagt: Die auf beide Körper wirkenden Kräfte sind gleich groß und entgegengesetzt gerichtet. Das Gravitationsgesetz gibt an, wie stark zwei Körper (z. B. Sonne und Erde) durch ihre Massen aufeinander wirken. Da die Kraft negativ ist, wirkt sie stets anziehend: $F = -G (m_I \cdot m_2 / r^2)$ ■

Newtons Apfel

Angeblich machte Sir Isaac Newton um das Jahr 1666 ein Nickerchen unter einem Baum, als ihm ein Apfel auf den Kopf fiel. Dieses Ereignis brachte ihn auf die Idee der Gravitation und führte ihn zum allgemeinen Gesetz der Schwerkraft. Newton überlegte, welche Kraft die Planeten auf ihrer Bahn hält. Er verglich die Kraft, die auf den Mond wirkt, mit der Schwerkraft, die auf der Erdoberfläche wirkt, und fand heraus, dass beide dem Charakter nach gleich sind. Die Anekdote mit dem Apfel stammte nicht von Newton selbst, sondern tauchte erstmals in der Newton-Biografie von Henry Pemberton im Jahr 1728 auf.

Bedeutende Astronomen der Neuzeit

Das von Newton aufgestellte Gravitationsgesetz brachte enorme Fortschritte in der Astronomie. So wendete Edwin Halley (1656 – 1743) im Jahre 1705 das Gravitationsgesetz auf verschiedene Kometenerscheinungen an und erkannte, dass es sich bei den drei Kometen von 1531, 1607 und 1682 um ein und denselben Kometen handelte. Halley sagte die Wiederkehr für den nach ihm benannten Halleyschen Kometen für den Zeitraum um den Jahreswechsel von 1758/59 richtig voraus.

Halleyscher Komet

Mithilfe des Gravitationsgesetzes wurde, zum ersten Mal in der Geschichte der Astronomie, ein bislang unbekannter Planet (Neptun) quasi vom Schreibtisch aus entdeckt: Nachdem Friedrich Wilhelm Henschel (1738 – 1822) den Planeten Uranus 1781 entdeckte, schlossen Urbain Jean Joseph Leverrier (1811 – 77) und John Adams (1724 – 1892) aus den Bahnstörungen des Uranus auf einen weiteren Planeten und errechneten dessen Bahn. 1848 fand Johann Gottfried Galle (1812 – 1910) schließlich den Neptun.

Große mathematische Erfolge in der Astronomie erzielten Carl Friedrich Gauß (1777 – 1855) und Friedrich Bessel (1784 – 1846). Gauß berechnete nach seiner Methode der kleinsten Quadrate die Bahn des 1801 von Giuseppe Piazzi (1746 – 1826) entdeckten Zwergplaneten Ceres. Dieser hatte Ceres aus den Augen verloren. Durch die Ausgleichsrechnung von Gauß erblickte Heinrich Olbers (1758 – 1840) den verloren gegangenen Zwergplaneten ein Jahr später wieder. Bessels größte Leistung war 1838 die erste erfolgreiche Parallaxenmessung zur Entfernungsbestimmung des Sterns 61 Cygni im Sternbild Schwan.

Der nächste große Schritt war die Ablösung des Auges als Beobachtungsinstrument durch die (Astro-)Fotografie. Durch die stundenlange Belichtung konnte man lichtschwächere Objekte besser erforschen. Am 22. Dezember 1891 fand Max

Wolf (1863–1932) als erster Astronom einen Kleinplaneten mit fotografischen Methoden.

Spektroskopie

Joseph von Fraunhofer (1787–1826) entdeckte 1814 bei der Zerlegung des Sonnenlichts durch ein Prisma mehr als 500 dunkle Linien, die er nicht deuten konnte. Gustav Robert Kirchhoff (1824–87) und Robert Wilhelm Bunsen (1811–99) verglichen die fraunhoferschen Linien mit Absorptionsspektren bekannter chemischer Elemente und wiesen so 1859 das Vorhandensein zahlreicher bekannter Elemente in gasförmigem Zustand auf der Sonne nach. Durch diese neue Möglichkeit die Qualität des Sternenlichts zu untersuchen, konnte man Rückschlüsse auf die physikalische und chemische Zusammensetzung eines Sterns ziehen – die Astrophysik war geboren.

Gustav Robert Kirchhoff

Astrophysik

Edwin Hubble (1889–1953) entdeckte den Effekt der Rotverschiebung und folgerte, dass sich das Universum ausdehnt. Wegbereiter für die theoretische Astrophysik stellte die von Albert Einstein (1879–1955) aufgestellte Relativitätstheorie dar. Sie befasst sich mit der Struktur von Raum und Zeit sowie dem Wesen der Gravitation. Zuerst veröffentlichte Einstein 1905 die Spezielle Relativitätstheorie; 1916 folgte die Allgemeine Relativitätstheorie. ■

Parallaxe

Parallaxe ist der Winkel zwischen zwei Geraden, die von zwei unterschiedlichen Standorten auf ein punktförmiges Objekt gerichtet sind. Die Messtechnik zur Entfernungsbestimmung entstammt der Seefahrt (Doppelpeilung). Dabei misst man von zwei Standorten den Winkel zu einem markanten Küstenpunkt. Aus der zurückgelegten geradlinigen Strecke (Basislinie) und den Peilwinkeln berechnet man den Abstand zur Küste. Liegt der angepeilte Punkt in großer Entfernung, so muss man zwischen den beiden Messpunkten eine weite Strecke zurücklegen. Für astronomische Entfernungsmessungen reicht die Strecke, die man auf der Erde zurücklegen kann, nicht aus. Deshalb nutzen Astronomen die Ellipsenbahn der Erde um die Sonne. Damit ist die Basislinie der zweifache Abstand zwischen der Sonne und der Erde. Um nicht mit gigantischen Zahlen rechnen zu müssen, führte man die Astronomische Einheit (AE) ein: der mittlere Abstand Sonne – Erde.
Ein Parsec (Parallaxensekunde) ist die Entfernung, von der aus betrachtet eine Astronomische Einheit unter einem Winkel (Parallaxe) von einer Bogenminute (1/360 Grad) erscheint.

Beobachtungsgeräte

Spiegelteleskop

Mit der Erfindung des Linsenfernrohrs (Refraktor, lat. refringere = brechen) um 1600 eröffneten sich für die Astronomen ganz neue Perspektiven. So entdeckte Galileo Galilei (1564 – 1642) mithilfe eines solchen Fernrohrs 1610 vier Monde des Jupiters. Kurze Zeit später, etwa um 1668, konstruierte Isaak Newton (1643 – 1727) das erste Spiegelteleskop (Reflektor, lat. reflectere = zurückwenden). Das später entwickelte Schmidt-Cassegrain-Teleskop vereinigt die Vorteile von Linsen- und Spiegelteleskopen in sich.

Ein Teleskop besteht aus einem Objektiv, ggf. verschiedenen Zwischengliedern und einem Empfänger. Als Empfänger dient das Auge, eine lichtempfindliche Schicht (fotografische Aufnahme), ein lichtelektrischer Detektor oder eine elektronische Kamera mit lichtempfindlichen Halbleiterelementen (CCD-Kamera). Bei einem klassischem Refraktor, wie z. B. dem keplerschen Fernrohr, erzeugt das Objektiv ein vergrößertes Zwischenbild, Durch das Okular erfolgt eine nochmalige Vergrößerung des betrachteten Objektes. Das aus einer oder mehreren Linsen bestehende Objektiv erzeugt in der Brennebene ein seitenverkehrtes und auf dem Kopf stehendes Bild. Da die Leistung eines Teleskops von dem Objektivdurchmesser abhängt, baute man immer größere. Mit zunehmender Größe des Objektivs nimmt die Brennweite zu und damit automatisch die Tubuslänge. Um 1900 stieß diese Technik mit riesigen Fernrohrkonstruktionen an ihre Entwicklungsgrenzen. Linsenfernrohre sind trotzdem heute noch im Einsatz. Sie eignen sich besonders gut zur Beobachtung von kleinen, hellen Objekten wie z. B. Mond, Planeten oder Doppelsternen.

Spiegelteleskope

Die etwa zeitgleich mit den Linsenfernrohren entwickelten Spiegelteleskope sind völlig anders aufgebaut und den Refraktoren weit überlegen. Die abbildende Optik eines Reflektors befindet sich nicht an der Lichteinlassöffnung, sondern am hinteren Ende des Tubus. Das Objektiv eines Newton-Reflektors ist ein parabolförmiger Hohlspiegel. Der Strahlengang erzeugt das Bild, entsprechend der Brennweite, vor dem Spiegel. Demnach müsste sich der Betrachter in den Strahlengang hineinbegeben, um das Bild zu sehen. Dieses Problem löst man beim Newton-Teleskop durch einen Winkelspiegel, der das Bild um 90 Grad spiegelt und seitwärts aus dem Tubus lenkt. Das dort befindliche Okular vergrößert das Bild nochmals. Spiegelteleskope eignen sich besonders zur Beobachtung von lichtschwachen, ausgedehnten Objekten, wie z. B. Gasnebeln oder Galaxien.

Ein Schmidt-Cassegrain-Teleskop besteht aus einem Hauptspiegel und einem konvexen Fangspiegel. Der Hauptspiegel hat ein Loch, durch welches das vom Fangspiegel zurückgeworfene Licht tritt. Man schaut nun wieder von hinten in das Teleskop und die Tubuslänge ist wesentlich kürzer.

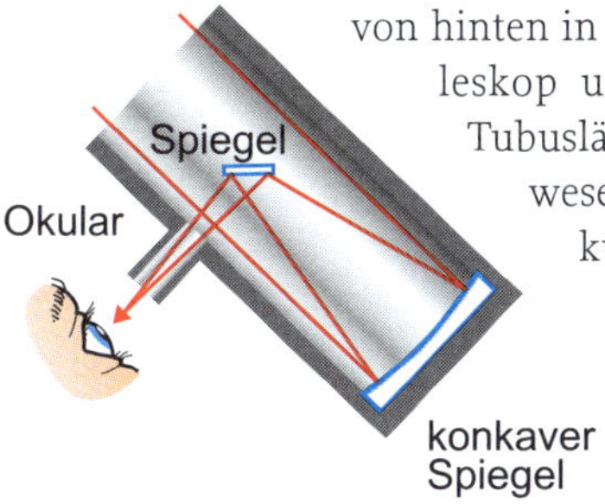

Die leistungsfähigsten Reflektoren erreichen heute Durchmesser von 8 bis 10 Metern. Zudem kombiniert man mehrere Einzelspiegel zu Mehrspiegelteleskopen, um so die Leistungsfähigkeit der Teleskope zu steigern.

Beobachtung des gesamten elektromagnetischen Spektrums

Die Strahlung der Sterne ist nicht auf den Bereich des sichtbaren Lichts beschränkt, sondern umfasst das gesamte elektromagnetische Spektrum von Gamma-, Röntgen- und ultravioletter Strahlung über das sichtbare Licht bis zur Infrarot- und Radiostrahlung. Da Radiowellen die Atmosphäre ungestört durchdringen, kann man sie mittels Parabolspiegeln auffangen. Karl Guthe Jansky (1905–50) wies als Erster Radiostrahlung aus dem Weltall nach und läutete damit im Jahr 1932 das Zeitalter der Radioastronomie ein. Röntgen-, Infrarot- und Gammaastronomie betreibt man mittels Weltraumteleskopen außerhalb der Erdatmosphäre. ■

Bedeutende Teleskope

Zu den größten Teleskopen der Erde zählen:

1. Keck-Teleskope, Mauna-Kea-Observatorium: Facettenspiegel in Wabenform mit einem Spiegeldurchmesser von 10 Metern
2. Very Large Telescope (VLT), Atacama-Wüste in Chile: vier 8-Meter-Spiegel mit aktiver Lagerung; wirken gekoppelt wie ein 16-Meter-Spiegel
3. Hubble-Weltraumteleskop: umkreist seit 1990 die Erde in 590 Kilometern Höhe; registriert sichtbares Licht, Ultraviolett- und Infrarotstrahlung

Hubble-Weltraumteleskop

Sternbilder

Sternbilder sind Sterngruppierungen, die ein auffälliges Muster bilden. Die heute existierenden anschaulichen Sternbildfiguren entstammen der griechischen Sagenwelt. 1922 legte eine internationale Kommission die Anzahl der Sternbilder auf insgesamt 88 fest. Davon befinden sich 31 über der nördlichen Hemisphäre, 45 über der südlichen Hemisphäre und zwölf Sternbilder über der Äquatorzone. Sternbilder, die zu einer bestimmten Jahreszeit in den Abendstunden aufgehen und um Mitternacht im Zenit stehen, bezeichnet man als Frühlings-, Sommer-, Herbst- und Wintersternbilder.

Bei der Betrachtung des Sternenhimmels orientiert man sich an der scheinbaren Himmelskugel mit unendlich großem Radius. Ein Betrachter an der Erdoberfläche sieht den Himmel als durch den Horizont begrenzte Halbkugel. Der Horizont ist die Schnittlinie der Horizontebene mit der Himmelskugel. Die Orientierung auf dem Horizont erfolgt durch die Angaben der Himmelsrichtungen Nord, Süd, Ost und West. Senkrecht über dem Beobachter befindet sich der Zenit. Den vom Nordpunkt am Horizont über den Zenit zum Südpunkt am Horizont verlaufenden Halbkreis nennt man Meridian. Der Nadir ist der Gegenpunkt zum Zenit. Um die Position eines Sterns am Himmel zu bestimmen, benötigt man genau zwei Koordinaten: die Höhe in Grad gemessen vom Horizont und das Azimut. Den Azimutwinkel misst man in der Astronomie von Süden (0 Grad) über Westen (90 Grad), Norden (180 Grad) und Osten (270 Grad).

Sternbilder, die an einem bestimmten Ort der Erde niemals untergehen, bezeichnet man als Zirkumpolarsternbilder. Am Äquator gibt es keine; an den Erdpolen sind alle Sternbilder zirkumpolar. Ob ein Sternbild zirkumpolar ist, hängt demnach von der geografischen Breite ab, an der man sich befindet. In Mitteleuropa ist das Sternbild des bekannten Kleinen Wagens zirkumpolar. Ein Stern des Kleinen Wagens ist der helle Polarstern.

Wo ist Norden?

Der Polarstern steht recht genau in der Nähe des Himmelsnordpols, der nördlichen Verlängerung der Erdachse. Das gesamte Firmament scheint sich um diesen Stern zu drehen. Zieht man eine gedachte

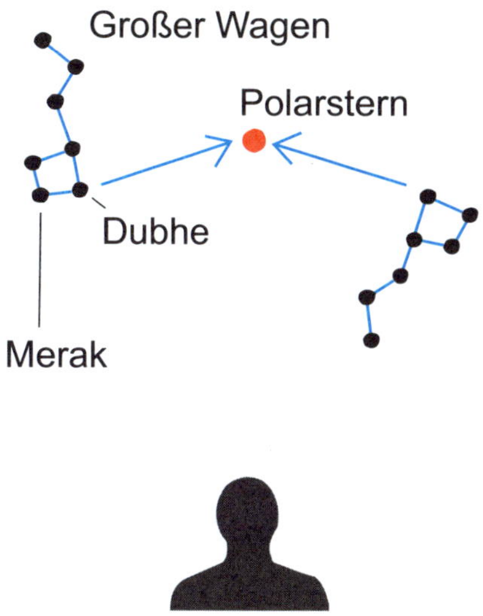

Linie vom Polarstern zum Horizont, so weiß man wo Norden ist. Der Polarstern ist der äußere Deichselstern im Sternbild Kleiner Wagen (eigentlich Kleiner Bär). In einer klaren Nacht ist er recht einfach am Himmel zu finden: Zieht man eine gedachte Linie durch die hinteren beiden Sterne des Großen Wagens (im Sternbild Großer Bär) nach oben und verlängert man die Linie so, dass sie dem etwa fünffachen Abstand der beiden Ausgangssterne entspricht, so endet die Linie beim Polarstern.

Ekliptik und Tierkreiszeichen

Betrachtet man den Jahresverlauf der Sonne von der Erde aus, so bewegt sie sich scheinbar entlang der zwölf Tierkreissternbilder: Widder, Stier, Zwilling, Krebs, Löwe, Jungfrau, Waage, Skorpion, Schütze, Steinbock, Wassermann und Fische. Die scheinbare Bahn der Sonne auf der Himmelskugel nennt man Ekliptik. Durch die kreiselförmige Bewegung der rotierenden Erdachse (Präzession) verschieb sich der Frühlingspunkt entlang der Ekliptik. Somit steht heute am Frühlingspunkt die Sonne nicht mehr im Zeichen des Widders, sondern im Zeichen der Fische. Die Tierkreiszeichen, die man in der Astrologie verwendet, sind gegen die astronomischen Tierkreissternbilder verschoben.

Da die Rotationsachse der Erde nicht senkrecht auf der Erdbahnebene steht, sind Himmelsäquator und Ekliptik gegeneinander um 23,5 Grad geneigt. Die zwei Ebenenschnittpunkte bezeichnet man als Frühlings- bzw. Herbstpunkt (21. März bzw. 23. September). Die Neigung der Erdrotationsachse ist der Grund für die Entstehung der Jahreszeiten. Sie ergeben sich durch die Änderung des Einfallswinkels der Sonnenstrahlen. Zur Sonnenwende (21. Juni bzw. 21. Dezember) steht die Sonne senkrecht über den Wendekreisen. ■

Astrologie

Die Astrologie (griech. Sternenkunde) deutet zur Erstellung von Horoskopen die Stellung der Himmelskörper zueinander. Grundlage für ein Horoskop ist der Tierkreis. Die zwölf Bilder stehen für bestimmte Charaktereigenschaften des Menschen. Die Astrologie ist keine Wissenschaft, sondern zählt zu den Para- bzw. Pseudowissenschaften.

Die Sonne

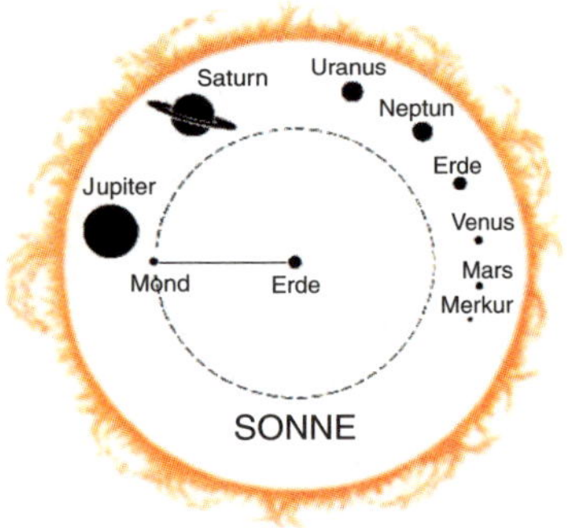

Die Sonne im Verhältnis zu den Planeten

Um den gelb leuchtenden Feuerball, der die Erde mit Licht und Wärme versorgt, ranken sich viele Mythen. In fast allen Kulturen verehrte man die Sonne als Gott oder Göttin, da sie die Natur und damit das Leben der Menschen beherrschte. Heute weiß man, dass die Sonne nur ein Stern unter vielen im Universum ist. Die Sonne ist der Zentralkörper in unserem Sonnensystem, um den sich die Planeten bewegen. Sie besteht aus gasförmiger Materie und erzeugt ihre Energie aus Kernfusionen im Sonneninneren.

Sämtliche bekannten physikalischen Daten, wie z. B. Größe, Masse und Dichte der Sonne entstammen rein rechnerischen Methoden: Da die Erdbahn eine Ellipse ist, schwankt der Abstand zwischen Sonne und Erde im Verlauf des Jahres. Deshalb nutzt man zur Berechnung des Sonnenradius den mittleren Abstand zwischen Erde und Sonne. Er beträgt 149.597.870.691 Meter; man bezeichnet ihn vereinfacht als 1 AE (Astronomische Einheit). Bestimmt man nun den scheinbaren Winkeldurchmesser der Sonne, errechnet sich aus dem geometrischen Sachverhalt der Sonnenradius zu 696.000 Kilometern. Auf ähnlichem Wege lässt sich die Masse der Sonne aus dem dritten keplerschen Gesetz ableiten. Die Sonnenmasse M_0 beträgt rund $2 \cdot 10^{30}$ Kilogramm. Aus der Masse und dem Radius ergibt sich die mittlere Sonnendichte, die mit ca. 1,4 g/cm³ größer ist als die von Wasser mit ca. 1 g/cm³.

Innerer Bau der Sonne

Obwohl der Kern nur etwa 1,6 Prozent des Sonnenvolumens ausmacht, konzentrieren sich hier rund 50 Prozent der Sonnenmasse. Bei einer Temperatur von etwa 15,6 Millionen Kelvin liegt die Materie in Form eines Plasmas vor. Hier finden die Kernfusionen von Wasserstoff zu Helium (Wasserstoffbrennen) statt, aus der die Sonne ihre Energie gewinnt. Dabei verbrennt die Sonne etwa 564 Millionen Tonnen Wasserstoff pro Sekunde. Die angrenzende Strahlungszone macht gut 70 Prozent des Sonnenradius aus. In diesem Bereich herrscht eine äußerst hohe Dichte, wodurch die im Kern erzeugten Photonen (Lichtteilchen) immer wieder absorbiert und emittiert werden. Sie bewegen sich zufällig und diffundieren schließlich in Richtung Sonnenoberfläche. An die Strahlungszone schließt sich die etwa 140.000 Kilometer dicke Konvektionszone an. Sie entsteht durch das Temperaturgefälle vom Kern nach außen hin: Heißes Material dringt nach außen, kühlt ab und sinkt wieder ins Innere. Die Fotosphäre bildet mit rund 5800 Kelvin die sichtbare Sonnenoberfläche; sie besitzt keine scharfen Grenzen. Die Sonne pulsiert; sie schwingt aus dem Sonneninneren heraus und bewegt somit die Fotosphäre auf und ab. Die dabei erzeugten Schallwellen leitet das Vakuum des Weltraumes nicht weiter, sodass man die Sonne nicht „hören" kann. Die Sonnenatmosphäre setzt sich aus Chromosphäre und Korona zusammen. Beide werden vom Sonnenlicht überstrahlt und sind nur während einer Sonnenfinsternis zu beobachten.

Sonnenwind und Magnetfeld

Die Sonne beeinflusst durch ihr Magnetfeld und den Sonnenwind ihre Umgebung. Der Sonnenwind ist ein Strom aus geladenen Teilchen. Besonders durch Sonneneruptionen nimmt er stark zu. Das Magnetfeld der Sonne verformt das Erdmagnetfeld so, dass geladene Teilchen des Sonnenwinds, meist in der Nähe der Erdpole, in die Erdatmosphäre eindringen und Polarlichter erzeugen oder Störungen in elektrischen Systemen und im Funkverkehr verursachen.

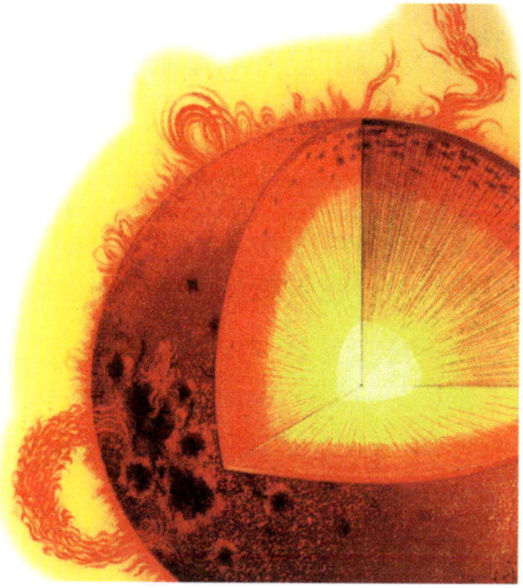

Chemisch besteht die Atmosphäre der Sonne aus 73 Prozent Wasserstoff, 25 Prozent Helium und 2 Prozent schweren Elementen.

Sonnenaktivität

Zu den Aktivitätserscheinungen der Sonne zählen u. a. die Sonnenflecken und -eruptionen. Sonnenflecken sind dunkle Stellen in der Fotosphäre, die kühler als ihre Umgebung sind und daher weniger sichtbares Licht abstrahlen. Ihre Häufigkeit schwankt in einem elfjährigen Zyklus. Verfolgt man die Bewegung der Sonnenflecken, so stellt man fest, dass die Sonne am Äquator langsamer rotiert als an den Polen. Diese Erscheinung nennt man differenzielle Rotation.

Sonneneruptionen, sogenannte Flares, sind Helligkeitsausbrüche, bei denen die Sonne riesige Energiemengen (bis zu 10^{25} Joule) aus ihrer Oberfläche herausschleudert.

Der Mond

Mondlandung

„Dies ist ein kleiner Schritt für einen Mann, ein riesiger Sprung für die Menschheit." So die Worte von Neil Armstrong, der als erster Mensch am 21. Juli 1969 den Mond betrat, womit einer der größten Menschheitsträume in Erfüllung ging. Die Mondlandung war das wahrscheinlich größte Medienereignis in der Zeit des Kalten Kriegs – eine Genugtuung für das amerikanische Volk nach dem Sputnikschock vom 4. Oktober 1957. Denn an diesem Tag startete die ehemalige Sowjetunion erfolgreich den ersten Erdsatelliten Sputnik und demonstrierte damit ihre technologische Ebenbürtigkeit.

Der Mond ist der einzige natürliche Satellit (Trabant) der Erde. Seine mittlere Entfernung zur Erde beträgt rund 384.000 Kilometer. Der Mond umkreist die Erde in einer gebundenen Rotation um den gemeinsamen Schwerpunkt von Erde und Mond. Da die Mondmasse etwa ein 81stel der Erdmasse ausmacht, befindet sich dieser Schwerpunkt noch in der Erde. Er liegt in ca. 1600 Kilometer Tiefe im Erdmantel; rund 4700 Kilometer vom Erdmittelpunkt entfernt.

Der Mond verfügt über keine echte Atmosphäre, sondern lediglich eine sehr dünne Gashülle, die Exosphäre. Sie besteht zu etwa gleichen Teilen aus Helium, Neon, Wasserstoff und Argon. Aus der fehlenden Atmosphäre und der recht langsamen Rotation des Mondes resultieren starke Temperaturunterschiede zwischen der Tag- und Nachtseite. Am Tag erreichen die Temperaturen Werte bis zu 130 Grad Celsius; in der Nacht liegen sie bei etwa –160 Grad Celsius. Die Oberfläche des Mondes ist nahezu vollständig von einer trockenen, aschgrauen Staubschicht, dem Regolith, bedeckt. Der Mond ist insgesamt wasserlos. Allerdings fand man Wassereis in einigen Kratern, in die niemals Sonnenwärme eindringt. Man vermutet, dass dieses Wasser von eingeschlagenen Kometen stammt.

Maria, Terrae und Krater

Bereits mit bloßem Auge sind auf dem Mond hellere von dunkleren Gebieten unterscheidbar. In der Frühzeit der Mondforschung hielt man die dunkleren Bereiche für Meere, weshalb man sie als Maria (lat. Meere) bezeichnete. Heute weiß man, dass es sich um mit Lava verfüllte Tiefebenen handelt. Die meisten Tiefebenen befinden sich auf dem nördlichen Teil der erdzugewandten Seite. Sie machen das von der Erde sichtbare „Mondgesicht" aus. Die helleren Gebiete sind Hochebenen, die man früher als Kontinente ansah und deshalb Terrae nannte. Die Gebirgszüge des Mondes sind nach irdischen Gebirgen benannt, z.B. Alpen, Apenninen oder Karpaten. Im Vergleich zur Mondvorderseite verfügt die Rückseite des Mondes über wesentlich mehr Einschlagkrater. Einige Krater sind wahrscheinlich – ebenso wie die Rillenstrukturen – vulkanischen Ursprungs.

Innerer Aufbau des Mondes

Seismometer auf der Mondoberfläche registrieren etwa 500 Beben pro Jahr. Die seismischen Daten lassen auf ein Schalenmodel aus Kern, Asthenosphäre, Lithosphäre und Kruste schließen. Im ca. 200 bis 400 Kilometer großen eisenhaltigen Kern herrschen wahrscheinlich um 1600 Grad Celsius. Die Asthenosphäre ist teilweise fließfähig; die dicke Lithosphäre ist fest und besteht weitgehend aus Basalt. Die Kruste ist auf der erdzugewandten Seite etwa 70 Kilometer und auf der erdabgewandten Seite ca. 150 Kilometer dick. Die unterschiedliche Krustendicke resultiert aus der Form des Mondes: Er ist wegen der Gravitation eiförmig in Richtung Erde lang gezogen.

Gebundene Rotation und Terminator

Der Mond dreht sich in einem Monat einmal um sich selbst, wobei er gleichzeitig die Erde einmal umrundet. Von der Erde aus sieht man immer nur eine Mondseite. Dies bezeichnet man als gebundene Rotation. Der Terminator ist die Grenze zwischen beleuchteter und unbeleuchteter Mondoberfläche.

Entstehung des Mondes

Die Entstehung des Mondes ist bislang ein Rätsel. Neben den verschiedenen Theorien, wie z. B. der Abspaltungs-, Einfang- oder Schwesterplaneten-Theorie, findet die Kollisionstheorie die meisten Anhänger: Ein etwa marsgroßer Planet streifte die Proto-Erde und aus dem dabei fortgeschleuderten Material entwickelte sich der heutige Mond im Gravitationsfeld der Erde. Anfangs umkreiste der Mond die Erde in geringerem Abstand als heute; die Entfernung wächst jährlich um etwa 3,8 Zentimeter. ■

Mond- und Sonnenfinsternis

In fast allen Kulturen spielt der Mond eine besondere Rolle. Oft ist er mit einer weiblichen Gottheit verknüpft. Der griechische Dichter Aischylos (525 – 456 v. Chr.) nannte ihn das „Auge der Nacht". Das Besondere am Mond ist, dass er im Unterschied zur Sonne und zu anderen Himmelskörpern eine eigentümliche Bewegung am Himmel vollzieht. So erscheint er manchmal am Abendhimmel, manches Mal in den frühen Morgenstunden, dann wieder in der Nacht und gelegentlich ist er auch am Tag zu sehen. Zusätzlich ändert er im festen Rhythmus seine Gestalt von Vollmond zu Neumond.

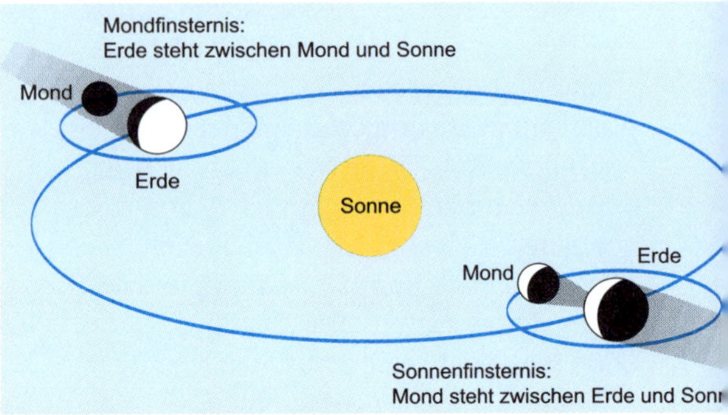

Der Mond bewegt sich auf einer fast kreisförmigen Bahn um die Erde. Der mittlere Radius der Mondbahn beträgt etwa 384.400 Kilometer und ist um ca. fünf Grad gegen die Erdbahnebene geneigt. Die Schnittpunkte von Erd- und Mondbahnebene heißen Knoten. Der Mond dreht sich in einem Monat einmal um sich selbst, während er sich gleichzeitig einmal um die Erde bewegt. Deshalb kann man von der Erde aus immer nur eine Seite des Mondes sehen. Dies bezeichnet man als gebundene Rotation. Zusammen mit der Erde umkreist der Mond die Sonne. Er ist nicht selbstleuchtend, sondern wird von der Sonne beschienen und reflektiert das Licht. Der Mond umkreist die Erde entgegen dem Uhrzeigersinn (retrograd). Steht er genau zwischen Sonne und Erde, so wird der von der Erde aus nicht sichtbare „Rücken" des Mondes angeleuchtet. Die der Erde zugewandte Seite liegt im Schatten; es ist Neumond. Von Neumond ausgehend wird täglich immer mehr Mondfläche sichtbar. Man sagt: Der Mond nimmt zu. Dabei sieht man die helle rechte Mondsichel; es ist zunehmender Halbmond. Bei Vollmond steht die Sonne hinter der Erde und beleuchtet die volle Mondscheibe. Auf seiner weiteren Umlaufbahn nimmt der Mond ab, d. h. die angestrahlte Seite des Mondes ist nun die linke Hälfte.

Mondfinsternis

Bei einer Mondfinsternis tritt der Mond in den Erdschatten. Dies kann nur bei Vollmond geschehen. Eine Mondfinsternis kann man auf der gesamten Nachtseite der Erde beobachten. Sie dauert maximal drei Stunden und 40 Minuten. Man unterscheidet zwischen einer totalen und einer partiellen Mondfinsternis. Bei der totalen Mondfinsternis verdeckt der Schatten der Erde den Mond komplett. Bei einer partiellen Mondfinsternis streift der Mond den Erdschatten, wodurch ein Teil des Mondes sichtbar bleibt.

Sonnenfinsternis

Das seltene und spektakuläre Naturschauspiel einer Sonnenfinsternis sahen die Menschen der Frühzeit und im Mittelalter als einen Vorboten für Pest, Tod, Teufel oder gar für den Weltuntergang an. Die „schwarze Sonne“ löste Angst und Schrecken aus. So fällt die Temperatur während einer totalen Sonnenfinsternis oft um mehrere Grad Celsius; Vögel verstummen, während Fledermäuse aus ihren Verstecken hervorkommen.

Sonnenfinsternis

Ab- oder zunehmender Mond?

Eine einfache Merkhilfe, ob der Mond zu- oder abnimmt ist die, dass aus der abnehmenden Mondsichel in Gedanken ein „a“ für „abnehmend“ und aus der zunehmenden Mondsichel ein „z“ für „zunehmend“ formbar ist.

Heute weiß man, dass eine Sonnenfinsternis immer dann auftritt, wenn der Mond sich zwischen Sonne und Erde schiebt. Dies kann nur bei Neumond geschehen. Trifft der Mondschatten die Erdoberfläche, so verfinstert sich an diesem Punkt der Erde die Sonne. Da der Mond kleiner als die Erde ist, bedeckt sein Schatten die Erde nicht vollständig. Befindet sich der Mond zum Zeitpunkt der Finsternis weit entfernt von der Erde, so erreicht sein Kernschatten die Erdoberfläche nicht und es kommt zu einer ringförmigen Sonnenfinsternis. Eine totale Sonnenfinsternis ist somit nur möglich, wenn der Mond der Erde nah ist. Die Mondscheibe erscheint dann größer als die Sonnenscheibe. Nur bei einer totalen Sonnenfinsternis kann man die Sonnen-Korona beobachten. Unter normalen Bedingungen überstrahlt das helle Licht der Sonne die Korona. Da sich Erde und Mond während der Verdunklungszeit bewegen, verläuft die Schattenregion in einem Streifen über die Erdoberfläche. In Deutschland konnte man zuletzt eine totale Sonnenfinsternis am 11. August 1999 beobachten; die nächste findet am 3. September 2081 statt. ■

Unser Sonnensystem

Unser Sonnensystem umfasst die Sonne und alle Planeten, Monde, Zwergplaneten, Kometen, Asteroiden, Meteoroiden und die Gesamtheit aller Gas- und Staubteilchen, welche die Sonne umkreisen. Im Zentralstern, der Sonne, sind fast 99,9 Prozent der Gesamtmasse des Systems konzentriert. Mit einem Durchmesser von ca. 1,4 Millionen Kilometern überragt die Sonne die restlichen Himmelskörper um ein Vielfaches. Das gesamte Sonnensystem verfügt über einen Radius von mehr als 1,5 Lichtjahren um die Sonne herum.

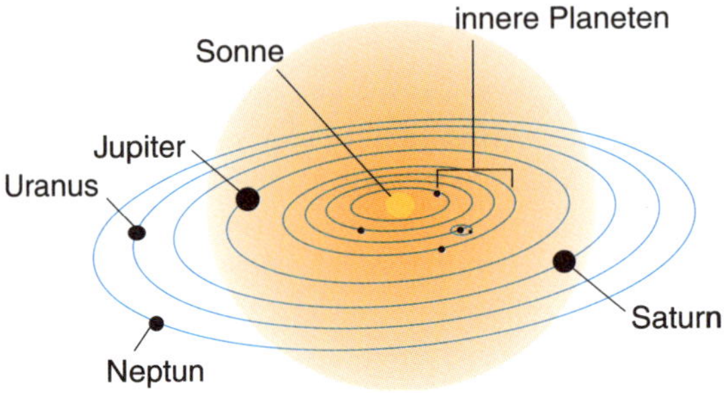

In unserem Sonnensystem existieren acht Planeten. In zunehmenden Abstand von der Sonne sind es Merkur, Venus, Erde, Mars, Jupiter, Saturn, Uranus und Neptun. Als Planeten gelten alle Himmelskörper, welche die Sonne umlaufen und ausreichend Masse besitzen, damit die eigene Schwerkraft sie zu annähernd kugelförmiger Gestalt zusammenzieht. Außerdem müssen sie ihre Umlaufbahn von anderem kosmischen Material frei geräumt haben. Zwergplaneten, wie z. B. Pluto oder Ceres, sind kugelförmige Körper, die ihre Umlaufbahn mit anderen Objekten teilen. Als natürliche Satelliten (Monde, Trabanten) bezeichnet man Himmelskörper, die einen anderen Körper umkreisen. Daneben existiert eine Vielzahl an sogenannten Kleinkörpern wie z. B. Asteroide, Kometen sowie Staub- und Gasteilchen.

Die Planeten teilt man hinsichtlich ihres chemischen Aufbaus in innere, erdähnliche Planeten und äußere Planeten (Gasriesen) ein. Zwischen inneren und äußeren Planeten befindet sich der Asteroidengürtel. Zu den inneren Planeten zählen Merkur, Venus, Erde und Mars; zu den äußeren Jupiter, Saturn, Uranus und Neptun. Der Asteroidengürtel ist eine Ansammlung von Asteroiden und Kleinplaneten zwischen der Mars- und Jupiterbahn. Außerhalb der Neptunbahn liegt der Kuipergürtel, an den sich die Oortsche Wolke anschließt. Die Umlaufbahn des Zwergplaneten Pluto, der früher als Planet galt, liegt im Kuipergürtel. Die Oortsche Wolke (zirkumsolare Kometenwolke) ist der Ursprung der Kometen.

Planetenschleifen

Bei der Betrachtung der Planeten von der Erde aus unterscheidet man zwischen unteren und oberen Planeten. Die Erde ist hierbei der Beobachtungsstandort. Die oberen Planeten bewegen sich – im Vergleich zur Erde – auf einer größeren Umlaufbahn mit geringerer Geschwindigkeit (drittes keplersches Gesetz). Durch die höhere Bahngeschwindigkeit überholt z. B. der Mars an einem bestimmten Punkt die Erde auf ihrer kleineren Umlaufbahn. Von der Erde aus betrachtet sieht es so aus, als ob der Mars einen Teil der Stecke rückwärts wandert und insgesamt eine Schleifenbewegung vollzieht. Die Rückwärtsbewegung kann man immer dann beobachten, wenn sich die Erde zwischen der Sonne und dem oberen Planeten befindet. Man sagt, der Planet steht in Opposition. Die unteren Planeten Merkur und Venus können nie in Opposition stehen. Befindet sich der entsprechende Planet hinter der Sonne, so steht er in Konjunktion.

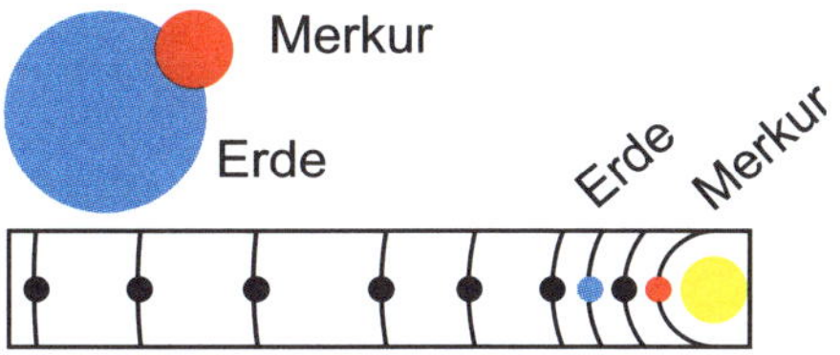

Merkur im Sonnensystem

Die unteren Planeten: Merkur und Venus

Merkur und Venus sind nur selten zu sehen. Das liegt vor allem daran, dass man von der Erde aus in Richtung Sonne blicken muss. Am Tag ist nichts zu sehen, da die Sonne alles überstrahlt; in der Nacht kann man lediglich von der Sonne weg schauen, da die nächtliche Erdseite der Sonne abgewandt ist. Daraus folgt, dass man Merkur und Venus lediglich während des Sonnenauf- oder -untergangs beobachten kann. Die Venus kommt von allen Planeten der Erdbahn am nächsten und ist nach dem Mond das hellste Objekt am Morgen- bzw. Abendhimmel. Früher dachte man, dass die Venus ein besonders heller Stern sei, weshalb sie den Namen Morgen- bzw. Abendstern trägt. ■

Lichtjahr und Lichtgeschwindigkeit

Die Einheit Lichtjahr ist eine Längeneinheit und nicht, wie sich vermuten ließe, eine Zeiteinheit. Ein Lichtjahr ist die Strecke, die das Licht in einem Jahr (im Vakuum) zurücklegt; dies sind 9.460.536.000.000 Kilometer.
Die Lichtgeschwindigkeit im Vakuum beträgt näherungsweise 300.000 Kilometer pro Sekunde. Die Vakuumlichtgeschwindigkeit ist gemäß der Relativitätstheorie die obere Geschwindigkeitsgrenze. Die Geschwindigkeit des Lichts hängt vom Material ab: In Wasser beträgt sie lediglich rund 225.000 Kilometer pro Sekunde.

Innere Planeten

Zu den inneren Planeten zählen Merkur, Venus, Erde und Mars. Sie grenzen sich durch den Asteroidengürtel zu den äußeren Planeten hin ab. Die inneren Planeten sind von ihrer physikalischen und chemischen Beschaffenheit erdähnlich. Sie bestehen vollständig oder fast vollständig aus festen Bestandteilen und verfügen über einen Schalenbau. Im Zentrum befindet sich ein Eisenkern, darüber der Mantel und zuoberst eine dünne Kruste. Insbesondere ihre durchschnittliche Dichte ist der Erde vergleichbar.

Mit etwa 4800 Kilometern Durchmesser ist der Merkur der kleinste und sonnennächste Planet unseres Sonnensystems. In nur etwa 88 Tagen umkreist er die Sonne. Seine Rotationsachse steht fast senkrecht auf der Bahnebene. Da er keine Atmosphäre besitzt, gibt es keine Jahreszeiten auf dem Merkur. Die große Nähe zur Sonne bedingt besonders extreme Temperaturschwankungen zwischen Tag und Nacht. Die Temperaturen steigen am Tag bis auf 467 Grad Celsius und fallen in der Nacht bis auf –183 Grad Celsius ab. Die Oberfläche ist mit Kratern übersät. Das Planeteninnere wird von einem mächtigen Eisen-Nickel-Kern beherrscht, der einen Durchmesser von rund 3600 Kilometern aufweist, woraus seine recht hohe mittlere Dichte von 5,4 Gramm pro Kubikzentimeter resultiert. Der Mantel ist nur ca. 600 Kilometer dick; die Kruste knapp 10 Kilometer.

Venus

Venus

Die Venus ist der zweitinnerste Planet des Sonnensystems. Von allen inneren Planeten ist die Venus der Erde am ähnlichsten. So hat sie z. B. mit rund 12.000 Kilometern fast den gleichen Durchmesser wie die Erde. Die Venus dreht sich, ebenso wie der Uranus und der Pluto, entgegen dem Uhrzeigersinn (retrograd), d. h. auf ihnen geht die Sonne im Westen auf und im Osten unter. Sie benötigt 224 Tage für einen Umlauf um die Sonne. Der Venus-Tag ist sogar etwas länger als ein Venus-Jahr: 243 Tage. Die Rotationsachse der

Venus steht fast senkrecht auf der Bahnebene, weshalb es keine Jahreszeiten gibt. Die mittlere Oberflächentemperatur beträgt fast überall auf dem Planeten etwa 480 Grad Celsius. Die Venus erscheint sehr hell, da die ständige Wolkenhülle rund 76 Prozent der Sonnenstrahlen reflektiert. Hauptbestandteile der Atmosphäre sind Kohlenstoffdioxid, Wasserstoff und Stickstoff, weshalb es auf der Venus Schwefelsäure regnet. Ca. 90 Prozent der Venusoberfläche sind durch Vulkanismus entstanden. Die gesamte Oberfläche ist übersät mit Einschlagkratern.

Mars

Der Mars ist, von der Sonne aus gesehen, der vierte Planet in unserem Sonnensystem und der äußere Nachbar unserer Erde. Wegen seiner orange- bis blutroten Farbe benannte man ihn nach dem römischen Kriegsgott Mars. Die Färbung selbst verdankt er Eisenoxid-Staub, der sich auf der Oberfläche und in der Atmosphäre verteilte. Somit ist der Rote Planet ein „rostiger" Planet. Er hat einen Durchmesser von etwa 6800 Kilometern und benötigt knapp zwei Jahre für einen Umlauf um die Sonne. Der Mars-Tag ist mit 24 Stunden und 37 Minuten geringfügig länger als ein Erd-Tag. Da die Rotationsachse um ca. 25 Grad gegen die Bahnebene geneigt ist, gibt es – wie auf der Erde – Jahreszeiten. Die Oberflächentemperatur liegt im Mittel bei etwa –60 Grad Celsius. Der Mars besitzt eine sehr dünne Atmosphäre, die zu 95 Prozent aus Kohlenstoffdioxid besteht. Daneben kommen Stickstoff, Argon, geringe Anteile an

Mars

Sauerstoff, Kohlenmonoxid und Methan sowie Spuren von Wasserdampf und anderen Verbindungen oder Elementen vor. Der Mars besitzt zwei auffällige Polkappen, die zum größten Teil aus gefrorenem Kohlenstoffdioxid (Trockeneis) sowie einem geringen Anteil an Wassereis bestehen. Außerdem verfügt der Mars über die wohl höchste Erhebung im Sonnensystem, den Vulkan Olympus Mons mit einer Gipfelhöhe von etwa 21 Kilometern. Den Mars umkreisen zwei kleine, unregelmäßig geformte Monde, Phobos und Deimos (griech. Furcht und Schrecken). ■

Weitere erdähnliche Planeten und Monde

Mittlerweile zählt man zu den erdähnlichen Planeten u. a. den Erdmond, die Jupitermonde Io und Europa, die Eismonde des Jupiter, Ganymed und Kallisto, sowie den Saturnmond Titan und den Neptunmond Triton. Oft fehlt den Eismonden der Eisenkern, doch ihre grundsätzliche Beschaffenheit ist der Erde ähnlich.

Äußere Planeten

Jupiter

Bei den vier äußeren Planeten Jupiter, Saturn, Uranus und Neptun handelt es sich um Gasplaneten (Gasriesen), die vorwiegend aus leichten Elementen wie Wasserstoff und Helium bestehen. Sie haben keine feste Oberfläche und eine relativ geringe mittlere Dichte. Der Großteil der Planetenmasse besteht aus leichten Gasen, die im Inneren wegen des enormen Drucks in flüssigem oder festem Zustand vorliegen. Die Gasriesen verfügen alle über ein mehr oder weniger ausgeprägtes Ringsystem und zahlreiche natürliche Satelliten (Monde).

Der Jupiter ist der massereichste und mit einem Durchmesser von etwa 143.000 Kilometern auch der größte Planet des Sonnensystems. Durch seine Masse stabilisiert er zum einen das gesamte Planetensystem und zum anderen den Asteroidengürtel. Trotz seiner enormen Größe dreht sich der Jupiter am schnellsten von allen: In nur zehn Stunden dreht er sich einmal um sich selbst. Durch die Fliehkräfte ist er an den Polen stark abgeflacht und bildete einen „Bauch“ am Äquator. Seine Rotationsachse ist um ca. drei Grad geneigt. Für einen Umlauf um die Sonne benötigt der Riesenplanet rund elf Jahre. Der Jupiter ist von der Erde aus mit bloßem Auge sichtbar. Mit dem Fernrohr erkennt man den Großen Roten Fleck, einen riesigen Wirbelsturm in seiner Atmosphäre. Der Jupiter verfügt über ein sehr schwach ausgeprägtes Ringsystem, welches sich spiralförmig auf ihn zubewegt. Die Ringe sind nur schwer zu erkennen, da sie aus schwarzen Staubteilchen bestehen, welche das Licht zu gut 95 Prozent absorbieren. Der Gasriese besitzt mehr als 60 Monde; seine vier größten entdeckte Galileo Galilei im Jahr 1610: Io, Europa, Ganymed und Kallisto.

Saturn

Der Saturn ist mit rund 120.000 Kilometern Durchmesser der zweitgrößte Planet in unserem Sonnensystem. Mit seinen ausgeprägten Ringen, die zu großen Teilen aus Eisbrocken und gefrorenen Gasklumpen bestehen, ist er gut zu identifizieren. Die Ringe haben teilweise recht große Lücken von mehreren Millionen

Pluto

Seit seiner Entdeckung im Jahre 1930 galt er als neunter und äußerster Planet. Doch am 24. August 2006 degradierte ihn die International Astronomical Union (IAU) zum Zwergplaneten.

Kilometern. Der Saturn benötigt für einen Umlauf um die Sonne ca. 29 Tage. Seine Rotationsdauer liegt bei etwa zehn Stunden. Er weist ebenfalls eine differenzielle Rotation auf, d. h. am Äquator rotiert er schneller als an den Polen. Die Drehachse ist um etwa 27 Grad geneigt. Saturn verfügt über mehr als 50 Monde, von denen Titan mit einem Durchmesser von rund 5100 Kilometern der größte ist. Die Monde Telesto, Tethys und Calypso bewegen sich auf der gleichen Bahn mit einem Versatz von jeweils ca. 60 Grad. Die Monde Janus und Epimetheus umlaufen den Saturn auf zwei sehr ähnlichen Bahnen, wobei sie sich alle vier Jahre so nahe kommen, dass sie ihre Bahn tauschen.

Uranus

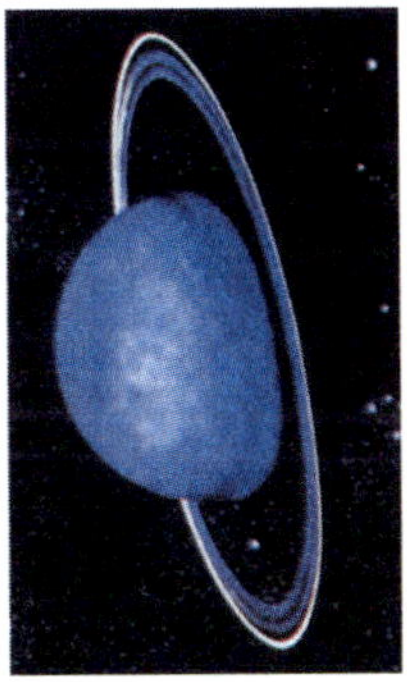

Uranus

Der Uranus wurde 1781 von Wilhelm Herschel (1738–1822) entdeckt. Der Gasplanet hat einen Durchmesser von etwas mehr als 50.000 Kilometern und ist ca. 14-mal so schwer wie die Erde. Für einen Umlauf um die Sonne benötigt er etwa 84 Jahre. Dabei dreht er sich in 17 Stunden einmal um seine Achse. Uranus rotiert rückläufig (entgegen dem Uhrzeigersinn) und seine Rotationsachse liegt annährend in der Bahnebene. Die Ursache für die starke Achsneigung ist unbekannt. Man vermutet eine Kollision mit einem großen Proto-Planeten während der Entstehungsphase des Sonnensystems. Uranus verfügt über ein sehr feines und dunkles Ringsystem, weshalb es nur schwer zu sehen ist. Die Anzahl der Monde liegt bei über 25.

Neptun

Neptun ist der äußerste Planet des Sonnensystems. Seine Masse ist 17-mal so groß wie die der Erde; sein Durchmesser liegt bei knapp 50.000 Kilometern und er ist im Mittel rund 4,5 Milliarden Kilometer von der Sonne entfernt. Neptun benötigt ca. 165 Jahre für einen Umlauf um die Sonne und braucht etwa 18 Stunden für eine volle Rotation um die eigene Achse. Er verfügt über ein recht schwach ausgeprägtes Ringsystem mit einer „klumpigen" Struktur. Neptun besitzt 13 bekannte Monde. Der Mond Triton umkreist den Neptun retrograd (entgegen dem Uhrzeigersinn) und nähert sich diesem langsam auf einer Spiralbahn an. ■

Halleyscher Komet

Kometen

Seit Jahrtausenden interpretierte die Menschheit das plötzliche Auftauchen von Kometen als böses Omen kommenden Unglücks, wie z. B. Krieg oder Naturkatastrophen. Das auffälligste Kennzeichen eines Kometen ist sein Schweif, weshalb man ihn auch Schweifstern nennt. Der Schweif kann bei großen und sonnennahen Kometen eine Länge von mehreren 100 Millionen Kilometern erreichen. Der Kopf des Kometen setzt sich aus dem Kern und einer diffusen, nebligen Hülle (Koma) zusammen.

Einer der wohl bekanntesten und besonders hellen Erscheinungen ist der Halleysche Komet. Edmond Halley (1656–1742) berechnete im Jahr 1682 die Umlaufbahn des später nach ihm benannten Kometen und entdeckte, dass dieser Komet bereits 1456, 1531 und 1607 am Himmel erschien. Seine Prognose für die Wiederkehr des Halleyschen Kometen zur Jahreswende 1758/59 bestätigte sich. Die früheste Beobachtung des Halleyschen Kometen geht auf das Jahr 240 v. Chr. zurück. Zuletzt kam er 1986 in Erdnähe und man erwartet ihn im Jahr 2061 wieder. Der Halleysche Komet ist nicht kugelförmig, sondern ein Ellipsoid mit den Maßen 15,3 x 7,2 x 7,2 Kilometer. Kometen teilt man entsprechend ihrem Erscheinungsintervall in periodische und aperiodische Kometen ein. Die periodischen gliedert man in langperiodische mit Umlaufzeiten von mehr als 200 Jahren und kurzperiodische mit Umlaufzeiten von weniger als 200 Jahren. Der Halleysche Komet ist mit einer Umlaufzeit von 75 bis 77 Jahren ein kurzperiodischer Komet, der aus dem Kuipergürtel stammt. Er bewegt sich auf einer lang gestreckten Ellipsenbahn um die Sonne. Die meisten langperiodischen Kometen haben ihren Ursprung in der Oortschen Wolke. Einige dieser Kometen umlaufen die Sonne entgegen dem Uhrzeigersinn (retrograd). Die aperiodischen Kometen kehren meist wegen ihrer paraboloiden oder hyperboloiden Bahn nicht wieder; es sind Einzelerscheinungen.

Kern und Koma

In großer Entfernung von der Sonne besteht ein Komet lediglich aus dem Kern. Dieser setzt sich im Wesentlichen aus gefrorenem Wasser, gefrorenem Kohlenstoffdioxid (Trockeneis), Methan, Ammoniak sowie Staub- und Mineralteilchen zusammen. Wegen ihrer Zusammensetzung bezeichnet man Kometen häufig als „schmutzige Schneebälle" oder „eisige Schmutzbälle". Die meisten Kometen verfügen über eine schwarze äußere Kruste. Diese dunkle Kruste macht die spektakulären Leuchterscheinungen zu den schwärzesten Objekten im Weltall, da sie nur etwa sieben Prozent des Lichtes reflektieren. Erst wenn ein Komet einen Sonnenabstand von etwa fünf AE (Astronomische Einheit: mittlerer Abstand Sonne – Erde) erreicht, bildet sich die schalenförmig aufgebaute Koma. Sie entsteht durch Sublimation (Übergang vom festen in den gasförmigen Zustand) leicht flüchtiger Substanzen auf der sonnenzugewandten Seite des Kometen.

Schweifentstehung

Mit weiterer Annäherung an die Sonne bildet sich der charakteristische lang gezogene und hell leuchtende Schweif des Kometen. Er nimmt mit fortschreitender Annäherung an die Sonne in der Länge zu und nach der Umrundung der Sonne wieder ab. Der Schweif ist dabei stets der Sonne abgewandt, da der Sonnenwind (Strahlungsdruck der Sonne) verdampfendes Material vom Kopf des Kometen wegbläst. Der Schweif kann eine Länge von mehreren Millionen Kilometern erreichen. Er besteht aus einem Gasschweif und einem zweiten, schwach gekrümmten Staubschweif. Durch den unwiederbringlichen Masseverlust des weggeblasenen Materials, schrumpft ein Komet mit der Zeit. Mathematische Modelle errechnen für einen durchschnittlichen Kometen rund 100 Sonnennäherungen bis er sich endgültig auflöst. Die Teilchen des Staubschweifs verteilen sich entlang der sonnennahen Kometenbahn. Dringen diese Partikel in die Erdatmosphäre ein, entstehen Meteorströme, die man in Form von jährlich wiederkehrenden Häufungen von Sternschnuppen am Himmel beobachten kann. ■

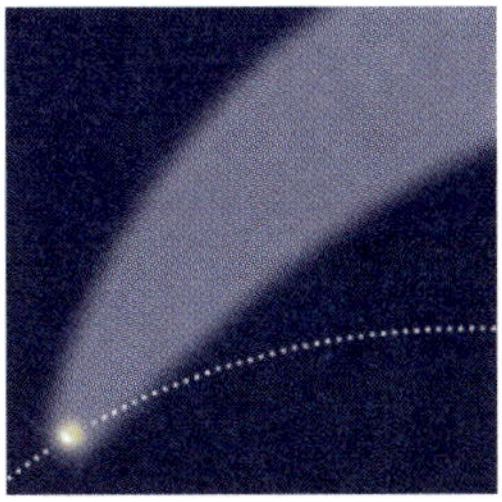

Kometenschweif

Erwähnenswerte Kometen

- Halleysche Komet: Er war der erste Komet, den man als periodischen Kometen erkannte.
- Enckesche Komet: Er besitzt mit 3,31 Jahren die kürzeste Umlaufzeit aller bekannten Kometen.
- Hale-Bopp: Dieser Komet war mehr als 18 Monate von 1996 bis 1997 mit bloßem Auge sichtbar.

Meteoriten und Einschlagkrater

Meteorit

Meteoroide sind kleine Himmelsobjekte, deren Größe zwischen wenigen Bruchteilen eines Millimeters und etlichen Metern liegt. Solange sich ein solcher Körper im interplanetaren Raum befindet, bezeichnet man ihn als Meteoroid. Tritt er in die Erdatmosphäre ein, erzeugt er eine Leuchterscheinung, die Meteor genannt wird. Kleine Meteore heißen Sternschnuppen. Verglühen sie nicht vollständig beim Durchqueren der Atmosphäre, so fallen sie als Meteoriten auf die Erdoberfläche.

Zusammen mit den Asteroiden und den Kometen zählen Meteoroide zu den Kleinkörpern in unserem Sonnensystem. Die meisten auf der Erde gefundenen Meteoriten sind Bruchstücke von Asteroiden aus dem Asteroidengürtel zwischen Mars und Jupiter. Sie entstanden durch Kollisionen von verschiedenen Objekten. Diese Meteoriten repräsentieren eines der ältesten Materialien unseres Sonnensystems. Beim Fall durch die Erdatmosphäre werden die außerirdischen Steine abgebremst und an der Oberfläche geschmolzen; im Inneren bleiben sie jedoch unverändert. Solche Meteoriten geben, neben der Untersuchung von Kometen und Asteroiden mithilfe von Raumsonden, wichtige Hinweise auf die Entstehung des Sonnensystems. Einige Meteoriten entstammen dem Mond oder dem Mars. So entdeckte man 1979 den ersten Mondmeteorit in der Antarktis, dessen Herkunft man jedoch erst einige Jahre später aufgeklärte. Meteoriten bestehen entweder aus Silikatmineralien oder einer Eisen-Nickel-Legierung. Unabhängig von ihrer chemischen Zusammensetzung und ihrer außerirdischen Herkunft rechnet man sie den Gesteinen zu.

Meteoritentypen

Die außerirdischen Gesteine unterteilt man in differenzierte und undifferenzierte Meteoriten. Bei den undifferenzierten handelt es sich um Chondrite (Steinmeteoriten). Man nimmt an, dass sie aus der Frühzeit des Sonnensystems stammen und somit der Zusammensetzung des ursprünglichen Sonnennebels ent-

Einschlagkrater

sprechen. Chondrite lassen sich oft an charakteristischen kleinen Kügelchen, den Chondren, identifizieren.

Die zweite Gruppe bilden die differenzierten Meteoriten. Sie entstammen hauptsächlich Asteroiden mit schalenartigem inneren Aufbau. Den Vorgang, der zur Materialtrennung in Kern, Mantel und Kruste führt, nennt man Differenziation. Man unterscheidet Achondrite (Steinmeteoriten), die dem Mantel entstammen, Eisen-Meteoriten aus dem Kern und Stein-Eisen-Meteoriten aus der Übergangszone von Mantel zu Kern. Einen Nachweis von Eisenmeteoriten stellen die Widmanstätten-Strukturen dar. Sie entstehen, wenn man Eisenmeteoriten anschleift, poliert und mit methanolhaltiger Salpetersäure ätzt.

Einschlagkrater

Während kleinere Meteoroide in der Atmosphäre verglühen, werden größere Objekte mit einer Masse von einigen Tonnen vom Luftwiderstand kaum abgebremst. Beim Aufprall wandelt sich die kinetische in thermische Energie um. Durch die mechanischen und thermischen Einwirkungen entstehen riesige Einschlagkrater (Impaktkrater) als annähernd kreisförmige Senken. Neben zahlreichen kleineren Meteoritenkratern finden sich über 100 Krater mit Durchmessern von 5 bis 200 Kilometern auf der Erdoberfläche. Da die Erosion die Krater mit der Zeit abträgt, spricht man von Impaktstrukturen. Ein charakteristischer Einschlagkrater ist das Nördlinger Ries im Grenzgebiet zwischen Schwäbischer und Fränkischer Alb. ■

Bedeutende Meteoritenereignisse und Einschlagkrater

- Meteorit Hoba: Den mit 60 Tonnen größten Eisenmeteoriten fand man 1920 in Namibia, wo man ihn noch heute besichtigen kann.
- Tunguska-Ereignis: 1908 beobachtete man einen riesigen Feuerball über der sibirischen Tunguska-Region. Die Druckwelle der Explosion vernichtete im Umkreis von rund 50 Kilometern sämtliche Wälder.
- Vredefort-Krater: Der größte bekannte Einschlagkrater der Erde ist der Vredefort-Krater in Südafrika. Er soll ursprünglich 320 Kilometer lang und 180 Kilometer breit gewesen sein.
- Chicxulub-Krater: Der Chicxulub-Krater in Yucatáma (Mexiko) hat einen Durchmesser von rund 180 Kilometern. Der Impakt vor etwa 65 Millionen Jahren löste wahrscheinlich eine globale Klimaänderung aus, die zum Aussterben der Dinosaurier führte.

Milchstraße und andere Galaxien

Die Milchstraße ist eine bandförmige Aufhellung am Nachthimmel. In ihr verschmilzt eine Vielzahl lichtschwacher Sterne, die man mit bloßem Auge nicht als Einzelsterne erkennt. In ihrer Gesamtheit bildet sich so ein milchig-heller Streifen am Firmament. Das Sternsystem (Galaxie), in dem unser Sonnensystem beheimatet ist, heißt korrekt Milchstraßensystem oder die Galaxis. Dabei handelt es sich um eine vier- oder fünfarmige Balkenspiralgalaxie.

Galaxie

Das Milchstraßensystem ist, von der Seite betrachtet, eine flache Scheibe mit einer länglichen Ausbuchtung in der Mitte. In der Ebene hat sie eine Ausdehnung von etwa 100.000 Lichtjahren. Die Dicke der Scheibe liegt bei etwa 3000 Lichtjahren; in der Mitte erreicht sie eine Dicke von etwa 16.000 Lichtjahren. Das Galaktische Zentrum, wahrscheinlich ein schwarzes Loch, liegt in Richtung des Sternbilds Schütze. Die Sonne umkreist das Zentrum des Milchstraßensystems in einem Abstand von etwa 25.000 bis 28.000 Lichtjahren und befindet sich etwa 15 Lichtjahre nördlich der Mittelebene der galaktischen Scheibe zwischen zwei äußeren Spiralarmen. Innerhalb von einem Galaktischen Jahr umrundet unser Sonnensystem das Galaktische Zentrum einmal; es dauert etwa 220 bis 240 Millionen Jahre. Dies entspricht einer Rotationsgeschwindigkeit von etwa 800.000 Kilometer pro Stunde. Das Milchstraßensystem besteht aus mehr als 300 Milliarden Sternen und großen Mengen interstellarer Materie. Als interstellare Materie bezeichnet man die Materie, die sich zwischen den Sternen innerhalb einer Galaxie befindet und aus neutralem oder ionisiertem Gas und Staub besteht. Die Galaxis ist von einem annähernd kugelförmigen Halo (griech. Lichthof) umgeben, der einen Radius von mehr als 50.000 Lichtjahren aufweist. Der Halo besteht aus Kugelsternhaufen, die das Zentrum der Galaxis auf meist lang gestreckten, elliptischen Umlaufbahnen umkreisen. Die Kugelsternhaufen, welche sich im Halo einer Galaxie befinden, enthalten wesentlich mehr Sterne und sind bedeutend älter als die offenen Sternenhaufen, welche man in der Galaxienscheibe vorfindet.

Galaxietypen

Galaxien werden nach ihrem Aussehen in Gruppen eingeteilt: elliptische, linsenförmige, spiralförmige Galaxien, Balkenspiralgalaxien sowie irreguläre Galaxien. Doch diese recht grobe Klassifikation wird der Vielzahl an Galaxietypen nicht gerecht, weshalb man inzwischen viele weitere Charakteristika zur Beschreibung von Galaxien heranzieht. So gibt es z. B. Polarring- und Zwerggalaxien, wechselwirkende und aktive Galaxien. Letztere sind, trotz ihrer meist großen Entfernung, besonders hell. Zu dieser Gruppe zählen u. a. Radiogalaxien und die meist sehr weit entfernten Quasare (engl. quasistellar radio source = quasistellare Radioquelle). Quasare weisen die größte bisher bekannte absolute Helligkeit auf. Man unterscheidet je nach der Stärke der ausgesandten Radiostrahlung zwischen „radio-lauten“ und „radio-leisen“ Quasaren.

Lokale Gruppe

Die uns am nächsten gelegenen Galaxien sind die beiden Magellanschen Wolken am Südhimmel und der Andromedanebel am Nordhimmel. Zusammen mit etwa 30 weiteren Zwerg-Galaxien und dem Milchstraßensystem bilden sie die Lokale Gruppe, einen Galaxiehaufen mit einem Durchmesser von etwa fünf Milliarden Lichtjahren. Die Magellanschen Wolken sind zwei irreguläre Zwerggalaxien in direkter Nähe zum Milchstraßensystem. Man differenziert zwischen der großen und kleinen Magellanschen Wolke. Die beiden Wolken fielen Ferdinand Magellan (1480–1521) bei seiner Weltumsegelung im Jahr 1519 auf. Der Andromedanebel im Sternbild Andromeda ist eine Spiralgalaxie und nach der Milchstraßengalaxie die zweitgrößte der Lokalen Gruppe. ■

Spiralarme der Galaxis

Eine Spiralarmgalaxie rotiert nicht starr wie ein Rad, sondern die einzelnen Sterne wandern um das Galaktische Zentrum. Deshalb wickeln sich die Spiralarme während der Drehung nicht auf. Der Raum zwischen den Spiralarmen ist nicht leer, doch die Materiedichte im Zentrum und in den Spiralarmen ist deutlich höher, weshalb diese Bereiche heller als ihre Umgebung wirken. Die Spiralarme sind Geburtsort vieler neuer Sterne, was ebenfalls zur größeren Helligkeit dieser Bereiche beiträgt.

Urknalltheorie

Sir Fred Hoyle (1915 – 2001) prägte den Begriff Urknall (engl. Big Bang). Als Kritiker wollte er die Theorie unglaubwürdig erscheinen lassen, doch die Urknalltheorie setzte sich durch. Tatsächlich bezeichnet der Urknall keine Explosion im Raum, sondern vielmehr eine Explosion des Raumes, wobei gleichzeitig Materie, Raum und Zeit entstanden. Die Urknalltheorie beschreibt, was nach dem Urknall geschah.

Heute weiß man aus der Spektralanalyse des Lichts von weit entfernten Galaxien, dass sich das Universum ausdehnt. Die Expansion ist eine nach außen gerichtete Kraft, welche der Gravitation entgegenwirkt. Sie ist geringfügig größer als die Gravitation und verhindert so den Zusammensturz des Weltalls. Die Ausdehnung erfolgt, indem sich der Raum zwischen den Galaxien ausdehnt, ähnlich einem Luftballon, den man aufbläst. Der Abstand von Punkten auf der Luftballonoberfläche, die in diesem Beispiel unregelmäßig verteilte Galaxien darstellen, nimmt dabei zu. Die kosmologische Rotverschiebung ist der Beweis für die Theorie der Expansion: Da sich das Licht wellenförmig ausdehnt, erscheint es bei Dehnung der Welle rot und bei Stauchung der Welle blau. Edwin Hubble (1889–1953) entdeckte den direkten proportionalen Zusammenhang zwischen der Rotverschiebung und der zunehmenden Entfernung der Galaxien: Die Fluchtgeschwindigkeit (v) einer Galaxie – die Rate, mit welcher der Abstand zwischen weit entfernten Galaxien wächst – ist proportional zu ihrem Abstand (d) von der Erde: $v = H \cdot d$. Die Hubble-Konstante (H) beschreibt, wie schnell der Raum expandiert. Aus dem Hubble-Gesetz leitet sich ab, dass eine Galaxie sich umso schneller von der Erde weg bewegt, umso weiter sie sich entfernt. Die Expansionsgeschwindigkeit der äußersten Galaxien schätzt man auf Lichtgeschwindigkeit. Somit wächst der Kosmos in jeder Sekunde um rund 300.000 Kilometer.

Entstehung des Kosmos

Rechnet man in der Zeit zurück, so ballte sich das Universum vor rund 14 Milliarden Jahren in einer ungeheuren Dichte zusammen. Die Temperatur war dabei enorm hoch. Beim Urknall entstand aus reiner Energie Materie: Aus Elementarteilchen formierten sich Atomkerne, die wiederum mit Elektronen Wasserstoffatome und später Heliumatome bildeten. Die Gaswolken komprimierten sich zu hypergroßen Sternen, die recht schnell aus-

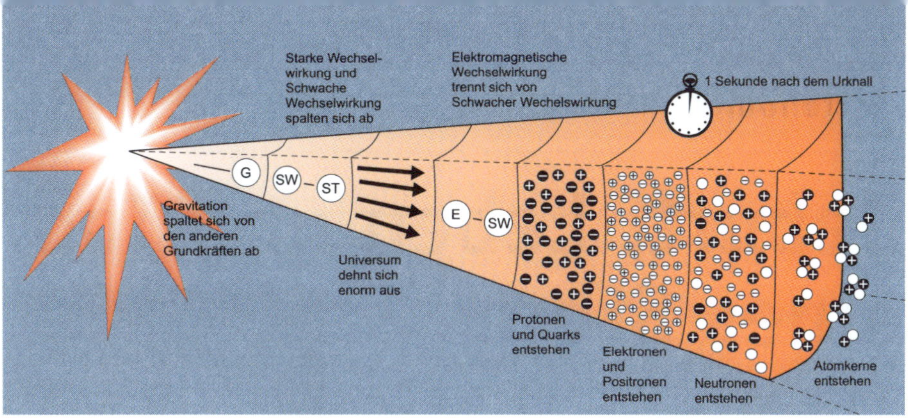

brannten, kollabierten und schließlich schwarze Löchern bildeten. Diese versammelten um sich Gas, aus dem sich erneut Sterne bildeten. Diese Sterne entstanden immer in Gruppen, den Proto-Galaxien. Die Proto-Galaxien verschmolzen miteinander zu den heutigen Galaxien. Man schätzt die Größe des heutigen Weltalls auf rund 26 Milliarden Lichtjahre im Durchmesser. Die Temperatur nahm während des Entstehungsprozesses stetig ab. Als Beleg für die Urknalltheorie gilt die kosmische Hintergrundstrahlung (Drei-Kelvin-Strahlung). Sie entstammt der Zeit etwa 380.000 Jahre nach dem Urknall und markiert den Zeitpunkt, an dem die Materie eine Temperatur erreichte, bei der Protonen und Elektronen sich erstmals zu Wasserstoff verbanden.

Zukunft des Kosmos

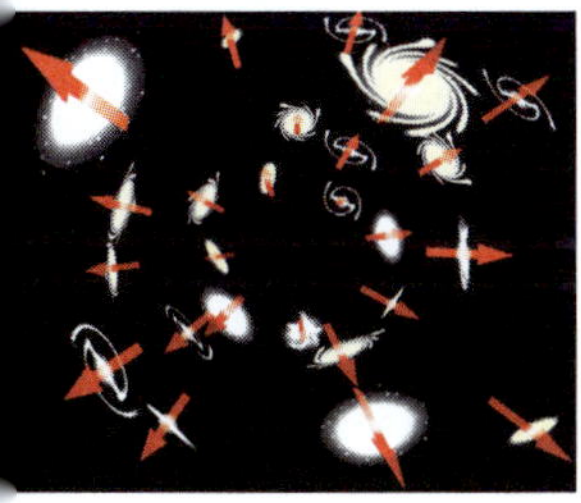

Ausbreitung des Universums

Man weiß nicht genau, welche Form unser Kosmos hat. Eine Kugel? Ein Ellipsoid? Ein Torus – oder ein riesiger Donut? Fest steht, der Kosmos ist nicht unendlich groß, jedoch unbegrenzt. Bewegt man sich also auf seiner Oberfläche, erreicht man nie eine Grenze. Dieses wie auch immer geartete Gebilde dehnt sich aus. Doch geht das immer so weiter? Mögliche Zukunftsperspektiven für den Kosmos beschreiben die Friedmann-Gleichungen. Dabei bestehen grundsätzlich drei Möglichkeiten:

1. Die kinetische Energie ist kleiner als die potenzielle Energie. In diesem Fall würde sich die Expansion in eine Kontraktion umkehren.
2. Die kinetische Energie ist gleich der potenziellen Energie. Dann würde die Expansion des Universums irgendwann zum Stillstand kommen, und es würde sich nicht weiter ausdehnen.
3. Die kinetische Energie ist größer als die potenzielle Energie, womit sich das Universum ständig weiter ausdehnen würde. ■

Kosmologie

Die Kosmologie beschäftigt sich mit dem Ursprung und der Entwicklung des Universums (Kosmos) als Ganzem und ist damit ein Teilgebiet sowohl der Physik als auch der Philosophie.

Geburt, Leben und Tod eines Sterns

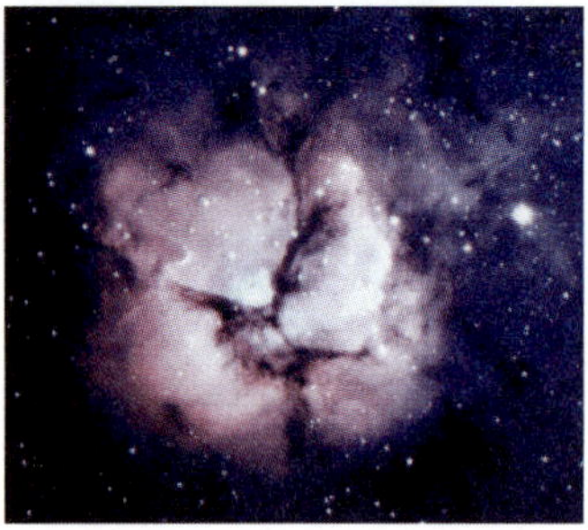

Emissionsnebel im Sternbild Schütze

Die Fixsterne am Firmament sind nicht starr. Sie bewegen und entwickeln sich weiter. Doch dies geschieht in so großen Zeiträumen, dass sie – von der Erde aus betrachtet – unbeweglich und unveränderlich scheinen. Sterne entstehen, altern und sterben. Am Sternenhimmel finden sich somit junge, alte und ausgebrannte Sterne. Die Lebensdauer eines gewöhnlichen Sterns liegt bei rund zehn Milliarden Jahren.

Innerhalb einer Galaxie fasst man Sterne in Altersklassen zusammen, deren räumliche Verteilung, Bewegung und chemische Zusammensetzung ähnlich sind. Grob unterscheidet man zwischen den Sternen innerhalb der Galaktischen Scheibe (Population I), der älteren Halopopulation (Population II) und Sternen der ersten Generation (Population III), die direkt nach dem Urknall entstanden sind. Letztere konnte man bislang noch nicht beobachten; wahrscheinlich sind sie gar nicht mehr existent. Die beiden anderen Populationen lassen sich weiter unterteilen. So zählt unsere relativ junge Sonne zur Spiralarmpopulation (Extreme Population I). Die Schnellläufer, die sich mit hohen Geschwindigkeiten senkrecht zur Galaktischen Ebene bewegen, rechnet man der älteren Population II zu. Zur gleichen Gruppe gehören die Kugelsternhaufen der Halopopulation mit einem Alter von ungefähr 15 Milliarden Jahren – die bislang ältesten beobachteten Sterne unserer Galaxis.

Die Klassifizierung einzelner Sterne erfolgt anhand ihrer Helligkeit. In der Regel gilt: je heller, desto heißer ist die Oberflächentemperatur. Sterne gleicher Oberflächentemperatur bilden eine Spektralklasse. Solche, die der Temperatur-Helligkeits-Regel folgen, nennt man Hauptreihensterne. Unsere Sonne ist so ein Hauptreihenstern. Doch es gibt Ausnahmen: Riesensterne haben eine niedrige Temperatur, sind jedoch sehr hell, da sie eine sehr große Abstrahlungsfläche besitzen. Zwergsterne hingegen sind sehr heiß, aber lichtschwach. Trägt man die Sterne entsprechend ihrer Spektralklasse gegen

Doppel- und Mehrfachsterne

Über die Hälfte der Sterne des Milchstraßensystems sind Doppel- oder Mehrfachsterne. Alpha Centauri im Sternbild Centaurus ist mit etwa 4,4 Lichtjahren das unserem Sonnensystem am nächsten gelegene Sternsystem. Es ist ein Dreifachsternsystem aus Alpha Centauri A, B und dem Roten Zwerg Alpha Centauri C.

ihre absolute Helligkeit in das Hertzsprung-Russel-Diagramm ein, so ergeben sich drei Konzentrationsgebiete. Dies zeigt, dass Sterne nicht jede beliebige Kombination von Temperatur und Leuchtkraft annehmen können. Das Hertzsprung-Russel-Diagramm dient zur Klassifizierung der Sterne und spiegelt ihre Lebensphasen wider.

Sternentwicklung

Zunächst verdichtet sich interstellare Materie zunehmend und bildet eine rotierende Scheibe, aus der sich der Stern mit seinem Proto-Planetensystem oder ein Doppelsternsystem entwickelt. Zunächst verbrennt der Stern Wasserstoff zu Helium; später verbrennt Helium zu schwereren Elementen (bis maximal zu Eisen). Die dabei entstehende Wärme bläht den Stern auf; ein Roter Riese entsteht. Doch je größer die Masse eines Sterns, desto heißer ist er und umso kürzer ist seine Lebensdauer. Ist der Stern ausgebrannt, so entwickelt er sich, in Abhängigkeit von seiner Masse, entweder zu einem Weißen Zwerg (bis 1,4 Sonnenmassen) oder über eine Supernova zu einem Neutronenstern (1,4 bis 2,5 Sonnenmassen) bzw. zu einem schwarzen Loch (über 2,5 Sonnenmassen). Noch heute entstehen immer neue Sterne, die sich aus den in der interstellaren Materie angesammelten Überresten (u. a. schwere Elemente) von älteren Sternen bilden. So ist z. B. der Orionnebel ein Geburtsort neuer Sterne und das Siebengestirn (Plejaden im Gürtel des Orion) bildet einen Haufen junger Sterne (ca. 3000 Stück), die vor 50 Millionen Jahren aus einer Staub- und Gaswolke entstanden.

Pferdekopfnebel im Sternbild Orion

Supernova

Ist der Energievorrat eines Sterns erschöpft, kollabiert er plötzlich. Dabei fliegt der Stern regelrecht auseinander, wobei sehr viel Energie freigesetzt wird. Die Leuchtkraft des Sterns nimmt dabei enorm zu. Dieses helle Aufleuchten eines Sterns am Ende seiner Lebzeit nennt man Supernova. Zuletzt beobachtete man 1987 eine Supernova in der Großen Magellanschen Wolke. ■

Schwarze Löcher

Schwarzes Loch

Schwarze Löcher gehören zweifelsfrei zu den interessantesten Objekten in unserem Kosmos. Sie verhalten sich wie ein riesiger Strudel und saugen alles in sich auf – sogar das Licht. Diese starke Anziehungskraft resultiert aus ihrer enormen Masse. Schwarze Löcher kann man nicht direkt beobachten. Man kann lediglich durch die Auswirkungen auf ihre Umgebung auf die Existenz eines schwarzen Lochs schließen. Bislang unterscheidet man, entsprechend ihrer Größe, drei Arten von schwarzen Löchern: stellare, supermassive und primordiale schwarze Löcher.

Stellare schwarze Löcher stellen den Endzustand äußerst massereicher Sterne dar. Hat der Stern seinen Wasserstoffvorrat vollständig aufgebraucht, kann er dem Druck seiner eigenen Anziehungskraft nicht länger standhalten und stürzt in sich zusammen. Dabei erhitzt er sich noch ein letztes Mal auf mehrere Millionen Grad Celsius. Diese Energie entlädt sich in einer gewaltigen Explosion, der Supernova. Zurück bleibt ein kompakter Kern, der etwa 8- bis 15-mal so schwer wie unsere Sonne ist – ein schwarzes Loch ist entstanden. Jedes schwarze Loch besitzt einen Ereignishorizont (Schwarzschildradius). Er ist die Grenze zwischen dem umgebenden Raum und dem schwarzen Loch. Überschreitet ein Teilchen diese Grenze, so wird es mit Lichtgeschwindigkeit ins Innere des schwarzen Lochs gesogen. Da sich nach der Speziellen Relativitätstheorie nichts schneller als das Licht bewegen kann, ist das Teilchen nicht in der Lage dem Sog zu entkommen. Der Schwarzschildradius, innerhalb dem jede Masse unweigerlich zu einem schwarzen Loch mutiert, lässt sich berechnen. Die Formel lautet: $r_s = 2Gm / c^2$

r_s = Schwarzschildradius

G = Newtonsche Gravitationskonstante

m = Masse des Körpers

c = Lichtgeschwindigkeit im Vakuum

Für die Erde liegt der kritische Radius bei etwa 9 Millimetern. Würde man die gesamte Masse der Erde auf die Größe einer Haselnuss zusammenpressen, so entstünde ein schwarzes Loch. Rotiert das schwarze Loch, ist der Ereignishorizont eine Ellipse.

Stirbt in einem Doppelsternsystem einer der beiden Partner und wird dabei zu einem schwarzen Loch, so saugt es Gas von seinem Partner ab. Hierdurch wird in manchen Fällen eine um das schwarze Loch rotierende Scheibe (Akkretionsscheibe) sichtbar.

Doppelsternsystem

Supermassive schwarze Löcher

Zur Ausbildung eines sogenannten supermassiven schwarzen Lochs ist das Milliardenfache der Sonnenmasse notwendig. Man vermutet solche schwarzen Löcher im Zentrum der meisten Galaxien. Sie beeinflussen wahrscheinlich u. a. die Verteilung der Sterne innerhalb der Galaxie. Indirekte Beobachtungen deuten auf die Existenz eines schwarzen Lochs im Zentrum des Milchstraßensystems hin.

Hawking-Strahlung

Stephen Hawking postulierte 1974 eine Theorie auf Basis der Quantenmechanik, nach der schwarze Löcher gar nicht so schwarz sind, sondern eine Strahlung, die Hawking-Strahlung, emittieren.

Durch die Rotation des schwarzen Lochs erhitzt sich Gas in der Akkretionsscheibe und strahlt Röntgenlicht ab. Eine solche Röntgenquelle ist Sagittarius A (Sternbild Schütze) nahe dem Zentrum des Milchstraßensystems. Ein endgültiger Beweis fehlt bislang. Ebenso ist die Entstehung der supermassiven schwarzen Löcher unklar.

Primordiale (urzeitliche) schwarze Löcher

In der Theorie vermutet man winzige schwarze Löcher mit lediglich einigen Millionen Tonnen Masse. Entsprechend des Schwarzschildradius wären sie kleiner als ein Atom und ihre Anziehungskraft so gering, dass sie sogar mit der Zeit an Masse verlieren und irgendwann ganz verschwinden könnten. Man vermutet, dass die primordialen schwarzen Löcher während des Urknalls entstanden.

Wurmlöcher

Wurmlöcher sind eine Abkürzung im Raum-Zeit-Gefüge, ähnlich einem Wurm, der sich quer durch einen Apfel frisst, anstatt auf der Oberfläche zur anderen Seite zu wandern. Gelänge es, beim Durchqueren eines solchen Wurmlochs die beiden Austrittsstellen (schwarze Löcher) relativ zueinander zu verschieben, ergäbe sich eine Zeitreise. Um ein Wurmloch so weit zu stabilisieren, dass Materie hindurchtreten kann, müsste diese Materie über ganz besondere Eigenschaften verfügen. Die Existenz von Wurmlöchern ist somit bislang rein theoretisch. ■

Raumfahrt

Satellit

Die Raumfahrt beinhaltet Reisen oder Transporte in oder durch den Weltraum. Die Geschichte der Raumfahrttechnik begann mit der ersten voll funktionsfähigen Großrakete: Die von den Nationalsozialisten entwickelte Vergeltungswaffe 2, kurz V2, durchstieß im Oktober 1942 die Grenze zum Weltraum. Heute unterscheidet man zwischen der bemannten und der unbemannten Raumfahrt. Bei der unbemannten Raumfahrt befördert man Satelliten oder Sonden ins All.

Ein künstlicher Satellit ist in der Raumfahrt ein Raumflugkörper, der die Erde oder einen Himmelskörper, wie Planeten oder Monde, auf einer kreisförmigen oder elliptischen Umlaufbahn (Satellitenorbit) umrundet. Die Kreisbahn eines geostationären Satelliten befindet sich in einer Höhe von etwa 36.000 Kilometern ohne Bahnneigung über dem Erdäquator. Ein solcher Satellit bewegt sich mit der gleichen Winkelgeschwindigkeit wie die Erde um die Erdachse, wodurch der Satellit stets an der gleichen Stelle über einem Beobachtungspunkt von der Erde aus steht. Geostationär sind vorwiegend Wetter- und Kommunikationssatelliten, wie z. B. Meteosat und Astra. Eine Raumstation ist ebenfalls ein geostationärer Satellit. Für Erdbeobachtungssatelliten (z. B. Spionagesatelliten), die jeden Punkt der Erde erfassen, benötigt man eine polnahe und sonnensynchrone Umlaufbahn. Diese Satelliten passieren somit einen bestimmten Ort auf der Erdoberfläche immer zur selben Ortszeit, wodurch die gewonnenen Daten miteinander vergleichbar sind. Um einen Körper – ohne weitere Beschleunigung und unter Vernachlässigung des Luftwiderstands – aus dem Gravitationsfeld der Erde auf eine stabile Umlaufbahn zu schießen, ist eine Mindestgeschwindigkeit, die erste kosmische Geschwindigkeit (Kreisbahngeschwindigkeit), erforderlich. Sie ist die Wurzel aus der Gravitationskonstante mal der Erdmasse geteilt durch den Erdradius. Für die Erde beträgt die minimale Kreisbahngeschwindigkeit 7,9 Kilometer pro Sekunde.

Bemannte Raumfahrt

Während des Kalten Kriegs von 1945 bis 1990 erfolgte zwischen den Großmächten USA und der ehemaligen Sowjetunion der Wettlauf ins All. Zunächst hatten die Russen die Nase vorn: 1957 gelang ihnen der Start von Sputnik 1, einem künstlichen Satelliten. Der erste Mensch im Weltall war 1961 der Russe Jurij Gagarin (1934–68). Mit dem Apollo-Programm holten die Amerikaner dann auf. 1969 betrat Neil Armstrong als erster Mensch den Mond. Die erste Raumstation im Orbit war die russische Saljut 1 im Jahr 1971. 1986 begann die ehemalige UdSSR mit der Errichtung der MIR, die 15 Jahre lang betrieben wurde. 2001 brachte man sie über dem Pazifik zum Absturz. Die USA besaßen von 1973 bis 1979 die Raumstation Skylab, nutzten diese jedoch nur ein Jahr. Seit 2000 ist die Internationale Raumstation (ISS) im Einsatz. Als erster Deutscher arbeitete Thomas Reiter 2005/06 auf der ISS. Inzwischen ist der Besuch der ISS für Weltraumtouristen möglich; Dennis Tito war 2001 der erste. Ein Space Shuttle dient als Transportmittel von der Erde zur ISS. Der amerikanische Raumtransporter ist ein wiederverwendbares Raumfahrzeug. Der letzte Rückschlag in der bemannten Raumfahrt ereignete sich 2003, als die Raumfähre Columbia bei der Rückkehr zur Erde explodierte. Dies war bereits die zweite Katastrophe: Der Challenger-Absturz geschah 1986.

Astronaut oder Kosmonaut?

Der Oberbegriff Raumfahrer oder besser Weltraumfahrer bezeichnet einen Menschen, der an einer Expedition ins Weltall teilnimmt. In Westeuropa heißt er Astronaut; stammt er aus dem Ostblock, so nennt man ihn Kosmonaut.

Astronaut an einer Weltraumstation

ESA – Europäische Weltraumorganisation

Die European Space Agency (ESA) ist die 1975 gegründete Europäische Weltraumorganisation mit Sitz in Paris. Ihr gehören 17 Mitgliedsstaaten an. Die ESA betreibt u. a. Projekte der unbemannten Raumfahrt. Ihre Trägerraketen heißen Ariane, die in Kourou (Französisch-Guyana) starten. Die ESA entwickelt derzeit ein Programm zur Erforschung des Mondes und des Mars, das Aurora-Programm. In diesem Rahmen ist eine bemannte Mars-Mission für das Jahr 2033 geplant. ■

Biologie in Antike und Mittelalter

Aristoteles

Der Biologie liegt eine der wohl interessantesten Fragen zugrunde: Wie entsteht Leben? Bereits um 600 v. Chr. entwickelte Thales von Milet (624 – 546 v. Chr.) die These, dass alles Leben aus dem Wasser stamme. In der griechischen Antike diskutierte man zwei kontroverse Standpunkte zum Phänomen des Lebens: Demokrit (460 – 371 v. Chr.) vertrat die Lehre vom Monismus, wonach Lebewesen rein stofflich zu erklären seien. Platon (427 – 347 v. Chr.) hingegen plädierte für den Dualismus, wonach das Leben sowohl aus Materie als auch aus einem immateriellen Geist bestünde.

Viele Jahrhunderte lang prägte die These des Aristoteles (384–322 v. Chr.) die Expertenmeinung über die Entstehung und das Sein des Lebens. Aristoteles nahm an, dass Fische und Insekten aus leblosem Schlamm entstünden und sprach sich für eine ständige Urzeugung der Lebewesen aus. Auf Aristoteles geht die erste systematische Einteilung der Tierwelt zurück. Er beschrieb mehr als 400 Tierarten und unterschied dabei zwischen „blutbesitzenden" und „blutlosen" Tieren. Diese Arbeit machte ihn zum Begründer der Zoologie. Sein Schüler Theophrast (372–287 v. Chr.) beschrieb über 500 Pflanzenarten und gilt als Begründer der Botanik. Ein umfassendes Werk in 37 Bänden über biologische Themen verfasste Plinius der Ältere (23–79 n. Chr.). Der griechisch-römische Arzt und Philosoph Claudius Galenus (auch Galen, um 129–199) sezierte Tiere, und seine medizinischen Erkenntnisse wandte man bis weit ins 17. Jh. an. Noch heute bezeichnet man ein Teilgebiet der Pharmazie, die Lehre von den natürlichen Heilmitteln, Galen zu Ehren als „Galenik".

„Alles ist Mechanik"

Bis zum Beginn der Renaissance beschränkten sich die Naturforscher auf das Beobachten und Vergleichen von Lebewesen. Leonardo da Vinci (1452–1519) erforschte als einer der Ersten das Innere der Lebewesen. Er sezierte Leichen und erkannte das mechanische Zusammenspiel von Skelett und Muskulatur. Der Franzose

Pierre Belon (1517–64) fand Ähnlichkeiten im Bauplan von Mensch und Vogel und der Engländer William Harvey (1578–1657) erforschte den menschlichen Blutkreislauf. Zu dieser Zeit dominierte unter den Wissenschaften die Physik, weshalb man das menschliche Blutsystem aus Pumpen und Röhren aufgebaut sah und es mit mechanischen Vorgängen erklärte: „Alles ist Mechanik."

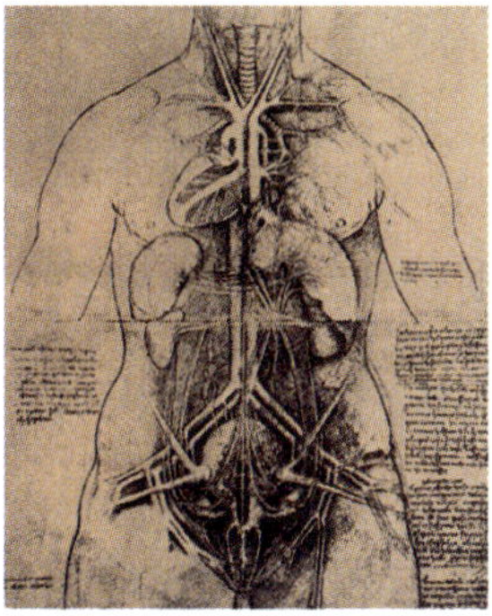

Anatomische Zeichnung von da Vinci

„Alles Leben kommt aus dem Ei"

Der Italiener Francesco Redi (1626–98) beobachtete, dass an faulem Fleisch Würmer aus Fliegeneiern schlüpften. Er formulierte 1668 den ersten Widerspruch zur Theorie des Aristoteles. Redi postulierte: „Alles Leben kommt aus dem Ei." Seine Theorie setzte sich jedoch nicht durch.

„Alles Leben entsteht aus Leben"

Als einer der Pioniere auf dem Gebiet der Mikrobiologie beobachtete der Niederländer Antony van Leeuwenhoek (1632–1723) erstmals 1675 Bakterien und Einzeller mit seinem selbst gebauten Mikroskop. Der Franzose Louis Pasteur (1729–99) widerlegte zweifelsfrei die von Aristoteles postulierte Urzeugungstheorie. Pasteur entdeckte nämlich, dass man durch kurzzeitiges Erhitzen von Lebensmitteln einen Großteil der darin enthaltenen Keime abtötet. Pasteur bewies damit indirekt, dass Leben nur aus Leben entstehen kann. Das Verfahren, bei dem man Substanzen kurzzeitig auf 60 bis 90 Grad Celsius erhitzt, um Mikroorganismen abzutöten, nennt man Pasteurisierung.

Noch bis ins 18. Jh. glaubte man, dass entweder in den Eizellen oder in den Spermazellen kleine Embryonen vorgebildet seien. Caspar Friederich Wolff (1733–94) widerlegte diese Theorie und wies nach, dass sich die Embryonen aus zunächst undifferenzierten Zellen entwickeln. ■

Definition des Lebens

Die Biologie ist die Wissenschaft von den Lebewesen. Doch was ist lebendig? Nicht ein einzelner Faktor, sondern das Zusammenspiel einer Vielzahl von Eigenschaften zeichnen Lebewesen aus. Hierzu zählen u. a. Wachstum, Stoff- und Energieaustausch, Ausscheidung, Vermehrung, Reizbarkeit, Regulationsfähigkeit, Angepasstheit, Wechselbeziehungen mit anderen Lebewesen und mit der Umgebung sowie Bewegung. Eine exakt gefasste und unumstrittene Definition des Lebens gibt es nicht. So sind sich Experten z. B. uneinig, ob Viren Lebewesen sind oder nicht.

Bedeutende Biologen

Carl von Linné

Die Grundlage für eine einheitliche und systematische Bezeichnung von Pflanzen und Tieren schuf Carl von Linné (1707–78). Im Jahre 1739 setzte er die binäre Nomenklatur durch. Dabei verwendet man die acht Gliederungsstufen Reich, Abteilung, Stamm, Klasse, Ordnung, Familie, Gattung und Art. Die beiden letzten Stufen, Gattung und Art, bezeichnen das Lebewesen eindeutig. So nannte Linné den Menschen „Homo sapiens" (moderner Mensch), wobei der lateinische Begriff „Homo" die Gattung „Mensch" bezeichnet und „sapiens" (lat. einsichtsvoll, verständig, weise) die Art charakterisiert.

Auf der Suche nach den Bedingungen zur Entstehung von Lebewesen gelang 1828 dem deutschen Chemiker Friedrich Wöhler (1800–82) der Nachweis, dass unbelebte Materie organische Stoffe hervorbringen kann, die sonst nur im Stoffwechsel von Lebewesen entstehen. Wöhler synthetisierte das organische Molekül Harnstoff aus anorganischem Ammoniumcyanat. 1953 simulierte der Amerikaner Stanley Miller die Uratmosphäre der Erde und zeigte in seinem Versuch, dass unter diesen Bedingungen Bausteine des Lebens, wie die organischen Verbindungen Harnstoff, Ameisen- und Essigsäure sowie Aminosäuren, entstanden. Das nach ihm benannte Miller-Experiment ist einer der bedeutendsten naturwissenschaftlichen Versuche der Geschichte.

Bereits im 18. und 19. Jh. kam die Idee einer Evolution auf. Zunächst glaubte

Die binäre Nomenklatur nach Linné

Am Beispiel des Modernen Menschen erfolgt die Gliederung wie folgt:

Reich:	Tiere
Abteilung:	Vielzeller
Stamm:	Chordatiere
Klasse:	Säugetiere
Ordnung:	Primaten
Familien:	Menschenaffen
Gattung:	Mensch
Art:	Moderner Mensch

man an die Katastrophentheorie. Anerkannter Verfechter dieser Theorie war der Franzose Georges de Cuvier (1769–1832). Er führte die innerhalb der geologischen Schichten der Erdkruste beobachtete Aufeinanderfolge von Lebewesen (Fossilien) auf wiederholte weltweite Katastrophen zurück. Die auf das Massensterben folgenden Lebewesen erklärte er durch Neuschöpfungen. Cuvier gilt als Begründer der modernen Paläontologie.

Charles Darwin und die Evolutionstheorie

Vorreiter der heute allgemein akzeptierten Evolutionstheorie war Jean-Baptiste de Lamarck (1744–1829). Der Franzose glaubte an die stammesgeschichtliche Entwicklung der Arten. Er nahm jedoch fälschlicherweise an, dass der Artenwandel durch Vererbung erworbener Eigenschaften erfolgte. Erst Charles Darwin (1809–82) und Alfred Russel Wallace (1823–1913) entwickelten unabhängig voneinander eine Theorie zur natürlichen Selektion. Sie erklärt die langsame Aufspaltung der Organismen in die verschiedenen Arten als Folge von Anpassungen an den Lebensraum. Darwin hielt bereits 1837 die Theorie in seinen Notizbüchern fest, wagte diese aber nicht zu veröffentlichen. Wallace erkannte an, dass Darwin die Theorie vor ihm aufgestellt hatte und so prägt der Name Darwin bis heute die Evolutionstheorie. Seither gab es immer wieder Angriffe auf die Richtigkeit der Theorie – widerlegt wurde die Evolutionslehre nach Darwin jedoch nie.

Charles Darwin

Meilensteine der Genetik

Als Vater der Genetik gilt Gregor Mendel (1822–84). Er war österreichischer Augustinermönch und Naturforscher. Bereits 1865 stellte er die nach ihm benannten mendelschen Regeln als Ergebnis von Kreuzungsversuchen mit Erbsen auf. Doch erst im Jahre 1900 stieß man wieder auf die Regeln der Vererbung. In den darauffolgenden Jahren gelangen viele bedeutende molekulargenetische Entdeckungen. Einen wichtigen Meilenstein zur Aufklärung der DNS-Struktur legten Francis Crick und James Watson im Jahre 1953: Sie entwickelten das Modell der Doppelhelix. Den Höhepunkt der bisherigen genetischen Forschung stellte sicherlich das 1990 ins Leben gerufene Humangenomprojekt zur vollständigen Entschlüsselung des menschlichen Genoms dar. An diesem Projekt nahmen über 1000 Wissenschaftler aus 40 Ländern teil. Das Humangenomprojekt endete offiziell 2004. Die letzten Jahre des 20. Jh. prägten vor allem das Thema des Klonens. 1997 kam das erste geklonte Schaf „Dolly" auf die Welt. Während das reproduktive Klonen von Menschen weltweit geächtet wird, gibt es um das therapeutische Klonen heftige Diskussionen. ■

Die Zelle

Zelle

Die Zelle stellt die kleinste Einheit aller Lebewesen dar. Man unterscheidet Einzeller, wie z. B. das Pantoffeltierchen, und Mehr- bzw. Vielzeller, wobei die verschiedenen Zelltypen unterschiedliche Funktionen übernehmen (Arbeitsteilung). Form und Größe der Zellen sind unterschiedlich ausgeprägt. Die Zellgröße variiert zwischen 1 Millimeter und 0,1 Nanometer; die Form kann z. B. kugelig, stern- oder stab- bzw. spindelförmig sein. Der menschliche Körper verfügt über rund 220 verschiedene Zell- und Gewebetypen. Als Gewebe bezeichnet man einen Verbund gleichartiger Zellen.

Die Evolution schuf zwei Arten von Organismen mit eigenem Zelltyp: Die Prokaryoten und die Eukaryoten. Die Prokaryoten (z. B. Bakterien) treten immer als Einzeller auf und besitzen keinen Zellkern. Die Eukaryoten haben einen Zellkern und können sowohl Einzeller als auch Vielzeller sein. Zu den Eukaryoten zählen alle ein- oder mehrzelligen Lebewesen: Pflanzen, Pilze und Tiere sowie einige Algenarten. Die Zellen der Eukaryoten verfügen alle – neben dem Zellkern – über eine Zellmembran, Zellplasma, Mitochondrien und Ribosomen. Pflanzenzellen besitzen zusätzlich eine Zellwand und Vakuolen. Bei den pflanzlichen Zellen unterscheidet man weiter zwischen autotrophen und heterotrophen Pflanzenzellen, wobei sich die autotrophen Zellen durch Chloroplasten auszeichnen. Tierzellen verfügen weder über eine Zellwand noch über Chloroplasten.

Chromosomenanzahl

Individuen einer Art besitzen die gleiche Chromosomenanzahl. So verfügt der Mensch in jeder Zelle seines Körpers über insgesamt 46 Chromosomen: 44 Körper- und zwei Geschlechtschromosomen.

Zellbestandteile und ihre Funktionen

Chloroplasten sind durch das enthaltene Chlorophyll grün gefärbt und dienen der Fotosynthese. Sie produzieren Zucker und Stärke. Mitochondrien stellen die „Kraftwerke der Zelle“ dar; hier findet die Zellatmung statt. In den Ribosomen erfolgt die Proteinbiosynthese der Erbsubstanz entsprechend der im Zellkern verschlüsselten genetischen Information. Vakuolen sind wasserreiche, plasmafreie Reaktionsräume. Sie dienen als Speicher für Nährstoffe, Abbauprodukte oder Abwehrstoffe gegen Fressfeinde. Die die Zelle umschließende Membran ermöglicht den Stoffaustausch und die Aufnahme von Signalen aus der Umwelt. Die Zellwand der Pflanzenzelle besteht zu einem Großteil aus Zellulose, wodurch die einzelne Zelle eine feste Form erhält und sich perfekt in den Zellverband einfügt.

Autotrophie und Heterotrophie

Autotrophe (altgriech. sich selbst ernährend) Organismen ernähren sich ausschließlich von anorganischen Stoffen. Dies trifft zumeist auf die Fotosynthese treibenden Lebewesen zu. Heterotrophe (griech. sich von anderen ernährend) Organismen beziehen ihre Stoffwechselenergie aus den von anderen Lebewesen aufgebauten organischen Substanzen.

Zellteilung

Die Vermehrung erfolgt durch Zellteilung. Bei den Vielzellern teilt sich meist eine befruchtete Eizelle bzw. Spore, wobei sich zunächst der Zellkern teilt. Im Zellkern ist die genetische Erbinformation auf den fadenförmigen Chromosomen verankert. Sie tragen die einzelnen Erbanlagen (Gene). Der Prozess der Kernteilung wird Mitose genannt und verläuft in vier Phasen: Prophase, Metaphase, Anaphase und Telophase. Die Zeitspanne zwischen zwei Kernteilungen nennt man Interphase. Der gesamte Zellzyklus umfasst die Interphase und die Mitose.

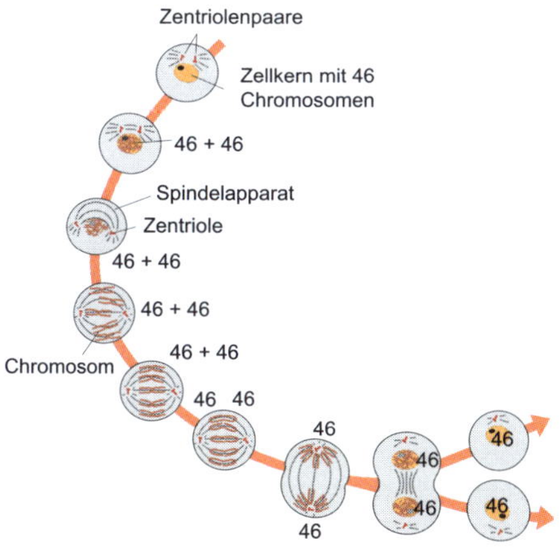

Zellteilung

Während der Prophase löst sich die Kernmembran auf und die Chromosomen teilen sich in zwei Chromosomenhälften, die Chromatiden. Diese sind über das Centromer weiterhin miteinander verbunden. In der Metaphase bildet sich der Spindelapparat und die geteilten Chromosomen ordnen sich in der Äquatorialebene an. Im Verlauf der Anaphase trennen sich die Chromatiden und wandern entlang der Spindelfasern zu den Kernpolen. Mit der Telophase endet die Mitose. Die Spindeln lösen sich auf und es bildet sich eine Kernmembran zwischen den beiden neuen Zellkernen. Nach Abschluss der Mitose liegen zwei identische Tochterzellen (Klone) vor. Während der Interphase wächst die Zelle, und die Chromatiden in den Tochterzellen verdoppeln sich (Replikation). ■

Bakterien

Bakterien sind Einzeller (Prokaryoten). Sie besitzen keinen Zellkern; bei ihnen liegt die Erbsubstanz, die DNS (Desoxyribonukleinsäure), frei im Zellplasma. Die Lebensweise der Bakterien ist sehr vielfältig. Es gibt z. B. aerobe, anaerobe und solche, die Fotosynthese oder Chemosynthese betreiben. Die meisten Bakterien vermehren sich durch Zellteilung. Ihre Größe liegt zwischen 0,2 und 100 Mikrometern. Bakterien finden sich häufig zu Kolonien zusammen. Einige Bakterien, wie z. B. das Darmbakterium Escherichia coli, sind nützlich, andere machen krank.

Begründer der modernen Bakteriologie: Robert Koch

Als Destruenten (Zersetzer) kommt den Bakterien in der Natur eine bedeutende Rolle zu. Einige Bakterienarten helfen z. B. bei der Selbstreinigung der Gewässer und betreiben in Kläranlagen gezielt biologische Gewässerreinigung, andere zersetzen Nahrungsreste und bilden so wertvollen Humus. Doch Bakterien treten auch als Krankheitserreger bei Pflanzen, Tieren und Menschen auf. Beim Menschen lösen sie u. a. Wundstarrkrampf, Lungenentzündung oder Diphtherie aus.

Der Niederländer Antony van Leeuwenhoek (1632–1723) entdeckte als Erster Bakterien unter seinem selbst gebauten Mikroskop. Louis Pasteur (1822–95) entwickelte ein Verfahren zum Abtöten von Mikroorganismen durch Erhitzen (Pasteurisieren) und Robert Koch (1843–1910) fand die Erreger für Tuberkulose, Milzbrand und Cholera. 1928 entdeckte der schottische Bakteriologe Alexander Fleming (1881–1955) das Penicillin, das erste Antibiotikum.

Antibiotika und Resistenzen

Antibiotika sind Stoffwechselprodukte von Bakterien und einigen Schimmelpilzen, die Bakterien oder Pilze töten bzw. deren Wachstum hemmen. In der Medizin setzt man Antibiotika vor allem gegen Infektionskrankheiten (bakterielle Infektionen) ein. Das wohl bekannteste Antibiotikum ist das Penicillin. Es ist das Stoffwechselprodukt eines Schimmelpilzes (Penicillium chrysogenum). Solche Medikamente wirken, indem sie z. B. die bei Bakterien aus Zucker bestehende Zellwand zerstören. Deshalb sind diese

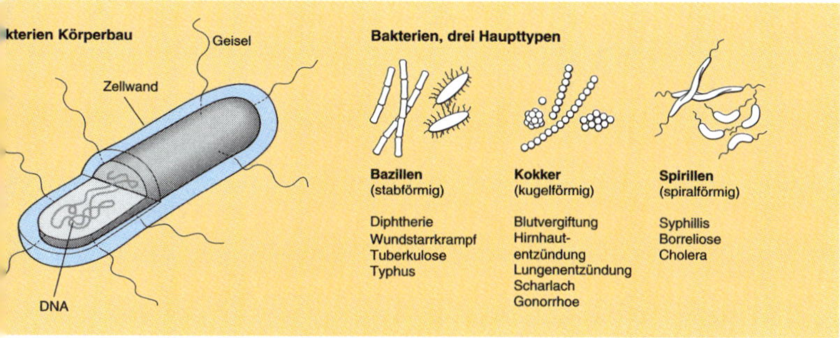

Stoffe für den Menschen ungefährlich; sie greifen gezielt die Bakterien an und verschonen die menschlichen Zellen. Allerdings können Antibiotika die menschliche Darmflora reduzieren.

Viele Bakterienstämme sind inzwischen widerstandsfähig (resistent) gegen bestimmte Antibiotika. Solche Resistenzen entstehen zufällig durch Mutationen. Verändert sich z. B. die Struktur der Bakterienzelle, können die Antibiotika die Zelle nicht mehr angreifen. Bakterien haben eine hohe Vermehrungsrate, wodurch sie sich schnell den veränderten Lebensbedingungen anpassen. Dies ist auch der Grund, warum man eine Antibiotikatherapie nicht vorschnell ab- oder unterbrechen soll. Da die eingesetzten Antibiotika lediglich die Keimzahlen durch Hemmung des Wachstums verringern, könnten die restlichen Bakterien neue Überlebensstrategien entwickeln und so einen heftigen Rückfall der Erkrankung auslösen.

Leben mit und ohne Sauerstoff

Lebewesen, die Sauerstoff zum Überleben benötigen, sind aerob. Ein wichtiger aerober Vorgang ist die Atmung. Lebewesen, die ohne Sauerstoff auskommen, bezeichnet man als anaerob. Zu den anaeroben Prozessen zählt u. a. die Gärung. Einige Mikroorganismen sind in der Lage, sowohl unter aeroben wie unter anaeroben Bedingungen zu existieren; diese nennt man fakultativ anaerob.

Überlebenskünstler Bakterien

Es gibt mehr als 12.000 Bakterienarten und ständig entdeckt man neue. Die ältesten und wahrscheinlich die ersten Lebewesen der Erde, die Fotosynthese betrieben, sind die ca. 3500 Millionen Jahre alten Blaualgen (Cyanobakterien). Sie bevölkern mit mehr als 2000 Arten weite Teile der Erde, was ihre unglaubliche Anpassungsfähigkeit an die Umweltbedingungen deutlich macht. Blaualgen lassen sich oft mit bloßem Auge als gallertartige Masse, feinfädige Überzüge oder gefärbte Wasserblüten erkennen. Färben sich Wasseroberflächen grün, blau oder manchmal rot und trübt sich das Wasser, so spricht man von der Algenblüte, einer plötzlich auftretenden massenhaften Vermehrung der Cyanobakterien. Ursache ist meist eine Überdüngung des Gewässers mit Phosphat.

Fotosynthese

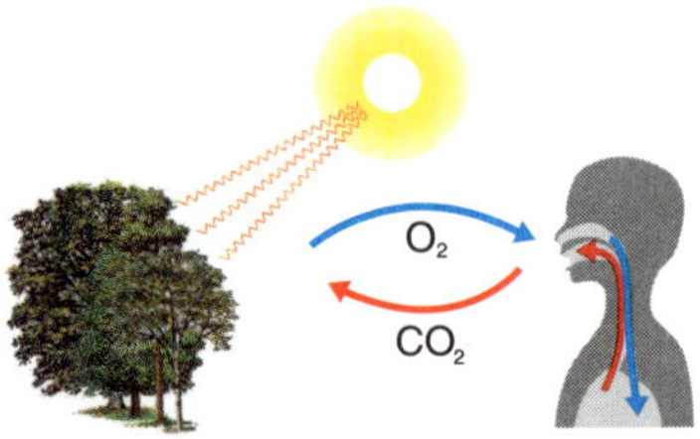

Für die meisten Pflanzen und einige Bakterien ist das Licht lebensnotwendig. Sie ernähren sich autotroph, d. h. sie bauen körpereigene Stoffe ausschließlich aus anorganischen, körperfremden Stoffen auf. Eine Art der autotrophen Ernährung ist die Fotosynthese. Dabei setzen Pflanzen unter Verwendung von Lichtenergie Wasser und Kohlenstoffdioxid zu Sauerstoff und Zucker (organische Substanz) um. Der Fotosynthesevorgang ist das Gegenteil zur Zellatmung, die Sauerstoff verbraucht und Kohlenstoffdioxid abgibt.

Die Entdeckung der Fotosynthese begann im 18. Jh., als Joseph Priestley (1733–1804) beobachtete, dass eine brennende Kerze bzw. eine Maus die Luft in einem abgeschlossenen Behälter veränderte: Die Kerze erlosch nach einer Weile und die Maus starb. Er schloss daraus, dass die Kerze und die Maus den gleichen Bestandteil der Luft verbrauchten. Kopfzerbrechen bereitete ihm die Überlegung, dass alle Lebewesen fortwährend atmeten und somit irgendwann der notwendige Teil der Luft verbraucht sein würde. 1771 stellte er einen Minzezweig in ein Gefäß mit verbrauchter Luft. Am nächsten Tag brannte in diesem Gefäß wieder eine Kerze. Priestley folgerte, dass die Pflanze die „schlechte Luft" in „gute Luft" verwandelte. Später entdeckte Antoine Laurent de Lavoisier (1743–94) die chemischen Bestandteile des Wassers (H_2O) und bewies die biologische Umwandlung von Kohlenstoffdioxid in Sauerstoff und umgekehrt. 1846 belegte Justus Liebig (1803–73), dass grüne Pflanzen unter Licht die Atmung umkehren und dabei die Abfallgase, die bei der Atmung entstehen, verbrauchen und Sauerstoff an die Atmosphäre abgeben. Zwischen 1880 und 1900 identifizierte man die stärkehaltigen Chloroplasten als Ort der Sauerstoffproduktion.

Reaktionsgleichung der Fotosynthese

$6\ CO_2 + 6\ H_2O \rightarrow C_6H_{12}O_6 + 6\ O_2$

Aus Kohlenstoffdioxid und Wasser entsteht unter Verwendung von Lichtenergie Zucker (Glucose) und Sauerstoff.

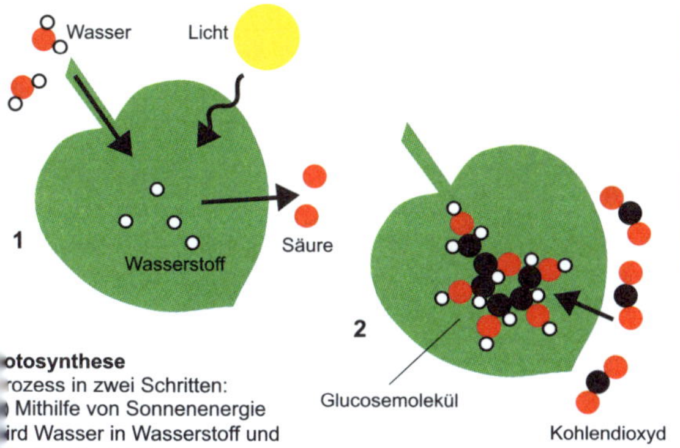

otosynthese
rozess in zwei Schritten:
Mithilfe von Sonnenenergie ird Wasser in Wasserstoff und auerstoff gespalten.
Anschließend wird in der unkelreaktion mithilfe on Kohlendioxyd und ATP lucose gebildet.

Ablauf der Fotosynthese

Die Fotosynthese setzt sich aus zwei Reaktionsschritten zusammen: 1. lichtabhängige, jedoch temperaturunabhängige Reaktion (Licht- bzw. Primärreaktion) und 2. lichtunabhängige, jedoch temperaturabhängige Reaktion (Dunkel- bzw. Sekundärreaktion). Die Primärreaktion dient der Energiegewinnung; in der Sekundärreaktion erfolgt der Aufbau organischer Stoffe. Genauer gesagt, entsteht in der Primärreaktion unter Nutzung der Lichtenergie chemische Energie in Form von Adenosintriphosphat (ATP). Dabei nimmt das Wasserstoff transportierende Coenzym Nicotinsäureamid-Adenosin-Dinucleotid-Phosphat (NADPH) ein Wasserstoffatom auf. In der Sekundärreaktion setzt sich Kohlenstoffdioxid und Wasser mit ATP als Energiequelle und NADPH als Reduktionsmittel zu Glucose und Sauerstoff um. NADPH gibt bei diesem Vorgang das Wasserstoff-Ion ab und wird selbst zu $NADP^+$ oxidiert.

Chemosynthese

Einige Bakterien nutzen die in anorganischen Stoffen gespeicherte Energie anstelle von Lichtenergie; sie betreiben Chemosynthese.

Einflussfaktoren auf die Fotosyntheserate

Die Fotosyntheseleistung hängt von verschiedenen Umwelteinflüssen ab, wie Lichtstärke, Temperatur, Kohlenstoffdioxidgehalt und Wasserangebot. Mit zunehmender Lichtstärke steigt die Fotosyntheserate bis zu einem Sättigungspunkt an.

Wie die meisten Reaktionen ist die Fotosynthese temperaturabhängig. Sie setzt bei einer Mindesttemperatur ein und nimmt mit steigender Temperatur an Geschwindigkeit zu, bis sie ein Optimum erreicht. Dieses artindividuelle Optimum kann man z. B. in Gewächshäusern mit Nutzpflanzen exakt einstellen.

Eine Erhöhung des Kohlenstoffdioxidgehalts der Luft vermehrt ebenfalls die Fotosyntheseleistung. Durch Düngung steigt der Kohlenstoffdioxidgehalt der bodennahen Luftschichten, da Destruenten (Zersetzer) die organischen Stoffe zersetzen und dabei Kohlenstoffdioxid freisetzen. Bei Trockenheit schließen sich die Spaltöffnungen, wodurch sich die Kohlenstoffaufnahme reduziert. Künstliche Bewässerung schafft Abhilfe.

In der Natur wirken alle Faktoren gemeinsam; die Fotosyntheserate ist deshalb immer von demjenigen Faktor abhängig, der im Minimum vorhanden ist (Minimumgesetz).

Zellatmung

Die Dissimilation (Stoffabbau) ist der Prozess zum Abbau von Energiespeichern (z. B. Fette oder Kohlenhydrate). Der Stoffabbau erfolgt in Form der Zellatmung (innere Atmung) oder der Gärung. Bei der Veratmung von Zucker (Glucose) und Sauerstoff in Pflanzen- und Tierzellen bilden sich Kohlenstoffdioxid und Wasser. Die dabei frei werdende Energie wird zu einem Teil in den Zellen gespeichert; der Rest wird als Wärme frei. Die Gärung verläuft ohne Beteiligung von Sauerstoff.

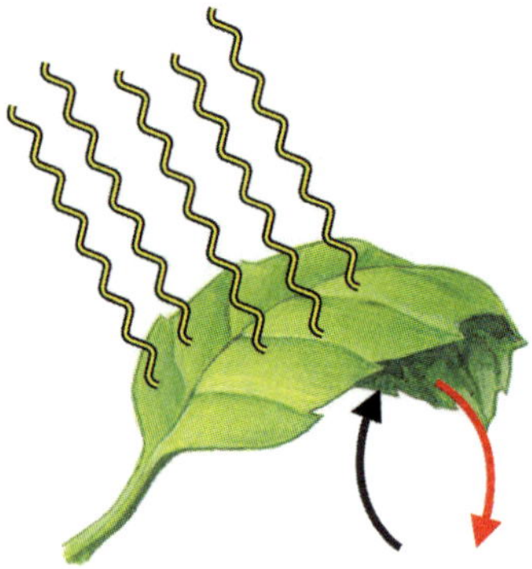

Gasaustausch im Blatt

Aus den während der Fotosynthese gebildeten Kohlenhydraten erzeugen Pflanzen weitere organische Stoffe wie z. B. Proteine oder Nukleinsäuren. Die hierfür notwendige Energie gewinnt die Pflanze aus der Fotosynthese oder durch die Zellatmung. Pflanzen atmen ständig; betreiben jedoch ausschließlich am Tage – bei Lichteinstrahlung – Fotosynthese. Tiere und Menschen gewinnen durch den Abbau der Nahrung (organische Stoffe) Energie. Dies geschieht ebenfalls über die Zellatmung. Die homoiothermen (gleichwarmen) Tiere nutzen die bei der Atmung abfallende Wärme zur Aufrechterhaltung ihrer Körpertemperatur. Bei Pflanzen ist die Wärmeabgabe meist nicht fühlbar, da sie diese sehr schnell an die Umgebung abgeben. Doch Frühlingspflanzen bahnen sich mit dieser Wärme einen Weg durch die Schneedecke und die Erwärmung von Komposthaufen ist ebenfalls das Resultat der Wärmeabgabe.

Ort der Zellatmung sind die Mitochondrien in den Zellen. Der Abbau eines Glucosemoleküls erfolgt in vier Schritten. Zunächst findet die Glykolyse (Zuckerzerlegung) statt. In einem Zwischenschritt,

Reaktionsgleichung der Zellatmung

$C_6H_{12}O_6 + 6\,O_2 \rightarrow 6\,CO_2 + 6\,H_2O$

Zellen nehmen zur Energieversorgung Glucose auf, welche in den Mitochondrien in einer Reaktion mit Sauerstoff vollständig zu Kohlenstoffdioxid und Wasser abgebaut wird. Dabei wird Wärme frei.

der Decarboxylierung, wird ein Kohlenstoffdioxid-Molekül abgespalten und auf ein Transportmolekül übertragen. Der dritte Schritt ist der Zitronensäurezyklus. Am Ende steht die Endoxidation, bei welcher der Wasserstoff durch Sauerstoff zu Wasser oxidiert wird.

Glykolyse (Zuckerabbau)

Der Stoffabbau über die Glykolyse läuft bei praktisch allen rezenten Lebewesen gleich ab, was auf eine sehr frühe Entstehung dieses Prozesses innerhalb der Stammesgeschichte hinweist. Glykolyse betrieben bereits die ersten Prokaryoten vor etwa 3,5 Milliarden Jahren. Der Zuckerabbau verläuft chemisch über eine Phosphorylierung. Dabei spaltet der Energieträger Adenosintriphosphat (ATP) seinen Phospatrest ab. Dieser bindet sich an den Zucker und bildet ein Zuckerphosphat (Glucose-6-Phosphat). Im nächsten Schritt entsteht Fruktosephosphat, welches weiter zu Fruktosebisphosphat reagiert. Dieses Phosphat spaltet sich in zwei Triosephosphate auf und bildet anschließend über mehrere Schritte unter Wasserstoffabspaltung und Oxidation Brenztraubensäure ($C_3H_4O_3$). Der abgetrennte Wasserstoff bindet sich an das Wasserstoff transportierende Coenzym Nicotinsäureamid-Adenosin-Dinucleotid (NAD^+). Die Brenztraubensäure wandert in die Mitochondrien und reagiert dort unter Abspaltung eines Kohlenstoffdioxid-Moleküls zu aktivierter Essigsäure (Acetyl-Coenzym A).

ATP-Molekül

Zitronensäurezyklus

Der Acetylrest der aktivierten Essigsäure (Acetyl-Coenzym A) bindet sich an Oxalessigsäure. Das Coenzym A setzt sich frei und es entsteht Zitronensäure mit drei Carboxylgruppen (Tricarbonsäure). Über mehrere Zwischenschritte spalten sich Wasserstoff und Kohlenstoffdioxid ab und es bildet sich erneut Oxalessigsäure, die nun wiederum für die Reaktion mit der aktivierten Essigsäure zur Verfügung steht, womit sich der Zyklus schließt. ■

Gärung

Bei der Gärung entsteht im Vergleich zur Atmung weniger Energie, da sich lediglich die energiearmen Stoffe Kohlenstoffdioxid und Wasser bilden. Bei der alkoholischen Gärung (z. B. Bierherstellung) bilden Hefen aus Zucker Ethanol und Kohlenstoffdioxid unter Wärmeabgabe. Bei der Milchsäuregärung wandeln Milchsäurebakterien Zucker in Milchsäure um, wobei ebenfalls Wärme entsteht. Die Milchsäuregärung dient u. a. zur Konservierung von Gemüse (Sauerkraut) und zur Herstellung von Milchprodukten (Joghurt, Käse).

Pflanzen

Plankton

Innerhalb der Lebewesen bilden die rund 500.000 Pflanzenarten ein eigenes Reich. Alle Pflanzen sind Eukaryoten, die Zellen mit einem Zellkern und einer Zellmembran besitzen. Die meisten Pflanzen leben fototroph, d. h. sie betreiben Fotosynthese und stellen hierdurch die zum Leben notwendigen Stoffe aus der Energie des Sonnenlichts her. Man teilt die Vertreter des Pflanzenreichs in drei Gruppen ein: Rot- und Grünalgen sowie Landpflanzen. Mit rund 4000 Arten stellen die im Süßwasser lebenden Rotalgen die kleinste Gruppe dar.

Die Gesamtheit der Algen (Phytoplankton) bildet die Grundlage der Nahrungspyramide. Das Unterreich der Grünalgen umfasst rund 13.000 überwiegend im Wasser lebende „niedere" Pflanzenarten. Grünalgen besitzen von Chlorophyll grün gefärbte Chloroplasten. Sie kommen als Einzeller, in Kolonien oder als Vielzeller vor. Eine Übergangsform (Zwischen- oder Brückenform) zwischen Pflanze und Tier ist Euglena (Augentierchen), eine Geißelalge, die im Frühjahr in Tümpeln und Teichen oft die sogenannte Algenblüte hervorruft. Euglena besitzt Merkmale der Pflanzen, wie z. B. Chloroplasten, und tierische Merkmale, wie z. B. das Fehlen einer Zellwand. Die Landpflanzen entwickelten sich vor rund 440 Millionen Jahren aus den Grünalgen. Manchmal bezeichnet man Landpflanzen als Sprosspflanzen. Grundorgane der Sprosspflanzen sind Wurzel, Sprossachse und Blatt. Die große Vielfalt der Landpflanzen resultiert aus den Abwandlungen dieser drei Grundorgane, wobei vor allem ihre Größenverhältnisse stark variieren.

Moose und Farne

Mit etwa 25.000 Arten bilden die Moose die einfachsten Landpflanzen. Moose haben meist keine Gefäße. Es sind vorwiegend Landbewohner, die Moospolster auf feuchtem Boden bilden. Man gliedert die Moose in Laubmoose und Lebermoose. Die nächsthöheren Pflanzen sind die Farnpflanzen. Zu ihnen zählen die Farne, Bärlapp- und Schachtelhalmgewächse. Die rund 12.000 Arten sind über alle Klimazonen verbreitet.

Pilze

Pilze bilden ein eigenes Reich mit etwa 100.000 Arten. Als heterotrophe Eukaryoten besitzen sie in ihren Zellen einen Zellkern und ein Zytoskelett. Im Unterschied zu den Pflanzen verfügen Pilze über kein Chlorophyll und im Gegensatz zu den Tieren haben ihre Zellen eine Zellwand. Pilze kommen wie z. B. die Backhefe als Einzeller oder wie z. B. der Steinpilz als Vielzeller vor. Sie sind Destruenten (Zersetzer) oder Schädlinge.

Steinpilz

Samenpflanzen: Nackt- und Bedecktsamer

Samenpflanzen (Blütenpflanzen) stellen die höchstentwickelte Gruppe der Pflanzen dar. Die rund 270.000 Arten sind weltweit verbreitet. Sie bilden Blüten und Samen, wobei die Samen als Verbreitungsorgan dienen. Man unterteilt die Samenpflanzen in Nacktsamer und Bedecktsamer, je nachdem, ob die Samen nur teilweise oder völlig in die Fruchtblätter eingehüllt sind. Die Nacktsamer bilden keine Früchte. Zu ihnen zählen ausschließlich Holzgewächse, insbesondere Nadelbäume.

Insgesamt umfasst die vielfältige Gruppe der Bedecktsamer rund 225.000 Arten. Man unterteilt sie nach der Anzahl ihrer Keimblätter in einkeimblättrige und zweikeimblättrige Pflanzen. Zu den einkeimblättrigen Pflanzen zählen etwa 50.000 Arten. Wichtige Vertreter sind Gräser, Lilien-, Orchideen- und Bananengewächse. Zu den Gräsern gehören viele Nutzpflanzen wie z. B. Roggen, Weizen, Hafer, Gerste, Reis, Mais und Zuckerrohr. Die zweikeimblättrigen Pflanzen umfassen etwa 200.000 Arten, wie z. B. Rosengewächse, Kreuzblüten-, Schmetterlingsblüten-, Lippenblüten-, Korbblüten- und Doldengewächse.

Unter den Früchten der Bedecktsamer gibt es Einzel- und Sammelfrüchte. Die Einzelfrüchte gliedern sich in Streu- und Schließfrüchte. Streufrüchte besitzen eine derbe Fruchtwand, die sich bei der Reife öffnet und die Samen entlässt. Beispiele sind Erbse, Bohne, Mohn, Tabak und Tulpe. Schließfrüchte besitzen Samen, die von der Fruchtwand umschlossen sind. Hierzu gehören Beeren (z. B. Stachelbeere, Tomate, Paprika und Gurke), Steinfrüchte (z. B. Kirsche, Pfirsich, Walnuss) und Nüsse (z. B. Haselnuss). Im Gegensatz zu den Einzelfrüchten bilden Sammelfrüchte immer mehrere Fruchtknoten aus. Man unterscheidet Sammelsteinfrüchte (z. B. Himbeere, Brombeere) und Sammelnussfrüchte (z. B. Erdbeere, Hagebutte).

Rote Heidelbeere

Tiere

Quallen

Das Reich der Tiere grenzt sich gegen das Pflanzen- und Pilzreich dadurch ab, dass tierische Zellen (Eukaryoten) weder Chlorophyll noch eine Zellwand besitzen. Tiere ernähren sich von pflanzlichen und/oder tierischen Organismen und benötigen Sauerstoff zur Atmung. Zu den tierischen Einzellern (Urtierchen) zählen z. B. Amöben und Pantoffeltierchen. Die ersten tierischen Vielzeller bevölkerten die Erde vor etwa 600 Millionen Jahren. Man unterteilt sie in Gewebelose und Gewebetiere.

Zu den Gewebelosen zählen u. a. die Schwämme. Die Gewebetiere zeichnen sich durch spezialisierte Gewebearten wie z. B. Nerven- und Muskelgewebe aus. Dieser Gruppe gehören die radialsymmetrischen Nesseltiere sowie die zweiseitig symmetrischen Bilateria an. Aus letzteren entwickelten sich die Wirbeltiere und damit der Mensch. Eine Untergruppe der Nesseltiere bilden die Hohltiere, wie z. B. Polypen und Quallen. Aus den Bilateria sind die Urmünder und die Neumünder hervorgegangen. Bei den Urmündern wird in der Embryonalentwicklung der Urmund zum Mund, während sich der After sekundär bildet. Bei Neumündern ist es umgekehrt: Hier entwickelt sich der After aus dem Urmund und der Mund bildet sich sekundär. Die Urmünder gliedern sich in Pfeil- und Plattwürmer, Lophotrochozoen und Häutungstiere. Die Lophotrochozoen umfassen die Weichtiere (z. B. Muscheln, Schnecken, Arm- und Kopffüßer), Ringel-, Schnurr- und Igelwürmer. Die Häutungstiere lassen sich in Faden- und Saitenwürmer, Bärtierchen sowie Gliederfüßer differenzieren. Der Stamm der Gliederfüßer umfasst so unterschiedliche Tiere wie Krebse, Tausendfüßer, Skorpione, Spinnen, Insekten und die ausgestorbenen Trilobiten. Allen Gliederfüßern gemein ist ein durch Chitin versteiftes Außenskelett, welches beim Wachstum durch Häutung ersetzt wird.

Neumünder

Die Neumünder spalteten sich in die Stachelhäuter (z. B. Seesterne und Seeigel), Kiemenlochtiere und Chordatiere auf. Zum Stamm der Chordatiere zählen rund 60.000 Arten. Sie gliedern sich in Manteltiere, Schädellose und Wirbeltiere. Die schädellosen Tiere sind fischförmige

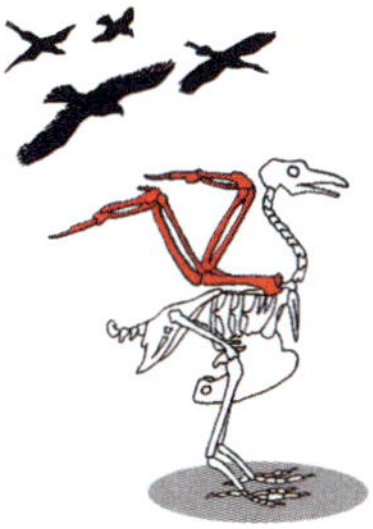

Lebewesen ohne knöchernen Schädel, Wirbelsäule und Extremitäten. Sie sind bis auf die einzigen noch lebenden (rezenten) Vertreter, die Lanzettfischchen, ausgestorben. Die Gruppe der Wirbeltiere umfasst etwa 54.000 Arten, welche sich in Kieferlose und Kiefermäuler aufteilen. Die Kieferlosen sind bis auf einige Arten des Neunauges komplett ausgestorben. Zu den Kiefermäulern zählen die Fische und die Landwirbeltiere: Amphibien, Reptilien, Vögel und Säugetiere. Fische sind wechselwarme, im Wasser lebende Kiementiere. Man unterscheidet Knorpel- und Knochenfische. Zu den Knorpelfischen zählen z.B. Haie und Rochen. Bei den Knochenfischen gibt es Vertreter der Muskel- und Strahlenflosser. Letztere nehmen mit etwa 27.000 Arten mehr als 96 Prozent der Fischfauna für sich ein und sind damit die artenreichste Gruppe der Wirbeltiere.

Landwirbeltiere

Die Landwirbeltiere zeichnen sich durch vier Füße und die Lungenatmung aus. Bei einigen bildeten sich die Füße im Verlauf der Stammesgeschichte wieder zurück (z. B. Schlangen). Die Lungenatmung behielten die zum Wasserleben zurückgekehrten Tiere wie z. B. Wale und Seekühe jedoch bei. Der Landgang der Wirbeltiere erfolgte vor rund 365 Millionen Jahren. Das Ur-Amphibium Acanthostega besaß bereits Vorder- und Hinterextremitäten, atmete jedoch noch über Kiemen; es handelte sich demnach um ein Wassertier mit vier Beinen. Der Name der Amphibien bedeutet so viel wie „doppellebig", da die meisten Amphibien zunächst ein Larvenstadium im Wasser durchlaufen und nach einer Metamorphose an Land leben. Reptilien atmen mit Lungen, legen Eier oder gebären lebende Junge und entwickeln sich direkt, ohne ein Larvenstadium zu durchlaufen. Vögel zeichnen sich durch die Eiablage aus; es gibt keine lebend gebärenden Vögel. Bei den Säugetieren unterscheidet man zwischen Eier legenden Ursäugern, Beutelsäugern und Plazentatieren. ■

Insekten

Die Insekten sind mit weit über einer Million bekannter Arten die artenreichste Gruppe der Tiere. Man rechnet mit einem Vielfachen an tatsächlich existierenden Arten.

Der Mensch: Knochen und Muskeln

Sitzen, liegen, laufen, springen, hüpfen oder gar turnen – all diese Bewegungen und die damit verbundenen Erschütterungen muss das Skelett des Menschen aushalten. Der Mensch ist das einzige Lebewesen mit einem aufrechten Gang. Über 200 einzelne Knochen verleihen dem Körper Halt und Schutz. Die Knochen sind über Gelenke miteinander verbunden, welche mithilfe der Muskulatur den Körper in Bewegung versetzen. Das Skelett des Menschen lässt sich in drei Teilbereiche gliedern: Kopf- (Schädel-), Rumpf- und Gliedmaßenskelett.

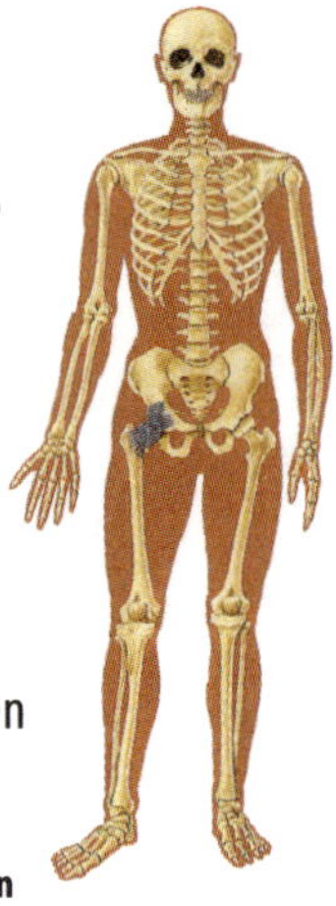

Skelett des Menschen

Der Schädel besteht aus dem Hirn- und dem Gesichtsschädel. Die harten Knochenplatten des Hirnschädels schützen das Gehirn vor Stößen. Bei Neugeborenen sind die Schädelknochen noch nicht fest miteinander verwachsen. Zwischen ihnen befindet sich lediglich Bindegewebe, die Fontanellen. Dies ermöglicht eine Deformation des Schädels während der Geburt. Spätestens im zweiten Lebensjahr sind alle Fontanellen geschlossen. Zum Gesichtsschädel gehören u. a. die Knochen, welche die Augen-, Nasen- und die Mundhöhle formen.

Hauptmerkmal des Rumpfskeletts ist die doppelt s-förmig gekrümmte Wirbelsäule mit ihren 30 Wirbeln. Die elastischen Bandscheiben zwischen den Wirbeln federn Stöße ab. Der Brustkorb schützt Herz und Lungen vor Verletzungen. Das Becken schützt die inneren Bauchorgane.

Am beweglichsten sind Arme und Beine – das Gliedmaßenskelett. Die Gliedmaßen nehmen mehr als die Hälfte der gesamten Knochen für sich ein: So besteht jeder Arm und jedes Bein aus etwa 30 Knochen.

Muskulatur und Bewegung

Der Mensch verfügt über glatte und quer gestreifte Muskulatur sowie die Herzmuskulatur. Die glatte Muskulatur kommt z. B. im Darm vor. Man bezeichnet sie auch als Eingeweidemuskulatur, da

Gelenke

Gelenke sind bewegliche Verbindungsstücke zwischen den Knochen. Es gibt verschiedene Gelenktypen, die unterschiedliche Bewegungen zulassen. Hier drei Beispiele:

1. **Kugelgelenk:** Der kugelförmige Gelenkkopf liegt in einer hohlen Gelenkpfanne, in der die Kugel rotiert. Ein solches Gelenk ist – bis zu einem gewissen Grad – in alle Richtungen beweglich. Bestes Beispiel ist das Schultergelenk. Der Arm kann kreisen, sich auf und ab sowie seitwärts bewegen.
2. **Scharniergelenk:** Ebenso wie ein Tür-, Schrank- oder Dosenscharnier verbindet ein Scharniergelenk an einer Kante zwei Ebenen miteinander. Die Bewegungsmöglichkeit ist auf und ab. Der Ellenbogen führt genau diese Bewegung aus.
3. **Sattelgelenk:** Das Sattelgelenk ist vergleichbar mit einem Kreuz- bzw. Kardangelenk. Es besteht aus zwei rechtwinklig zusammenpassenden, u-förmigen Teilen und gestattet Bewegungen in zwei Ebenen, nämlich auf und ab sowie rechts und links. Über diesen Bewegungsspielraum verfügt der Daumen.

ihre Bewegungen unwillkürlich erfolgen. Diese Muskeln arbeiten langsam, aber ausdauernd. Eine Ausnahme bildet der Herzmuskel. Er besteht aus einer netzartigen Struktur und ist sowohl für Dauerleistung als auch für schnelle und kräftige Bewegungen ausgelegt.

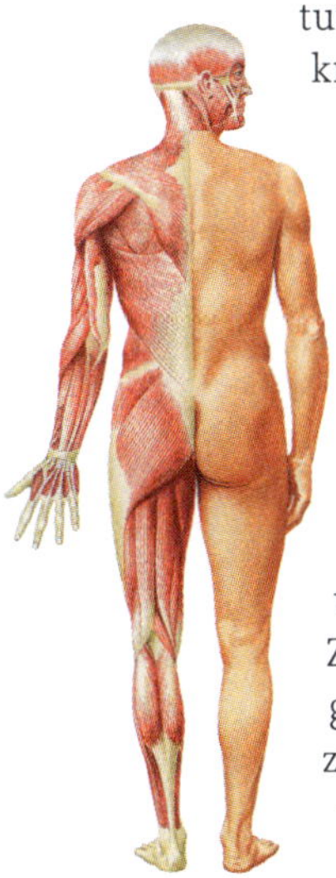

Muskulatur

Die quer gestreifte Muskulatur oder Skelettmuskulatur arbeitet schnell, ermüdet leicht und ist vorwiegend willentlich gesteuert. Die Bewegungsmuskeln gehen an den Enden in Sehnen über, die am Knochen befestigt sind und als Zugseile fungieren. Zur Durchführung einer Bewegung benötigt man immer zwei Muskeln, z. B. den Beuge- und den Streckmuskel. Der Muskel arbeitet, indem er sich verkürzt (Kontraktion). Hierzu schieben sich die fadenförmigen Muskelfasern ineinander. Die Rückkehr in den ursprünglichen Zustand erfolgt durch Erschlaffung des Muskels, wobei dieser jedoch keine Arbeit leisten kann. Deshalb benötigt man den Gegenspieler bzw. Antagonisten.

Muskelkraft

Der Muskel wird vom Blut mit Zucker versorgt. Den Energielieferanten Zucker wandelt die Muskelzelle zunächst in ein energiereiches Phosphat, das Adenosintriphosphat (ATP), um. Arbeitet der Muskel, so baut er das ATP chemisch ab und stellt die notwendige Energie zur Verfügung. Den zur ATP-Herstellung erforderlichen Sauerstoff liefert ebenfalls das Blut. Deshalb erhöht sich während der Muskelarbeit (z. B. beim Sport) die Herztätigkeit und damit die Durchblutung des aktiven Muskels.

Der Mensch: Atmung und Blutkreislauf

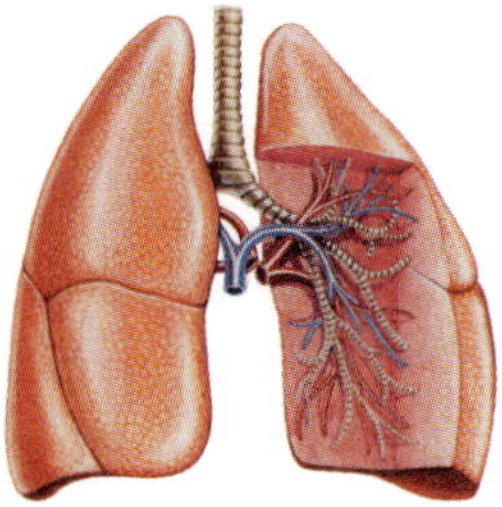

Der Mensch benötigt Sauerstoff zur Energiegewinnung und somit zur Lebenserhaltung. Über die äußere Atmung gelangt der Sauerstoff in die Lungen. Hier erfolgt der Gasaustausch zwischen Luft und Blut. Das Blut transportiert den Sauerstoff aus der Luft zu den Zellen, wo die innere Atmung bzw. Zellatmung erfolgt. Das dabei gebildete Kohlenstoffdioxid wird – wiederum über das Blut – zurück zu den Lungen befördert und dort an die auszuatmende Luft abgegeben. Ein Erwachsener atmet in Ruhe etwa 16-mal pro Minute; ein Kind etwa 20- bis 25-mal pro Minute.

Die Atembewegung dient der Erneuerung der Atemluft und erfolgt nach Art einer Saug-Druck-Pumpe durch Veränderung des Brustumfangs. Beim Einatmen vergrößert sich der Brustraum und Luft strömt aufgrund des erzeugten Unterdrucks in die Lungen. Beim Ausatmen verkleinert sich die Brusthöhle und die Luft strömt infolge des herrschenden Überdrucks aus den Lungen heraus. Die Lungen bestehen aus dem rechten und dem linken Lungenflügel. Die rechte Lunge ist in drei Lappen geteilt; die linke ist kleiner und weist nur zwei Lappen auf. Die Oberfläche der Lunge ist durch die große Anzahl der im Schnitt 0,2 Millimeter großen Lungenbläschen stark vergrößert. Über die äußerst dünne, für Gase durchlässige Wand der Lungenbläschen erfolgt der Gasaustausch. Dieser Vorgang spiegelt sich deutlich in der Zusammensetzung der ein- und ausgeatmeten Luft wider: Die eingeatmete Luft enthält 20 Prozent Sauerstoff und 0,03 Prozent Kohlenstoffdioxid; die ausgeatmete Luft 16 Prozent Sauerstoff und vier Prozent Kohlenstoffdioxid.

Das Blut und seine Bestandteile

Der Mensch verfügt über 5 bis 6 Liter Blut. Es besteht zu etwa 45 Prozent aus festen Bestandteilen (rote und weiße Blutkörperchen, Blutplättchen); den Rest bildet das flüssige Blutplasma. Die roten Blutkörperchen (Erythrozyten) transpor-

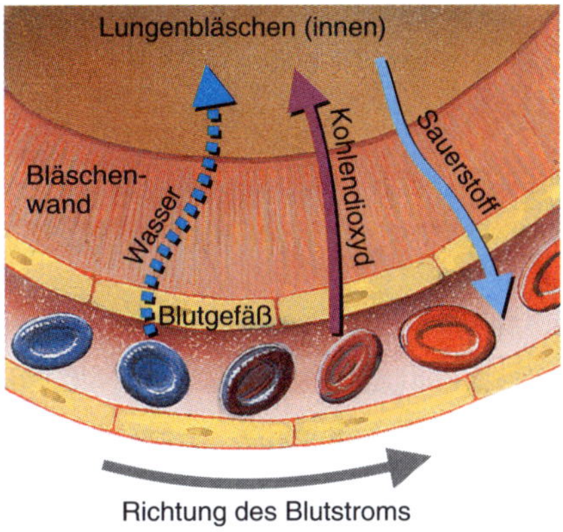

Gasaustausch in der Lunge

tieren mithilfe des Hämoglobins den Sauerstoff in die Zellen. Die weißen Blutkörperchen (Leukozyten) stellen eine Art Gesundheitspolizei dar. Sie lokalisieren und zerstören Krankheitserreger und bilden Antikörper. Die Blutplättchen (Thrombozyten) spielen bei der Blutgerinnung und beim Wundverschluss eine wichtige Rolle. Das flüssige Blutplasma besteht zu gut 90 Prozent aus Wasser sowie den darin gelösten Stoffen, wie z. B. Eiweiß, Zucker, Harnstoff, Kochsalz und Kohlenstoffdioxid. Des Weiteren transportiert es Nährstoffe, Stoffwechselprodukte, Mineralstoffe und Vitamine sowie die von den Leukozyten gebildeten Antikörper.

Der Blutkreislauf

Das Blut fließt in einem geschlossenen Kreislauf über Herz, Arterien, Venen und Kapillaren. Dabei unterscheidet man zwischen dem Körper- und dem Lungenkreislauf. Der Körperkreislauf dient der Versorgung des Körpers mit Sauerstoff und Nahrung und dem Abtransport der Abbauprodukte. Der Lungenkreislauf ermöglicht die Reinigung des Bluts von Kohlenstoffdioxid und die Anreicherung mit frischem Sauerstoff. Die rhythmische Kontraktion des Herzens, einem Hohlmuskel, hält den Blutfluss in Gang. Dabei leeren und füllen sich die Vor- und Hauptkammern des Herzens abwechselnd. Hierdurch saugt das Herz das Blut an und pumpt es anschließend zurück in den Körper. Von Herz und Lungen aus fließt das sauerstoffreiche Blut über die Arterien in die Körperteile. Die Kapillaren in den Körperteilen ermöglichen den Stoffaustausch zwischen Blut und Zellen bzw. in den Lungen zwischen Blut und Lungenbläschen. Die Venen transportieren das sauerstoffarme Blut von den Körperteilen zurück in die Lungen. ■

Blutdruckmessung

Zunächst staut man mithilfe der Manschette den Blutfluss. Mit Verminderung des Drucks beginnt das Blut langsam wieder zu zirkulieren. Doch der Durchmesser der Blutbahn ist noch verengt, sodass sich eine turbulente Strömung entwickelt. Die durch diese Strömungsart erzeugten „Erschütterungen" sind mit dem Stethoskop so lange zu hören, bis der Blutfluss sich wieder normalisiert. Als Messergebnis liest man den ersten Wert (Systole) ab, wenn die Töne beginnen, und den zweiten Wert (Diastole), wenn sie wieder verstummen.

Der Mensch: Die Sinnesorgane

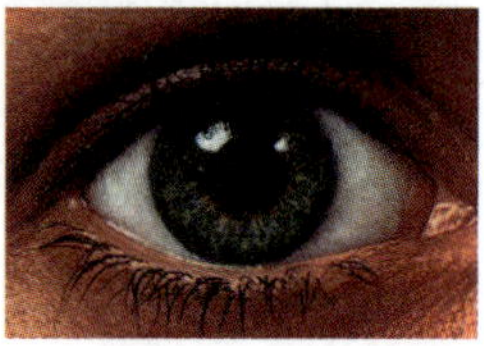

Mithilfe der Sinne nimmt der Mensch über die Sinnesorgane seine Umgebung wahr. Dies erfolgt visuell (Seh- oder Gesichtssinn), akustisch (Hörsinn), haptisch (Tastsinn), olfaktorisch (Geruchssinn) und gustatorisch (Geschmackssinn). Dazu kommen noch der Temperatursinn, der Gleichgewichtssinn, die Körperempfindung bzw. Tiefensensibilität und die Schmerzempfindung. Bei Tieren findet man noch weitere Sinne, wie z. B. die Fähigkeit zur Wahrnehmung des Erdmagnetfelds.

Das Auge ist das Sinnesorgan für die Lichtwahrnehmung. Es besteht aus einem kugelförmigen Augapfel mit einem Durchmesser von ca. 2,5 Zentimetern. Die Oberfläche des Augapfels setzt sich aus drei Schichten zusammen: Lederhaut, Aderhaut und Netzhaut. Den vorderen Teil der Lederhaut nennt man Hornhaut. Die Netzhaut enthält Sinneszellen, die das einfallende Licht über Lichtrezeptoren an den Sehnerv weiterleiten. Dort wo der Sehnerv ansetzt, befinden sich keine Rezeptoren, sodass der Mensch an dieser Stelle blind ist. Man bezeichnet diesen Punkt als blinden Fleck. Der gelbe Fleck hingegen ist die Stelle auf der Netzhaut, an der das schärfste Sehen möglich ist.

Die Linse ist flexibel, was eine Nah- bzw. Ferneinstellung ermöglicht. Die Iris regelt den Lichteinfall, ähnlich der Blende beim Fotoapparat. Ist wenig Licht vorhanden, so vergrößert sich das Sehloch, die Pupille.

Hör- und Gleichgewichtssinn

Das Ohr gliedert sich in Außen-, Mittel- und Innenohr. Im Mittelohr prallt der Schall auf das Trommelfell und versetzt dieses in Schwingungen. Die drei Gehörknöchelchen (Hammer, Amboss und Steigbügel) übertragen diese Schwingungen auf die Flüssigkeit im Innenohr. Dabei wirken das Trommelfell und die Gehörknöchelchen als Verstärker. Die Druckwellen in der Flüssigkeit erschüttern die auf einer Membran liegenden Haarzellen, welche die Impulse an den Hörnerv weitergeben.

Das Ohr ist auch das Organ des Gleichgewichtssinns. Er liegt in den drei Bogengängen und dem Vorhof des Innenohrs. Der Lagesinn informiert das Gehirn über die augenblickliche Lage des Körpers im Raum. Der Drehsinn erfasst Informationen über die Drehung des Kopfs.

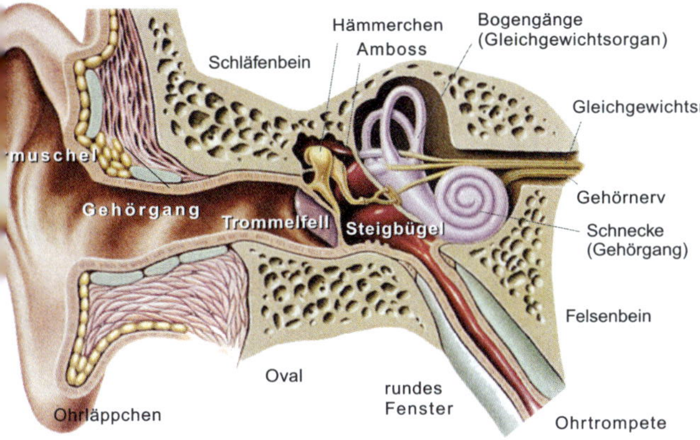

punkte. Diese reizempfindlichen Stellen sind ungleichmäßig über die Haut verteilt. Die meisten Wärme- und Kältepunkte befinden sich im Gesicht und am Rumpf; die meisten Tastpunkte an den Fingerkuppen. Die Schmerzpunkte erreichen eine Dichte von ca. 200 Stück pro Quadratzentimeter; die Druckpunkte liegen bei etwa 100 Stück pro Quadratzentimeter. ■

Geruchs- und Geschmackssinn

Die beiden chemischen Sinne arbeiten eng zusammen. Sie sprechen auf Geschmackstoffe bzw. Duftstoffe an. Die Geruchssinneszellen liegen in der Riechschleimhaut der Nasenhöhle.

Die Geschmackszellen befinden sich in den an der Zungenoberfläche liegenden Geschmacksknospen. Die Zunge unterscheidet grundsätzlich vier Geschmacksrichtungen, die an unterschiedlichen Orten der Zunge lokalisiert sind: süß, sauer, salzig und bitter. Außerdem hat sie Rezeptoren für umami (fleischig, herzhaft) und fett.

Die Haut

Die Haut übernimmt viele Funktionen. So ist sie Ausscheidungsorgan und Wärmeregulator (Schweiß), Wasser- und Fettspeicher, Signalgeber (Erröten, Erblassen), Schutzschild gegen äußere Einwirkungen (Eindringen von Erregern, Strahlenschutz) und enthält Sinneszellen, die auf Wärme, Kälte, Druck, Berührung und Schmerz reagieren. An der Körperoberfläche liegen etwa 30.000 Wärmepunkte, 250.000 Kältepunkte und 640.000 Tastpunkte.

Die Fähigkeiten des Menschen im Vergleich

Sehen: Der Mensch erfasst das sichtbare Licht (Violett bis Rot) mit Wellenlängen von etwa 380 bis 750 Nanometern. Einige Klapperschlagen nehmen infrarotes Licht (Wärmestrahlung) mit Wellenlängen von mehr als 750 Nanometern über ein spezielles Organ wahr. Hören: Ein Kind nimmt Schallwellen von etwa 20 bis 20.000 Hertz wahr. Mit zunehmendem Alter sinkt der hörbare Frequenzbereich bis auf ca. 12.000 Hertz ab. Fledermäuse registrieren einen viel höheren Frequenzbereich von ca. 1000 bis 120.000 Hertz. Riechen: Die Hundenase ist wesentlich empfindlicher als die Nase des Menschen. Doch nicht alle Hunderassen können gleich gut riechen. So besitzt der Dackel etwa 125 Millionen Riechzellen, der Schäferhund rund 220 Millionen – der Mensch lediglich fünf Millionen.

Der Mensch: Gehirn und Nerven

Nervenzelle

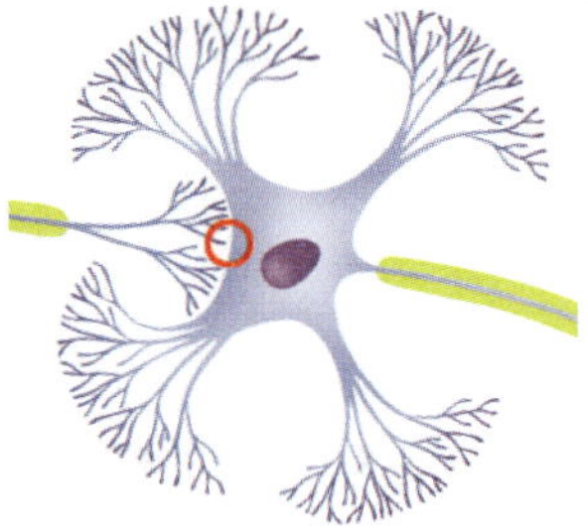

Das Nervensystem gliedert sich in das zentrale Nervensystem (Gehirn und Rückenmark) und das periphere Nervensystem. Das periphere Nervensystem lässt sich weiter unterteilen in die von Gehirn und Rückenmark ausgehenden Nervenpaare, welche die Skelettmuskeln steuern, und das vegetative Nervensystem. Das vegetative Nervensystem versorgt die Eingeweide und besteht aus zwei gegensätzlich wirkenden Nervensträngen, dem Sympathikus und dem Parasympathikus. Die kleinste Baueinheit des Nervensystems ist die Nervenzelle.

Nervenzellen dienen der Aufnahme, Verarbeitung und Weiterleitung von Reizen. Der Grundbauplan einer Nervenzelle besteht aus Dendriten, Zellkörper (Neuron oder Soma), Axon (Nervenfaser) und Synapse. Die Dendriten nehmen die Information aus ihrer Umgebung auf. Sie sind wie die Krone eines Baumes stark verästelt, damit sie möglichst viele Informationen aus ihrer Umgebung registrieren können. Der Zellkörper wertet die Informationen aus und gibt ggf. Aktionspotenziale an das Axon weiter. Erreicht ein solches Aktionspotenzial die Synapse, so schüttet diese einen chemischen Botenstoff aus, der wiederum als Reiz für Nerven-, Muskel- oder Drüsenzellen fungiert. Befindet sich das Axon in Ruhespannung (etwa 80 Millivolt), erfolgt gerade keine Übermittlung von elektrischen Impulsen. Kommt es zu einer Informationsübertragung, so fällt die Spannung plötzlich ab. Diesen Spannungsabfall bezeichnet man als Aktionspotenzial. Die Impulsfrequenz verschlüsselt die übertragene Information. Im Unterschied zum Morsecode, bei dem man Buchstaben, Zahlen und Signale mit den drei Zeichen Punkt, Strich und Pause verschlüsselt, arbeitet das Nervensystem mit nur zwei Zeichen: dem Nervenimpuls und der Pause zwischen den Impulsen.

Gehirn

Das Gehirn liegt umhüllt von den drei Hirnhäuten im harten, knöchernen Schädel. Von außen nach innen sind es die harte Hirnhaut, die Spinngewebehaut

Vegetatives Nervenssystem: Sympathikus und Parasympathikus

Der Sympathikus ist für die Leistungssteigerung des Körpers verantwortlich. Er steuert Angriffs- und Fluchtverhalten sowie außergewöhnliche Anstrengungen. Der Gegenspieler, der Parasympathikus, sorgt für Erholung.

und die weiche Hirnhaut. Zwischen Spinngewebehaut und weicher Hirnhaut befindet sich die Gehirnflüssigkeit (Liquor). Sie puffert wie ein Wasserkissen heftige Stöße ab. Der Liquor umspült nicht nur das Gehirn, sondern füllt auch die inneren Hohlräume (Ventrikel) und den feinen Rückenmarkskanal.

Das Gehirn gliedert sich in Großhirn, Kleinhirn, Zwischenhirn, Mittelhirn und Nachhirn. Das Großhirn macht etwa 85 Prozent des gesamten Gehirngewichtes (bis zu 1,4 Kilogramm) aus. Es ist in der Mitte durch eine Vertiefung in zwei Hemisphären geteilt, welche miteinander über den Balken verbunden sind. Die graue Substanz ist stark gefaltet und gefurcht. Auf ihrer Oberfläche, der Großhirnrinde, liegen mehr als 14 Milliarden Neuronen. Im Inneren des Großhirns befindet sich die weiße Substanz, in der die Axone verlaufen und damit das Großhirn mit anderen Teilen des Nervensystems verbindet. Im Großhirn findet das Denken und Erkennen, Erinnern, Kombinieren, Lernen und Vergessen statt. Das Kleinhirn steuert unterbewusste Bewegungen. Im Zwischenhirn entstehen viele Gefühle. So löst der Hypothalamus Hunger und Durst und der Thalamus Freude, Angst, Lust oder Schmerz aus. Die Hypophyse regelt das Körperwachstum und steuert fast den gesamten Hormonhaushalt. Den untersten Gehirnabschnitt bildet der Hirnstamm, bestehend aus dem Mittelhirn, der Brücke und dem Nachhirn. Der Hirnstamm ist der stammesgeschichtlich älteste Teil des Gehirns. Er verarbeitet vorwiegend Sinneseindrücke und ist für Reflexe verantwortlich. Das Nachhirn steuert viele unterbewusste Vorgänge, wie Herzschlag, Atmung und Stoffwechsel.

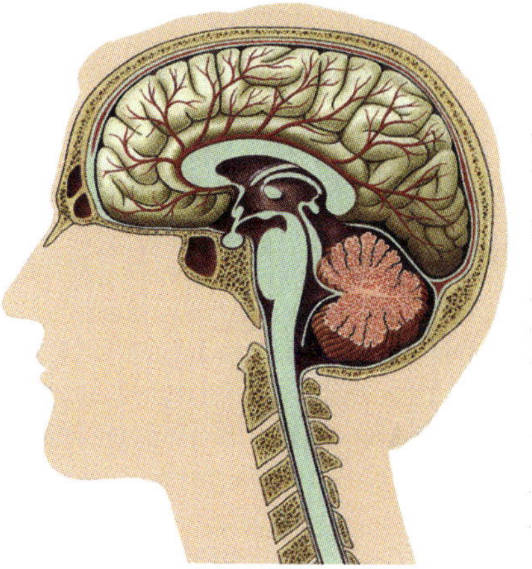

Das Gehirn im Querschnitt

Rückenmark

An das Nachhirn schließt sich das Rückenmark an. Es liegt umgeben von den Rückenmarkshäuten im Wirbelkanal der Wirbelsäule und dient sowohl der Weiterleitung von Informationen vom Gehirn zu den einzelnen Körperbereichen als auch der Steuerung zahlreicher Reflexe (z. B. Kniesehnenreflex). ■

Der Mensch: Fortpflanzung

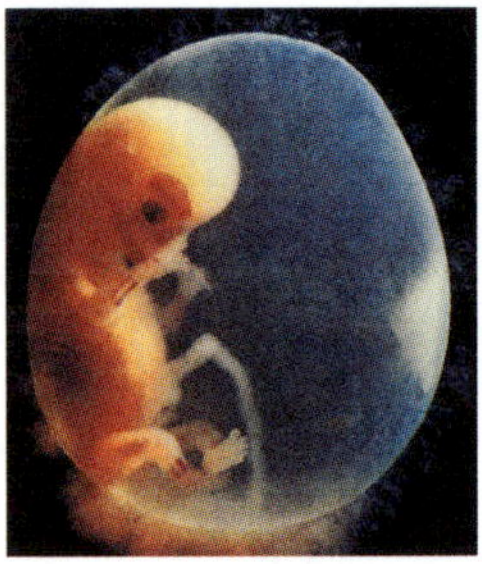

Embryo

Im Unterschied zur ungeschlechtlichen Vermehrung durch Zellteilung (Mitose), bei der identische Tochterzellen (Klone) entstehen, verschmelzen bei der geschlechtlichen Fortpflanzung zwei Zellen miteinander (Eizelle und Sperma). Aus dieser Vereinigung resultiert ein Organismus mit gemischtem Erbgut. Reife Geschlechtszellen besitzen – im Gegensatz zu Körperzellen – einen halben Chromosomensatz. Nach der Verschmelzung zweier Geschlechtszellen, enthält die befruchtete Eizelle (Zygote) einen halben Chromosomensatz von der Mutter und einen halben vom Vater.

Die Halbierung der Chromosomen in Geschlechtszellen erfolgt durch die Meiose. Sie läuft in zwei aufeinanderfolgenden Reifeteilungen ab. Vor Beginn der Meiose besitzt die Zelle einen doppelten Chromosomensatz: Je zwei Chromosomen sind in Form und Größe gleich (homologe Chromosomen). Während der ersten Reifeteilung trennen sich die homologen Chromosomen. Dies erfolgt in vier Phasen. In der Prophase teilen sich die Chromosomen in je zwei Chromatiden, die über das Centromer miteinander verbunden sind. Kommt es zur zufälligen Überkreuzung von Chromatiden, so kann ein genetischer Materialaustausch erfolgen (crossing-over). In der Metaphase finden sich die Chromosomen in der Äquatorialebene zusammen. Während der Anaphase trennen sich die homologen Chromosomenpaare und wandern entlang der Spindelfasern zu den Kernpolen. In der Telophase bildet

Hormone

Das Hormonsystem stellt neben dem Nervensystem ein zweites Informationssystem im Körper dar. Die Drüsen, wie z. B. Hypophyse (Hirnanhangdrüse), Schilddrüse, Bauchspeicheldrüse, Nebennieren und Keimdrüsen in den Hoden bzw. Eierstöcken, schütten chemische Wirkstoffe (Hormone) aus. Die Geschlechtsdrüsen produzieren beim Mann Testosteron, bei der Frau Östrogen und Gestagen, welche u. a. den Menstruationszyklus steuern.

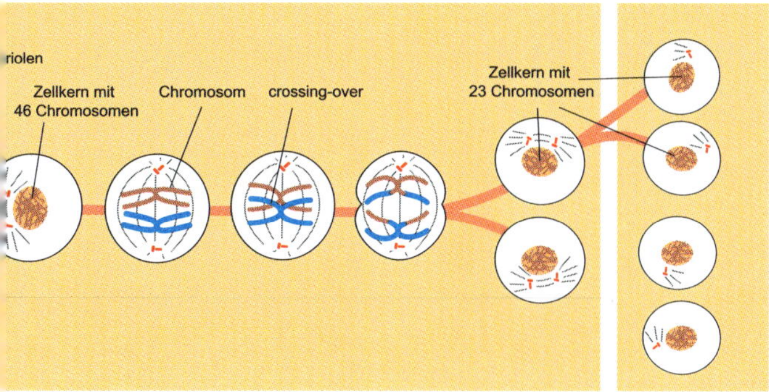

undifferenzierten Zellen (Stammzellen) spezialisierte Zellen, die sich zu Geweben und Organen weiterentwickeln. Man unterscheidet drei Bereiche, aus denen unterschiedliche Organe hervorgehen. Das Ektoderm bildet Nerven, Haut, Haare, Fingernägel und Teile der Sinnesorgane. Aus dem Mesoderm entwickeln sich Knochen, Muskeln, Blut und Geschlechtszellen und aus dem Endoderm entstehen der Verdauungskanal, die Lungen und andere hohle Organe. Die Organbildung ist mit dem vierten Schwangerschaftsmonat abgeschlossen. Man bezeichnet den Embryo nun als Fetus.

sich eine Kernmembran zwischen den zwei gleichen Zellen. Es schließt sich direkt die zweite Reifeteilung an, wobei sich die Chromatiden trennen. Dies erfolgt wiederum in den vier Schritten aus Pro-, Meta-, Ana- und Telophase. Nach Ablauf der Meisoe liegen vier Zellen mit jeweils einem halben Chromosomensatz vor. Beim Mann entstehen vier gleich große Spermatiden; bei der Frau eine große Eizelle und drei kleine unfruchtbare Zellen, die keine weitere Funktion besitzen.

Befruchtung und Embryonalentwicklung

Die regelmäßige Produktion der männlichen Geschlechtszellen setzt mit der Pubertät ein. Bei der Frau sind die Geschlechtszellen bereits mit der Geburt vorhanden und reifen von der Pubertät an im monatlichen Zyklus zu befruchtungsfähigen Eizellen heran. Ist die Samenzelle in die Eizelle eingedrungen, beginnt die Zygote sich zu teilen (Mitose) und bildet so einen Zellhaufen (Morula) aus Blastomeren. Nach der Einnistung in der Gebärmutter entstehen aus den zunächst

Zwillinge

Eineiige Zwillinge gehen aus einer einzigen befruchteten Eizelle hervor; sie besitzen identisches Erbmaterial. Doch hundertprozentig gleich sind auch eineiige Zwillinge nicht. Einige Merkmale, wie z. B. der Fingerabdruck, sind selbst bei ihnen individuell. Das unverwechselbare Hautleistenmuster entwickelt sich im Laufe der ersten vier Schwangerschaftswochen.

Zweieiige Zwillinge entstehen, wenn zwei Eizellen von unterschiedlichen Spermien befruchtet werden. Ihr Erbgut unterscheidet sich ebenso wie das von Geschwistern. Zweieiige Zwillinge entwickeln sich im Mutterleib getrennt voneinander. In seltenen Fällen können zweieiige Zwillinge sogar von zwei unterschiedlichen Vätern abstammen. ■

Vererbungslehre nach Mendel

Gregor Mendel

Gregor Mendel (1822–84) gilt als Begründer der modernen Genetik. Durch umfangreiche Kreuzungsversuche an Erbsen leitete er drei Vererbungsregeln ab. Mendel wählte die Erbse als Zuchtobjekt, da sie in kurzer Zeit viele Nachkommen hervorbringt und ein Selbstbefruchter ist. Durch manipulative Fremdbefruchtung züchtete er Hybride (Bastarde). Außerdem wählte er Sorten, die über eindeutige, leicht zu beobachtende Merkmale, wie Blütenfarbe oder Form und Farbe der Samen, verfügten. Und dann zählte er die Nachkommen mit gleichen Merkmalen.

Eine bestimmte rot blühende Erbsensorte bringt, unter sich vermehrt, in jeder Tochtergeneration nur rot blühende Pflanzen hervor. Solche Pflanzen bezeichnet man als reinerbig. Aus den Kreuzungsversuchen mit reinerbigen Erbsen leitete Mendel die erste mendelsche Regel (Uniformitätsregel) ab: Kreuzt man reinerbigen Pflanzen, die sich nur in einem Merkmal voneinander unterscheiden, z. B. in der Samenform oder der Blütenfarbe, dann sind alle Nachkommen der ersten Tochtergeneration in diesem Merkmal untereinander gleich (uniform).

Mendel kam durch seine Beobachtungen zu der Einsicht, dass jede Elternerbse zwei Erbanlagen haben muss, die beide für das gleiche Merkmal (z. B. die Blütenfarbe) zuständig sind. Bei der Kreuzung gibt jedes Elternteil je eine solche Erbanlage (Gen) an die Kinder weiter; die nächste Generation verfügt demnach wieder über zwei Erbanlagen für dieses Merkmal. Welche äußere Erscheinung (Phänotyp) das Individuum in Bezug auf das Merkmal aufweist, hängt davon ab, ob ein Gen im Genotyp dominant ist oder ob beide Gene gleich stark sind. Man unterscheidet zwischen dominant-rezessiven und intermediären Erbgängen. Beim dominant-rezessiven Erbgang verfügt ein Elternteil über das dominante Merkmal (z. B. runde Samenform). Das zweite Elternteil besitzt das rezessive Merkmal (z. B. runzlige Samenform). Alle Individuen der Tochtergeneration sind mischerbig. Sie haben jeweils ein dominantes Gen (rund) und ein rezessives Gen (runzelig) geerbt. Da das runde Gen dominant ist, weisen alle runde Samen auf. Beim intermediären

Erbgang sind beide Gene, z. B. für rote und weiße Blüten, der Elternteile jeweils gleich stark. Die Nachkommen bilden dann eine Mischform; ihre Blütenfarbe ist in diesem Fall rosa.

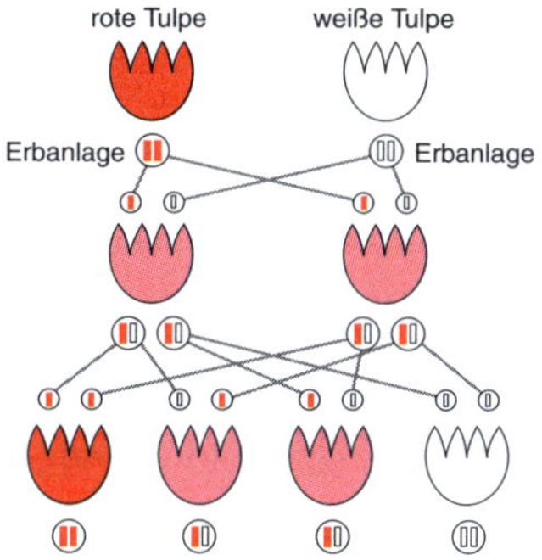

Vererbungsschema nach Mendel

Spaltungsregel

Doch Mendel ging noch weiter. Er kreuzte die mischerbigen Nachkommen der ersten Tochtergeneration untereinander und fand immer wieder auftretende Zahlenverhältnisse mit bestimmten Merkmalen in der zweiten Tochtergeneration: Beim dominant-rezessiven Erbgang ist das Verhältnis im Phänotyp 3:1 und beim intermediären Erbgang (Mischformen) beträgt das Verhältnis 1:2:1. Im Genotyp liegt das Zahlenverhältnis immer bei 1:2:1.

Unabhängigkeits- und Neukombinationsregel

Kreuzt man zwei reinerbige Individuen, die sich in mehreren Merkmalen unterscheiden, so werden die Erbanlagen frei kombiniert und unabhängig voneinander vererbt. In der zweiten Tochtergeneration treten sämtliche Merkmalskombinationen der Elterngeneration auf – und es entstehen reinerbige Individuen mit neuen Erbanlagen. Diese dritte mendelsche Regel gilt nur, wenn sich die für die Merkmale verantwortlichen Gene auf verschiedenen Chromosomen befinden.

Allele, Geno- und Phänotyp

Ein Allel ist eine der möglichen Ausprägungen einer Erbanlage (Gen), das sich an einem bestimmten Ort auf einem Chromosom befindet. So kann z. B. das Gen, welches für die Blütenfarbe zuständig ist, in zwei verschiedenen Ausprägungen im Genotyp vorkommen (z. B. rote oder weiße Blütenfarbe). Der Phänotyp ist die äußere Erscheinungsform (rot, weiß oder mischerbig rosa).

Anwendung der mendelschen Regeln

Die mendelschen Regeln sind insbesondere in der Tier- und Pflanzenzucht und bei Abstammungsgutachten wichtig. So nutzt man z. B. die Blutgruppen bei Vaterschaftstests: Es gibt vier Blutgruppen A, B, AB und 0. Dabei ist das Allel 0 gegenüber den Allelen A und B rezessiv; A und B sind gleichwertig (kodominant). Im Genotyp treten sechs Allelpaarungen auf: AA, A, BB, B, AB und 00. Im Fall des Blutgruppentests kann man die Vaterschaft beim Vorliegen bestimmter Kombinationen ausschließen – nicht jedoch eindeutig nachweisen.

Molekulargenetik

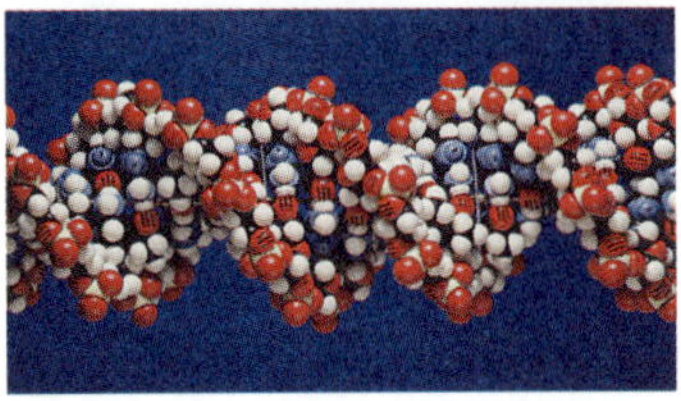
DNS

Die Erbinformation ist im Zellkern, dem Nukleus, hinterlegt. Das genetische Material liegt in Form von Chromosomen im Zellkern vor. Der Mensch besitzt 46 Chromosomen. Ein solches Chromosom ist ein DNS-(Desoxyribonukleinsäure) Makromolekül, welches die Form einer in sich gedrehten Strickleiter (Doppelhelix) aufweist. Die äußeren „Stricke" bestehen aus Zuckermolekülen und Phosphaten; die „Sprossen" aus Basenpaaren, entweder Adenin und Thymin oder Cytosin und Guanin.

Die vier Basen kann man mit Buchstaben vergleichen. Immer drei Buchstaben (Triplett) formen ein Wort. Die maximale Kombination der Worte ergibt sich aus 4^3, also 64. Die Sätze, die sich aus diesen Worten bilden lassen, bezeichnet man als Gene. Der Mensch besitzt zwischen 20.000 und 25.000 Gene. Die Zahl der chemischen Bausteine in einem DNS-Molekül schätzt man auf über drei Milliarden.

In Zellen kommen zwei Arten von Nukleinsäuren vor: Ribonukleinsäure (RNS) und Desoxyribonukleinsäure (DNS). Beides sind Ketten aus Nukleotiden. Ein Nukleotid setzt sich chemisch aus einer Base, einem Zucker und einer Phosphorsäure zusammen. Der Zuckerbaustein ist bei der RNS die Ribose und bei der DNS die Desoxyribose, woher die Nukleinsäuren ihre Namen haben. Zwei solcher Polynukleotidstränge verschrauben sich zu einem gedrehten Doppelstrang, der Doppelhelix (griech. Spirale). Dabei kommen immer zehn Nukleotidpaare auf eine Windung. Die Basen ordnen sich so zueinander an, dass sich immer Adenin (A) und Thymin (T) bzw. Cytosin (C) und Guanin (G) über Wasserstoffbrücken aneinander binden. Die beiden DNS-Einzelstränge sind deshalb nicht gleich, sondern komplementär zueinander. Jeder Strang dient als Bauvorlage für den anderen. Damit das überlange DNS-Molekül in den Zellkern passt, ist die Doppelhelix überschraubt, ähnlich einer Glühlampenwendel. Das RNS-Molekül ist einsträngig und bildet Schlaufen.

Proteinbiosynthese

Die Proteinbiosynthese erfolgt in zwei Schritten: Transkription und Translation. Die Transkription ist der Vorgang, bei dem ein RNS-Strang aus der DNS synthetisiert wird. Dabei entspiralisiert sich die

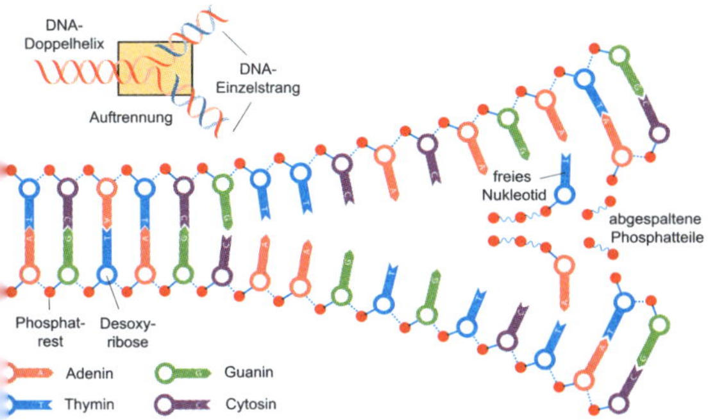

Doppelhelix und ein DNS-Strang wird abgelesen. So entsteht ein komplementärer RNS-Strang, der den Zellkern verlässt und ins Zellplasma zu den Ribosomen wandert. Hier erfolgt die Translation, die Übersetzung der DNS-Information in eine Aminosäurekette. Aminosäuren sind die Bausteine von Proteinen (Eiweiße). Dabei verschlüsseln jeweils drei Basen (Triplett) eine Aminosäure, z. B. steht die Basenfolge GAC für Asparaginsäure. Zusätzlich existieren Start- bzw. Stopp-Tripletts.

Mutationen

Die häufigste Form der Mutation sind Genmutationen. Dabei wird bei der DNS-Synthese eine Base verändert, entfernt oder hinzugefügt. Man spricht in diesem Fall von einer Punktmutation. Ein Beispiel ist die Sichelzellenanämie beim Menschen. Der Betroffene produziert infolge einer ausgetauschten Aminosäure abnormes Hämoglobin. Die dadurch veränderten roten Blutkörperchen werden von weißen Blutkörperchen zerstört, wodurch eine Blutarmut (Anämie) entsteht.

Bei Chromosomenmutationen verändert sich die Struktur eines Chromosoms. Brechen Chromosomen auseinander, so können Stücke verloren gehen, an einer falschen Position oder verkehrt herum eingebaut werden.

Verändert sich die Anzahl der Chromosomen, so spricht man von Genommutationen. Ein Beispiel hierfür ist die Trisomie 21, bei der das Chromosom Nummer 21 dreimal existiert. Diese Erbkrankheit nannte man früher Mongolismus, heute bezeichnet man sie nach dem englischen Arzt John Langdon-Down als Down-Syndrom. ■

Geschlechtsgebundene Erbgänge – Beispiel Sichelzellenanämie

Den mendelschen Regeln folgend wird das Sichelzellen-Allel (s) dominant-rezessiv vererbt, d. h. nur reinerbige Träger (ss) des rezessiven Allels sind krank. Mit der Kreuzung der Allele S und s erhält man die Genotypen SS, Ss und ss. Da das S-Allel dominant ist, sind von den vier möglichen Genotypen drei im Phänotyp gesund (SS und Ss) und einer krank (ss). Die Sichelzellenanämie ist in tropischen Regionen Afrikas weit verbreitet, denn das Sichelzellen-Allel macht seinen Träger resistent gegen Malaria, was ihm einen Evolutionsvorteil verschafft.

	S	s
S	SS	Ss
s	Ss	ss

Genotyp	Genotyp-Verhältnis	Phänotyp
SS	1	gesund
Ss	2	gesund
ss	1	krank

Gentechnik

Die Gentechnik ist ein Teilgebiet der Biotechnologie, das auf der Molekulargenetik aufbaut und gezielte Eingriffe in das Erbgut von Lebewesen vornimmt. Gentechnische Verfahren setzt man z. B. bei der Pflanzen- und Tierzucht, in der Medizin sowie zur Herstellung von Enzymen oder Feinchemikalien für industrielle Zwecke ein. Besonders die Technik des therapeutischen Klonens steht unter scharfer, vor allem ethischer Kritik, da man hierbei lebensfähige Embryonen zur Gewinnung von Stammzellen tötet.

Klone sind in der Natur gar nicht so selten. Herrschen stabile Lebensbedingungen, so ist die ungeschlechtliche Vermehrung durch Zellteilung oft vorteilhafter als die sexuelle Vermehrung, da die Individuen keine Zeit zum Finden des Partners vergeuden. Kartoffeln und Erdbeeren vermehren sich so Jahr für Jahr – ohne Befruchtung. In der Tierwelt bilden einige Arten der Blattläuse, Asseln, Krebstiere, Wespen, Bienen, Ameisen und Eidechsen Klone. Erst wenn sich die Lebensbedingungen ändern, z. B. mit Beginn des Winters, kombinieren diese Tiere durch die geschlechtliche Vermehrung ihre Erbanlagen neu. Nach der Überwinterung setzen sich dann die Nachkommen mit den besten Überlebenschancen durch.

Bei den höheren Lebewesen sind Klone als Überlebensstrategie nicht vorgesehen, kommen jedoch vor: So sind eineiige Zwillinge Klone, da sie über das gleiche Erbmaterial verfügen.

Das erste künstlich geklonte Schaf „Dolly“ erregte im Jahr 1997 in der Presse viel Aufsehen. Denn Dolly war ein Klon eines bereits existierenden erwachsenen Schafs, während vorher künstlich hergestellte Klone aus einem gemeinsamen Embryo stammten.

Der britische Embryologe Ian Wilmut entnahm den Zellkern einer Euterzelle und transferierte diesen in eine leere Eizelle. Mittels Stromstößen löste er die Teilung der Eizelle aus und setzte diese in die Gebärmutter einer Leihmutter ein. Dolly hatte somit drei Mütter: eine genetische

Mutter, von der das Erbgut stammte, eine, von der die leere Eizelle stammte, und eine, die den Embryo austrug. Einen Vater hatte Dolly nicht.

Insulin aus der Retorte

In der Medizin setzt man z. B. gentechnisch hergestelltes Insulin zur Behandlung von Diabetes ein. Kolibakterien produzieren mithilfe eines implantierten menschlichen Gens das künstliche Insulin. Dies besitzt – gegenüber tierischem Insulin – den großen Vorteil, dass der Patienten es nicht über eine Immunreaktion abwehrt.

Künstliche Befruchtung

Eine Möglichkeit, unfruchtbaren Paaren den Kinderwunsch zu erfüllen, ist die künstliche Befruchtung. Eine Form ist die In-vitro-Fertilisation (Befruchtung im Glas). Das erste durch künstliche Befruchtung gezeugte Baby kam 1978 auf die Welt.

Gentechnisch veränderte Nahrungsmittel

In der Landwirtschaft verändert man Pflanzen (z. B. Mais, Sojabohnen, Raps) gentechnisch, um sie unempfindlich gegen Schädlinge und Unkrautvernichtungsmittel zu machen oder um ihre Qualität oder Haltbarkeit zu verbessern. Viele Lebensmittel sind indirekt von der Gentechnik betroffen. So darf man u. a. Käse verkaufen, zu dessen Herstellung gentechnisch veränderte Mikroorganismen Enzyme liefern.

Therapeutisches Klonen

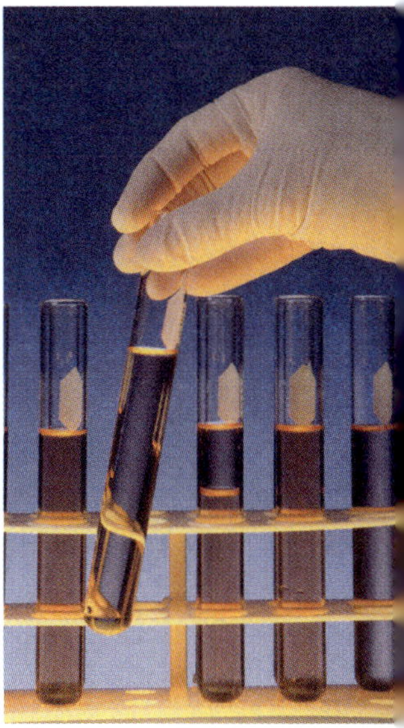

Beim Klonen zu Forschungszwecken, dem sogenannten therapeutischen Klonen, gewinnt man Embryonen durch das Verfahren des Zellkerntransfers. Dazu überträgt man den Zellkern einer differenzierten Körperzelle in eine zuvor entkernte Eizelle und regt ihn zur Teilung an. Den Embryo zerstört man in einem frühen Stadium der Embryonalentwicklung. Die so gewonnenen Zellen regt man in einer Kultur zum weiteren Wachstum an. Wachstumsfaktoren ermöglichen die Differenzierung der Stammzellen zu spezifischen Gewebezellen. Man hofft, so ganze Organe künstlich züchten zu können. Vorteil dieser Methode ist, dass eine immunologische Abwehrreaktion, wie sie bei Spenderorganen auftritt, weitgehend ausgeschlossen ist.

In Deutschland verbietet das Embryonenschutzgesetz die Herstellung und Verwendung von Embryonen zu einem anderen Zweck als dem, eine Schwangerschaft herbeizuführen. Damit ist das therapeutische Klonen in Deutschland nicht erlaubt. Kontrovers diskutiert wird die Frage, von welchem Zeitpunkt an der Embryo zu schützen ist. ■

Immunbiologie

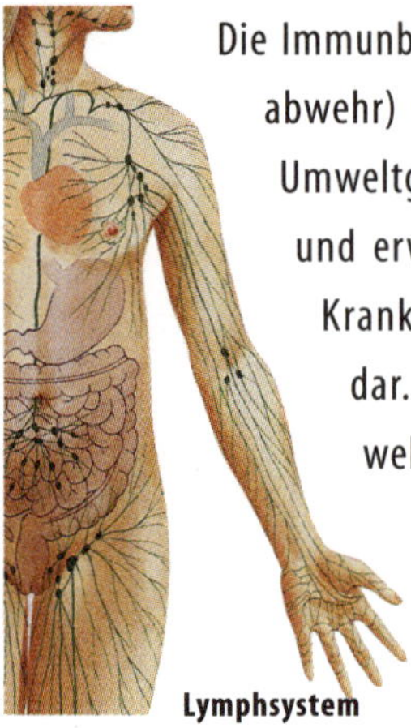
Lymphsystem

Die Immunbiologie beschäftigt sich mit der körpereignen Abwehr (Immunabwehr) von Krankheitserregern, wie z. B. Bakterien, Viren, Pilzen und Umweltgiften. Man unterscheidet zwischen angeborener, unspezifischer und erworbener, spezifischer Immunabwehr. Die erste Barriere gegen Krankheitserreger und Giftstoffe stellen Haut und Schleimhäute dar. Das Blut enthält verschiedene Enzyme, wie z. B. Lysozym, welches Bakterienzellwände zerstört. Tote Zellen werden von weißen Blutkörperchen, den Makrophagen, vernichtet. Gelangen Viren in Körperzellen, so sondern diese immunaktivierende Interferone ab.

Die spezifische Immunabwehr erfolgt durch verschiedene weiße Blutkörperchen (Leukozyten) und bestimmte Proteine (Antikörper). Die Antikörper, meist Immunglobuline, werden als Reaktion auf Fremdstoffe (Antigene) gebildet. Unter den weißen Blutkörperchen sind drei Arten wichtig: Fresszellen, B- und T-Lymphozyten. Die Lymphozyten unterscheidet man nach ihrem Bildungsort. B-Lymphozyten bilden sich im roten Knochenmark (engl. bone marrow) und T-Lymphozyten in der Thymusdrüse. Neben diesen beiden lymphatischen Organen existieren die über den ganzen Körper verteilten Lymphknoten und verschiedene andere Organe, wie z. B. Milz und Mandeln. Zusammen mit den Lymphgefäßen bilden sie das Lymphsystem. Als Lymphe (lat. klares Wasser) bezeichnet man die im Lymphsystem enthaltene Flüssigkeit. Das Lymphsystem ist kein Kreislaufsystem, sondern ein offenes System. Es transportiert Nähr- und Abfallstoffe und entsorgt die Reste von Krankheitserregern und Fremdstoffen in die Lymphknoten.

Bei einer Erstinfektion bilden die B-Lymphozyten Antikörper und Gedächtniszellen. Der Körper ist somit immun gegen diese Antigene.

Die T-Lymphozyten gliedern sich in T-Helferzellen, T-Killerzellen und T-Unterdrückerzellen. Die T-Helferzellen unterstützen bei der Antikörperbildung und bilden ebenfalls Gedächtniszellen. Die T-Killerzellen zerstören infizierte und entartete Zellen und die T-Unterdrückerzellen beenden die Immunreaktion.

Allergien

Eine überschießende Immunantwort (Überempfindlichkeitsreaktion) in Form einer Allergie entsteht, wenn das Immunsystem die Fähigkeit verliert, auf bestimmte Stoffe (Allergene) „normal" zu reagieren. Das Immunsystem produziert dann sehr große Mengen an Antikörpern, die sich an bestimmte Zellen heften und diese veranlassen u. a. das Gewebehormon Histamin freizusetzen. Histamin ist ein wichtiger Überträgerstoff für verschiedene Folgereaktionen, die z. B. zu Heuschnupfen, Neurodermitis, Asthma oder einem anaphylaktischen Schock führen können.

Krebs

Bei den weit verbreiteten Krebserkrankungen spielen neben Umwelteinflüssen und Lebensgewohnheiten auch genetische Faktoren eine Rolle. Krebszellen zeichnen sich zum einen durch eine unkontrollierte Zellteilung und zum anderen durch den Verlust ihrer Spezialisierung aus. Es bilden sich Zellhaufen, die man als Geschwulst oder Tumor bezeichnet. Bei einem gutartigen Tumor bleiben die Tumorzellen an ihrem Entstehungsort; man kann sie chirurgisch entfernen. Bei einem bösartigen Tumor befallen sie weitere Gewebearten und bilden dort Metastasen, die sich nur schwer ausmerzen lassen.

Immunschwäche AIDS

Eine Krankheit, bei der das Immunsystem durch einen Virus (Retrovirus) angegriffen wird, ist AIDS (engl. acquired immune deficiency syndrom = erworbene Immunschwäche). AIDS wird durch das HIV (engl. human immunodeficiency virus) verursacht. Die Viren greifen die T-Helferzellen an und zerstören sie; es bilden sich somit keine Antikörper. Das Immunsystem wird immer schwächer und kann selbst auf leichte Infektionen nicht mehr reagieren.

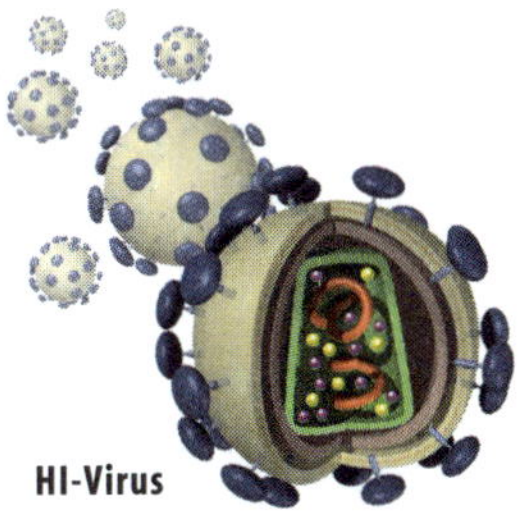

HI-Virus

Viren

Viren (lat. Schleim, Saft, Gift) sind etwa 16 bis 300 Nanometer große Partikel, die Zellen befallen, um deren Stoffwechsel zu nutzen und sich in ihnen zu vermehren. Viren sind Parasiten, die im Wesentlichen aus Nukleinsäuren bestehen; manche sind zusätzlich von einer Membran umgeben. Sie befallen Zellen von Pflanzen, Tieren und Pilzen. Bakteriophagen nutzen Bakterien als Wirtszellen. Baut der Virus seine Erbsubstanz RNS mithilfe reverser Transkriptasen in die DNS der Wirtszelle ein und führt eine „Rückwärts-Transkription" durch, so spricht man von einem Retrovirus.

Evolution

Der Begriff Evolution bezeichnet einen Wandel. Dieser Wandel bezieht sich auf die gesamte Natur und betrifft damit sämtliche Lebewesen, die Erde und den ganzen Kosmos. Bei der biologischen Evolution steht die Entwicklung der Lebewesen im Fokus. Evolution ist nicht auf die Vergangenheit begrenzt, sondern geschieht ständig. Die große Angst im Winter 2005/2006 vor der Vogelgrippe, die sich durch Mutation mit einem menschlichen Grippe-Erreger verbinden und so zu einer Pandemie führen könnte, war ein Beispiel dafür.

Genetische Neukombination, Mutation, Isolation und Selektion (Auslese) sind die Motoren der Evolution. Bei der Evolution gilt immer, dass die Individuen erfolgreich sind, welche sich am besten an die gegebenen Umweltbedingungen anpassen. So können natürliche Mutationen, die zufällig auftreten, einem Organismus einen evolutionären Vorteil verschaffen und eine neue Art entstehen lassen. Die Artenvielfalt ist demnach ein Produkt der Evolution. Zu einer Art zählen Individuen, die in den wesentlichen Merkmalen übereinstimmen und fortpflanzungsfähige Nachkommen hervorbringen. Haben sich Unterarten so weit voneinander entfernt, dass sie untereinander nicht mehr fortpflanzungsfähig sind, ist eine neue Art entstanden.

Der Mechanismus der Isolation unterbindet den Genaustausch zwischen Individuen einer Art und ermöglicht eine differenzierte Entwicklung der getrennten Populationen. Eine mögliche Barriere sind geografische Gegebenheiten (Separation), wie z. B. Gebirge, Gletscher, Wüsten, Meere oder ökologische Nischen. Ein Beispiel für die Artaufspaltung durch die Besetzung von ökologischen Nischen stellen die Galapagosfinken dar. Unter ihnen existieren Nahrungsspezialisten (z. B. Insekten- bzw. Körnerfresser), die sich durch ihre Schnabelform unterscheiden. Beide Arten leben im gleichen geografischen Gebiet; doch jede der beiden Finkenarten hat sich auf unterschiedliche Nahrungen spezialisiert. Über einen langen Zeitraum hinweg entstanden zwei neue Finkenarten.

Zur natürlichen Auslese (Selektion) tragen abiotische und biotische Faktoren bei. Zu den abiotischen Faktoren rechnet man natürliche Umweltbedingungen, wie z. B. Temperaturänderungen. Als biotische Faktoren gelten z. B. Fressfeinde und der allgemeine Konkurrenzdruck. Abrupte Veränderungen der Umweltbedingungen führten in der Geschichte der Erde immer wieder zu Massensterben. Überlebende Arten erhielten hierdurch die Chance sich stärker zu verbreiten. Nur so konnten die Säugetiere, und damit letztlich der Mensch, nach dem Aussterben der Dinosaurier die Herrschaft über die Erde erlangen.

Belege für die Evolutionstheorie

Als Beweis für die Richtigkeit der Evolutionstheorie nach Charles Darwin (1809–1882) gelten Fossilien und insbesondere sogenannte Übergangsformen (Zwischenformen, Brückentiere) sowie lebende Fossilien. Übergangsformen sind Organismen, die über Merkmale der ursprünglichen Art und über Merkmale der sich später ausbildenden Art verfügen. So besitzt der Urvogel Archäopteryx Kriechtiermerkmale, wie z. B. Finger mit Krallen und einen bezahnten Kiefer. Gleichzeitig weist er Vogelmerkmale wie z. B. Federn auf. Der rezente (lebende) Quastenflosser ist eine Übergangsform vom Knochenfisch zum Lurch.

Archäopteryx

Epidemie und Pandemie

Eine Epidemie beschränkt sich auf eine lokale Gruppe von Menschen. Unter einer Pandemie versteht man den grenzübergreifenden, wenn nicht sogar weltweiten Ausbruch einer Krankheit.

Evolution des Menschen

Neben der biologischen Entwicklung des Menschen ist vor allem seine kulturelle Entwicklung (Sprache) maßgeblich. Bei der biologischen Entwicklung sind die rasante Zunahme des Gehirns und dessen Fähigkeiten hervorzuheben. Alle heute lebenden Menschen sind genetisch sehr nahe miteinander verwandt. Die größten Unterschiede finden sich innerhalb der afrikanischen Population. Nach heutigem Wissenschaftsstand geht man davon aus, dass die Wiege des Menschen in Afrika liegt. Einige dieser ersten Menschen sind aus Afrika vor etwa 65.000 Jahren ausgewandert, besiedelten die unterschiedlichsten Gebiete und passten sich den dortigen Gegebenheiten an. ■

Verhaltensbiologie

Die Verhaltensbiologie untersucht das Verhalten von Tieren und Menschen und versucht die Entstehung bestimmter Verhaltensweisen im Verlauf der Stammesgeschichte zu rekonstruieren. Unter Verhalten versteht man alle nach außen gerichteten Aktionen wie z. B. Körperhaltung, Gesten und Lautäußerungen. Das Verhalten ist eine Reaktion (Reflex) auf (Schlüssel-)Reize, wobei man zwischen angeborenem und erworbenem Verhalten unterscheidet.

Angeborenes Verhalten hat sich im Verlauf der Stammesgeschichte entwickelt und in der Erbinformation verankert. Hierzu zählt beim Mensch u. a. der Saug-Schluck-Reflex eines Säuglings. Angeborene Verhaltensweisen sichern das Überleben. Man unterscheidet zwischen unbedingten Reflexen und Instinkthandlungen. Unbedingte Reflexe sind jederzeit auslösbar und treten bei allen Individuen einer Art in gleicher Weise auf. Beispiele für solche Reflexe sind Kniesehnen-, Lidschluss- und Hustenreflex. Gewisse Schlüsselreize lösen Instinkhandlungen (Reiz-Reaktionsketten) aus und bewirken eine ganze Folge von Bewegungen. Solche Reiz-Reaktions-Ketten bestimmen hauptsächlich das Nahrungs-, Fortpflanzungs- und Sozialverhalten. Hierzu zählt z. B. das Beutefangverhalten oder der Bau eines Spinnennetzes. Dem angeborenen Verhalten steht das erworbene Verhalten gegenüber. Es wird im Verlauf der Individualentwicklung erlernt und ermöglicht so eine Anpassung an spezielle Umweltbedingungen. Erfahrungen ermöglichen eine Veränderung der Verhaltensweisen, die damit äußerst flexibel und revidierbar sind. Das Erlernen dieser Verhaltensweisen geschieht auf unterschiedliche Weise. Die wichtigsten Lernformen sind Gewöhnung, Konditionierung (Wiederholung), Imitation (Nachahmung), Erkunden, einsichtiges Lernen und Lernen durch Erfahrung sowie die Prägung.

Prägung

Der Vater der „Tierpsychologie" oder besser der vergleichenden Verhaltensfor-

Konrad Lorenz

schung ist Konrad Lorenz (1903–89). Er schuf den Begriff der Prägung, der einen obligatorischen (bindenden, verpflichtenden) Lernprozess innerhalb eines bestimmten Lebensabschnitts (sensible Phase) beschreibt. Bei dem klassischen Lorenz-Versuch machte sich Konrad Lorenz zur Ziehmutter frisch geschlüpfter Gänseküken. Gänse sind Nestflüchter mit einer charakteristischen Nachfolgeprägung. Die Küken lernen in den ersten Lebensstunden (zwischen sechs und 24 Stunden nach dem Schlüpfen) ihre Mutter kennen. Diese Verhaltensweise gewährleistet das sichere Erkennen der Mutter unter der Vielzahl der Vögel an z. B. einem See. Vogelküken folgen jeder „Mutter“ nach, solange sie sich bewegt und Laute von sich gibt. In Experimenten folgten Küken sogar einem Fußball mit eingebautem Lautsprecher.

Wolfskinder

Kinder, die in einem bestimmten Zeitraum isoliert vom Menschen aufwuchsen und deshalb merklich in ihrem Verhalten abweichen, bezeichnet man als Wolfskinder oder wilde Kinder. In den seltensten Fällen wurden diese Kinder aber tatsächlich von Tieren adoptiert und aufgezogen. Zu den Wolfskindern von 1945 zählen all jene, die während der Flucht aus Ostpreußen und anderen Gebieten im heutigen Polen vor der Roten Armee flohen und dabei ihre Eltern verloren. Nur wenige überlebten – vergaßen jedoch oft ihre Identität.

Kaspar Hauser

Im Jahr 1828 tauchte in Nürnberg ein etwa 16 Jahre alter Junge auf. Es stellte sich heraus, dass Kaspar Hauser ein Findelkind war, das jahrelang in einem dunklen Verlies ohne Kontakt zur Außenwelt bei Wasser und Brot eingesperrt war. Er konnte nicht sprechen, schreiben oder mit Messer und Gabel essen. Auf Licht und Geräusche reagierte er äußerst schreckhaft; seine Sinnesorgane waren überempfindlich und seine Muskeln hatten sich nie vollständig entwickelt. Man spekuliert, dass Kaspar Hauser dem adeligen Hause Baden angehörte, was bis heute nicht eindeutig nachweisbar ist. Hauser wurde 1833 im Alter von etwa 22 Jahren ermordet.

Man bezeichnet verhaltensbiologische Studien, bei denen Tiere unter Erfahrungsentzug aufwachsen, als Kaspar-Hauser-Versuche. Bei sehr starker Isolation treten Entwicklungsstörungen auf. Säugetiere mit ausgeprägtem Sozialverhalten reagieren besonders empfindlich auf solche Experimente.

Ökologie

Ökosystem Savanne

Die Ökologie beschäftigt sich mit den Wechselbeziehungen zwischen Organismen und ihrem Lebensraum (Biotop). Dabei betrachtet man nicht einzelne Lebewesen, sondern Populationen (Fortpflanzungsgemeinschaften) und ganze Lebensgemeinschaften (Biozönosen). Ein gesundes Ökosystem befindet sich stets im Gleichgewicht. Die Lebensbedingungen der Organismen in einem Ökosystem resultieren aus einer Vielzahl an abiotischen und biotischen Umweltfaktoren.

Für Pflanzen sind die wichtigsten abiotischen Faktoren die Temperatur, das Wasserangebot und die Lichtmenge. So bildeten sich für die jeweils gegebenen Umweltfaktoren Spezialisten aus: Licht- und Schattenpflanzen, Kurztags- und Langtagspflanzen, Wasser-, Feucht- und Trockenpflanzen. Einige sind so hoch spezialisiert, dass sie als Indikatorpflanzen für den vorherrschenden Bodentyp gelten. Dort wo z. B. Heidekraut wächst, ist der Boden sauer und trocken; sprießt die Große Brennnessel, so ist der Boden stickstoffhaltig.

Einer der entscheidenden Umweltfaktoren im Tierreich ist die Temperatur. Als Reaktion auf Temperaturunterschiede haben sich wechselwarme und gleichwarme Tiere herausgebildet. Wechselwarme (poikilotherme) Tiere, wie z. B. Fische, Lurche und Kriechtiere, fallen in die Winterstarre, wenn die Temperatur einen kritischen Wert unterschreitet. Gleichwarme (homoiotherme) Tiere, Säugetiere und Vögel halten häufig Winterschlaf bzw. Winterruhe, um Energie zu sparen. Eine weitere Anpassung der homoiothermen Tiere beschreibt die bergmannsche Regel: Bei steigendem Körpervolumen

Allensche Regel

Die allensche Regel besagt, dass die Körperanhänge (Extremitäten, Schwänze, Ohren) von gleichwarmen Tieren einer Art in kälteren Regionen kürzer sind als in wärmeren Gebieten. So besitzt der Polarfuchs vergleichsweise kleinere Ohren als der Wüstenfuchs. In kalten Gebieten muss der Wärmeverlust minimiert werden; in warmen Gebieten dienen die Körperanhänge der Kühlung.

(Produktionsstätte der Körperwärme) verringert sich relativ zu diesem die Körperoberfläche (Ort der Wärmeabstrahlung). Gut zu beobachten ist diese Regel bei Pinguinarten, die unterschiedliche Klimazonen besiedeln: Der große Kaiserpinguin lebt in den nördlichen Polargebieten, während der Zwergpinguin in Neuseeland anzutreffen ist.

Nahrungsbeziehungen

Biotische Umweltfaktoren bezeichnen Faktoren, die von anderen Lebewesen ausgehen. Ein Beispiel sind Parasiten oder Fressfeinde. Wie im „echten Leben" regeln Angebot und Nachfrage die Nahrungsbeziehungen im Ökosystem. Je mehr Beutetiere vorhanden sind, desto mehr Räuber finden Nahrung. Als Folge nimmt die Population der Räuber stark zu, wodurch sich die Anzahl der Beutetiere reduziert. Nun fehlt den Räubern die Nahrung und ihre Anzahl schrumpft ebenfalls. So entwickelt sich ein biologisches Gleichgewicht zwischen den beiden Arten.

In einem Ökosystem existieren verschiedene Nahrungsebenen, die zu einer Nahrungskette oder zu einem Nahrungsnetz verknüpft sind. In einer linearen Nahrungskette stehen die Produzenten, meist Fotosynthese treibende Pflanzen, an unterster Stufe. Die Konsumenten (Verbraucher) ernähren sich von den Produzenten. Innerhalb der Gruppe der Konsumenten finden sich Pflanzenfresser (Primärkonsumenten) und Fleischfresser (Sekundärkonsumenten). Es folgen Dritt-, Viert- und Fünftkonsumenten bis hin zu den Endkonsumenten. Aus den Abhängigkeiten lassen sich Nahrungspyramiden aufstellen, da die Anzahl der Individuen von den Produzenten zu den Endkonsumenten stetig abnimmt. Die Destruenten (Zersetzer) schließen den Stoffkreislauf im Ökosystem. Tatsächlich verfügt ein Ökosystem über komplexe Nahrungsnetze, da sich ein Primär- bzw. Sekundärkonsument nicht ausschließlich von einer Beuteart ernährt.

Raubvogel mit Beute

Umweltschutz

Ein Lebewesen kann seine Lebensprozesse lediglich innerhalb eines Toleranzbereichs in Bezug auf einen Umweltfaktor aufrechterhalten. Wird dieser überschritten, so kommt es zum Artensterben. Der Mensch greift durch seine Lebensweise vielfältig in die Ökosysteme ein. Dazu zählen u. a. Luft- und Wasserverschmutzung, Überdüngung in der Landwirtschaft und die Abholzung der Regenwälder. Umweltschutzmaßnahmen sollen hier gegensteuern. ■

Biologie im Alltag

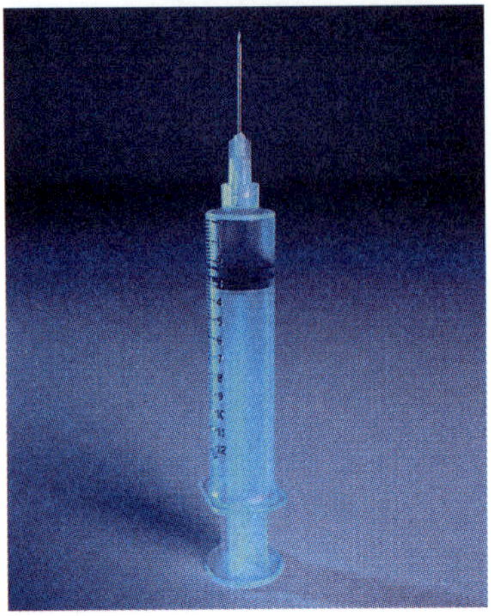

Pflanzen nutzte der Mensch von jeher als Arzneimittel, Farb-, Duft- und Aromastoffe. So verwendeten die Steinzeitmenschen für ihre Höhlenmalereien Ocker und Ruß. Später färbte man Kleidungsstücke mit Naturfarben und Naturvölker bemalten ihren Körper zu besonderen Anlässen. Die Pflanzenheilkunde zählt zu den ältesten medizinischen Therapien. In der heutigen Medizin verwendet man Techniken, die oft biologische Prozesse nutzen oder nachempfinden. Ein Beispiel ist die Schutzimpfung.

Eine Impfung ist eine vorbeugende Maßnahme gegen Infektionskrankheiten. Hierbei bringt man einen Impfstoff in den Körper ein, um die Bildung von Antikörpern anzuregen. Man unterscheidet zwei Impfarten: die aktive und die passive Impfung. Bei der aktiven Impfung regt man durch abgeschwächte, lebende, tote oder Bruchstücke von Erregern das Immunsystem zur Immunabwehr an, ohne dadurch die Erkrankung selbst auszulösen. Der Körper erkennt die Antigene im Impfstoff als körperfremd und regt die Lymphozyten (weiße Blutkörperchen) zur Produktion von spezifischen Antikörpern an. Gleichzeitig bilden die Lymphozyten Gedächtniszellen. Kommt der Körper später erneut mit dem gleichen Erreger in Kontakt, so erfolgt die Immunantwort wesentlich schneller und effizienter, sodass der Körper die Erreger noch vor dem Krankheitsausbruch bekämpft.

Bei der passiven Impfung verabreicht man einen vorher gebildeten Antikörper direkt. Das hat den Vorteil, dass der Körper die Antikörper nicht selbst bilden muss, was bis zu einer Woche dauern kann. Das Immunsystem reagiert direkt auf die Signale der Antikörper und tötet die Erreger ab. Bei dieser Behandlung bilden sich keine Gedächtniszellen, weshalb der passive Impfschutz nur so lange anhält, bis die eingebrachten Antikörper abgebaut sind. Danach ist der Körper erneut gefährdet.

Künstliche Obstreifung

Obst wird teilweise unreif geerntet und reift in Lagern heran. So werden z. B. Bananen nach der Ernte innerhalb von einem Tag verpackt und auf Kühlschiffe verladen, bei einer Temperatur zwischen 12 und 13,2 Grad Celsius verschifft und anschließend in Bananenreifereien transportiert. Hier erfolgt die vier- bis achttägige Reifung in den Reifekammern bei Temperaturen zwischen 14,4 und 17,7 Grad Celsius. Ließe man die Bananen zum Reifen an der Bananenstaude hängen, so schmeckten sie nicht süß, sondern mehlig. Der Reifungsprozess ist ein biochemischer Vorgang, bei dem sich Stärke in Zucker umwandelt. Der Reifungsfortschritt ist an der Farbe der Banane ablesbar: Je gelber die Schale, umso höher ist ihr Zuckergehalt. Vollreife Bananen sind an den typischen schwarzen Flecken zu erkennen.

Damit Äpfel während des Exports nicht faulen, lagert man sie in gasdichten Depots, deren Atmosphäre man mit Stickstoff anreichert. Durch den fehlenden Sauerstoff reduziert sich der Stoffwechsel der Äpfel auf ein Minimum. So hält man das von den Äpfeln zum Reifen selbst produzierte Äthylen fern. Dieses Gas „heizt" den Reifungsprozess an. Sollen die Äpfel in den Verkauf gelangen, pumpt man die Stickstoffatmosphäre ab und die Äpfel beginnen zu reifen.

Abperlende Wassertropfen: der Lotus-Effekt

Der Klettverschluss – Eine Erfindung der Natur

Der belgische Ingenieur George de Mestral (1907–90) unternahm mit seinem Hund oft lange Spaziergänge. Dabei verfingen sich immer wieder die Früchte der Kletten, einem Korbblütengewächs, im Fell des Hundes. Unter dem Mikroskop betrachtet, erkannte de Mestral winzige elastische Häkchen, die auch bei ruckartigem Entfernen aus Haaren oder Kleidern nicht abbrachen; aus ihnen leitete er die Idee für den Klettverschluss ab.

Bionik

Das Forschungsgebiet der Bionik, cincm Kunstwort aus Biologie und Technik, sucht nach Lösungen für technische Probleme in der Biologie. Man versucht, die Erfindungen der belebten Natur auf verschiedene Bereiche der Technik zu übertragen. Ein Beispiel ist der Lotus-Effekt: Die Blätter der Indischen Lotusblume besitzen eine Wachsschicht; Wasser perlt ab und wäscht den aufliegenden Staub ab. Auf dem Lotus-Effekt beruhen selbstreinigende Oberflächen für z. B. Dachziegel, Fassadenfarben oder Autolacke. ■

Alchemie

Was ist der eine Urstoff? Thales von Milet (624 – 546 v. Chr.) glaubte, das Wasser sei es. Anaximenes (585 – 525 v. Chr.) charakterisierte die Luft als das Urelement und Heraklit (540 – 483 v. Chr.) sah das Feuer als Urprinzip aller Stoffe an. Empedokles (494 – 420 v. Chr.) fasste diese Vorstellungen in der Lehre von den vier Prinzipien der Dinge – dem Feuer, der Luft, dem Wasser und der Erde – zusammen. Platon (427 – 347 v. Chr.) und Aristoteles (384 – 322 v. Chr.) nahmen dieses Dogma auf und erweiterten es.

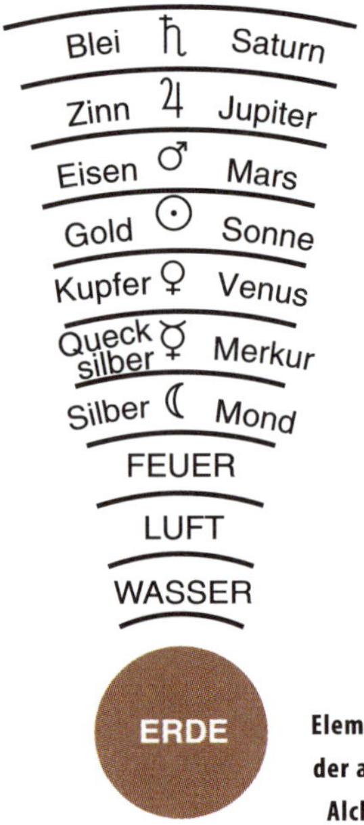

Elemente in der antiken Alchemie

Platon ordnete den vier Urstoffen regelmäßige geometrische Körper zu: dem Feuer das Tetraeder, dem Wasser das Ikosaeder, der Luft das Oktaeder und der Erde den Würfel. Das Pentagondodekaeder stand für ein fünftes Element, die Quintessenz. Bis auf den Würfel für das Element Erde setzen sich alle geometrischen Figuren aus Dreiecken zusammen, was die Elementumwandlung zum Ausdruck brachte. Aristoteles ordnete den vier Elementen Gegensatzpaare zu: Feuer: warm und trocken, Luft: warm und feucht, Wasser: kalt und feucht, Erde: kalt und trocken. Eine Veränderung der Eigenschaften führte zur Umwandlung in ein anderes Urelement. Gleichzeitig vergab er Bewegungsrichtungen für die einzelnen Elemente: Erde und Feuer absolut, Wasser relativ nach unten, Luft relativ nach oben. Die kreisförmige Bewegung reservierte Aristoteles für die Planeten. Das zugehörige fünfte Element charakterisierte den Urstoff und bekam später den Namen Äther. Die Vier-Elemente-Lehre nach Aristoteles bestimmte das Denken der Alchemisten bis weit ins 17. Jh.

Stein der Weisen

Die Alchemisten suchten vor allem nach dem Stein der Weisen und dem Lebenselixier – dem fünften Element. Sie versuchten eine Tinktur herzustellen, die das Leben verlängerte und ewige Jugend schenkte. Dabei gelangen ihnen zahlreiche chemische Beobachtungen und sie entwickelten wichtige Werkzeuge und Verfahren. So schrieb vermutlich Gerhard von Cremona (1114–87) *Das Buch der Alaune und Salze*, und Roger Bacon (1210–92) führte das Experiment als eine der wichtigsten Arbeitsmethoden der Chemie ein. Zu den bedeutenden Alchemisten des Mittelalters zählte u.a. Albertus Magnus (um 1200–80), der als Kirchengelehrter die Lehre des Aristoteles vertrat. Als berühmter Arzt ging Paracelsus (1493–1551) in die Geschichte ein. Er glaubte, der Körper sei aus Schwefel, Quecksilber und Salz aufgebaut. Schwefel charakterisierte dabei das Brennbare, welches die menschliche Seele widerspiegelte, Quecksilber das Flüssige, das dem menschlichen Geist gleichkam, und das Salz stand für das Beständige, womit er den menschlichen Körper meinte.

Grundlegende Fertigkeiten der Metallgewinnung und -verarbeitung kannten bereits die Menschen der Jungsteinzeit. Während der Bronze- und Eisenzeit verbesserten sich die Techniken zur Herstellung von Gefäßen, Schmuck und später Waffen. Die Alchemisten glaubten, dass sich chemische Elemente ineinander umwandeln ließen und suchten nach Wegen, um aus unedlen Metallen, wie z.B. Blei, edle Metalle – insbesondere Gold und Silber – herzustellen. Die Goldmacherei führte Hennig Brand (1630–92) 1669 zum Phosphor. Als er Urin destillierte und den Rückstand unter Luftabschluss verglühte, beobachtete er im Dunkeln die Phosphor-Luminiszenz. Johann Friedrich Böttger (1682–1719) – ebenfalls auf der Suche nach einem Rezept zur Herstellung von Gold – entdeckte 1708 in Dresden (Meißen) das europäische Porzellan, welches man noch heute als weißes Gold bezeichnet.

Albertus Magnus

China

Seit dem 4. Jh. v. Chr. erklärte der Taoismus (Yin-Yang-Prinzip) Naturvorgänge. Dieser beruht auf der Fünf-Elemente-Lehre: Holz, Feuer, Erde, Metall (bzw. Gold) und Wasser. Die Elementelehre ist von großer Bedeutung im Shiatsu, Feng Shui, Qigong, dem Ayurveda sowie in der Traditionellen Chinesischen Medizin. Die Beherrschung des Feuers, die Brenntechnik von Tonen (Porzellan) und die Farbherstellung erreichten hier bereits um 300 v. Chr. eine hohe Entwicklungsstufe. ■

Stein-, Bronze- und Eisenzeit

Das Dreiperiodensystem ist eine Zeiteinteilung, welches die Vor- und Frühgeschichte anhand der am häufigsten verwendeten Materialien zur Werkzeugherstellung in drei Perioden einteilt: Stein-, Bronze- und Eisenzeit.

Bedeutende Chemiker

Antoine de Lavoisier

Zu Beginn des 18. Jh. verbreitete insbesondere Georg Ernst Stahl (1660 – 1734) die auf den Arbeiten von Johann Joachim Becher (1635 – 82) basierende Phlogiston-Hypothese. Die heute überholte Theorie beruht auf der fiktiven Substanz Phlogiston (griech. verbrannt), die bei der Verbrennung entweicht. 1775 widerlegte Antoine Lavoisier (1743 – 94) diese Behauptung und stellte die bis heute gültige Oxidationstheorie an ihre Stelle. Er bewies, dass brennbare Stoffe durch die Aufnahme von Sauerstoff an Gewicht zunehmen.

Lavoisier schaffte durch die Einführung der Waage und des Thermometers als Messinstrumente sowie des Experiments als Beweismittel für Hypothesen die Grundlage für die Entdeckungen weiterer chemischer Grundgesetze. So fand Joseph-Louis Proust (1754 – 1826) im Jahre 1794 das Gesetz der konstanten Proportionen. John Dalton (1766 – 1844) stellte 1803 das Gesetz der multiplen Proportionen auf und entwickelte 1808 seine Atomtheorie. Dalton verwendete zur Darstellung der Elemente noch bildhafte Symbole. Dies änderte sich mit der Einführung der Symbolschreibweise (Summenformeln) durch den Schweden Jöns Jakob Berzelius (1779 – 1848). Die Elementnamen bildete man fortan durch den oder die beiden Anfangsbuchstaben des lateinischen Namens: z. B. H für Wasserstoff, lat. hydrogenium, Au für Gold, lat. aurum etc.

Ideales Gasgesetz und Avogadro-Zahl

Robert Boyle (1627 – 91) und Edme Mariotte (1620 – 84) entdeckten 1662 und 1676 unabhängig voneinander, dass der Druck idealer Gase bei gleichbleibender Temperatur und gleichbleibender Stoffmenge umgekehrt proportional zum Volumen ist. Verringert man beispielsweise den Druck, so dehnt sich das Gas aus. Ebenfalls bei der Untersuchung von Gasen entdeckte 1811 Amedeo Avogadro (1776 – 1856), dass alle Gase des gleichen Volumens die gleiche Anzahl an Gasteilchen (Molekülen) enthalten. Johann Josef Loschmidt (1821 – 95)

Stoffmenge

Die Stoffmenge gibt an, wie viele Teilchen eines Stoffes in einer Stoffprobe vorliegen. Die Einheit der Stoffmenge ist das Mol. Ein Mol eines Stoffes enthält etwa $6{,}0221415 \cdot 10^{23}$ Teilchen. Die Stoffmenge lässt sich aus der Masse, dem Volumen, der Teilchenzahl oder der Molarität (Stoffmengenkonzentration) berechnen.

bestimmte die Zahl der Atome oder Moleküle in einem Kubikmeter eines idealen Gases und fand die Loschmidt- bzw. Avogadro-Zahl: Sie ist definiert als die genaue Anzahl der Atome in 12 Gramm des Kohlenstoff-Isotops ^{12}C; ihr Zahlenwert beträgt ungefähr $6{,}0221415 \cdot 10^{23}\ mol^{-1}$.

Organische Chemie/ Biochemie

Als Pionier der organischen Chemie synthetisierte Friedrich Wöhler (1800–82) im Jahre 1828 Harnstoff aus Ammoniumcyanat. Mit diesem biochemischen Experiment erbrachte Wöhler den Beweis, dass kein grundsätzlicher Unterschied zwischen anorganischer und organischer Chemie besteht.

Entwicklung der Atomtheorie

Um 1850 erkannte man, dass sich Elemente in ihren Eigenschaften ähneln, und führte den Begriff der Familienähnlichkeit ein. So kannte man die Alkali- und Erdalkalimetalle, Erzbildner, Salzbildner, die Bor-Aluminium-Familie, Kohlenstoff-Familie sowie die Stickstoff-Familie. Zeitgleich sortierten der Deutsche Lothar Meyer (1830–95) und der Russe Dimitri Mendelejew (1834–1907) die bekannten Elemente aufsteigend nach ihrer Atommasse. Das Verständnis für das Verhalten und die Eigenschaften der Elemente verbesserte sich mit der Kenntnis um den Aufbau der Atome. Ernest Rutherford (1871–1937) entwickelte aus seinen Streuversuchen von Alphateilchen an Goldfolie ein Kern-Hülle-Modell. Niels Bohr (1885–1962) stellte 1913 das bohrsche Atommodell (Schalenmodell) auf. Wolfgang Pauli (1900–58) entdeckte das nach ihm benannte Pauli-Prinzip der Quantenmechanik, nach dem sich die Elektronen in der Hülle mit gewissen Wahrscheinlichkeiten in verschieden Bereichen (Orbitalen) aufhalten. 1927 postulierte Werner Heisenberg (1901–79) die Unschärfe- bzw. Unbestimmtheitsrelation, nach der es unmöglich ist, Aufenthaltsort und Geschwindigkeit von Elektronen gleichzeitig zu bestimmen. ■

Werner Heisenberg

Atome, Ionen und Moleküle

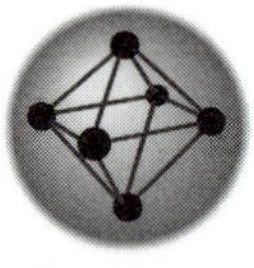

Thomson 1897

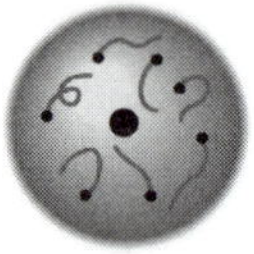

Rutherford 1911

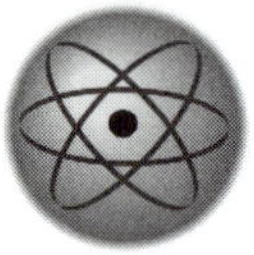

Bohr 1913

Die Chemie befasst sich mit dem Aufbau, den Eigenschaften und der Umwandlung von Stoffen. Demokrit (um 460 – 375 v. Chr.) postulierte, dass alle Stoffe aus kleinsten, unteilbaren Einheiten, den Atomen, bestünden. Einer der Wegbereiter der neuzeitlichen Chemie war John Dalton (1766 – 1844). 1808 stellte er seine Atomhypothesen auf:

1. Atome desselben Elements sind untereinander gleich.

2. Atome verschiedener Elemente besitzen unterschiedliche Massen.

3. Atome sind unveränderlich.

Ernest Rutherford (1871 – 1937) führte im Jahre 1911 Streuversuche an dünner Goldfolie durch. Dabei bestrahlte er die Folie mit positiven Heliumkernen (α-Strahlen). Rutherford beobachtete, dass fast alle α-Strahlen die Goldfolie ohne erkennbare Ablenkung durchdrangen. Er schloss daraus, dass die überwiegende Masse des Atoms in einem sehr kleinen Kern lokalisiert und die Hülle um den Atomkern herum weitgehend leer ist.

Das von Nils Bohr (1885 – 1962) im Jahre 1913 weiterentwickelte bohrsche Atommodell (Schalenmodell) ist mit einer Zwiebel vergleichbar: Die negativ geladenen Elektronen umkreisen den positiv geladenen Atomkern auf Kreisbahnen, den Schalen der Atomhülle. Der Atomkern setzt sich aus positiv geladenen Protonen und ungeladenen Neutronen zusammen. Jedes Atom eines Elementes verfügt über eine definierte, immer gleiche Protonenzahl. Variiert die Anzahl der Neutronen, so spricht man von Isotopen des entsprechenden Elements.

Beide Kernteilchen besitzen jeweils eine relative Masse von 1. Protonen und Neutronen bestimmen zusammengenommen die relative Masse (Massenzahl) des Atoms. Aus der Protonenzahl (Ordnungszahl im Periodensystem) und der Massenzahl errechnet sich die Anzahl der Neutronen. Da Atome nach außen hin neutral wirken, entspricht die Anzahl der Protonen der Anzahl der Elektronen. Elektronen verfügen im Vergleich zu den Kernteilchen über eine sehr viel geringere Masse.

Isotope

Ein Isotop ist ein Atom, das eine abweichende Anzahl an Neutronen im Kern aufweist. Hieraus resultiert eine höhere bzw. niedrigere relative Masse (Massenzahl). Ein Beispiel sind die Isotope des Kohlenstoffs: „normaler" Kohlenstoff besitzt zwölf Neutronen; seine Isotope 13 oder sogar 14 Neutronen. Alle Kohlenstoffatome haben sechs Protonen.

Ionen

Ionen besitzen – im Unterschied zu Atomen – eine elektrische Ladung. Sie resultiert aus einer unterschiedlichen Anzahl positiver Protonen und negativer Elektronen. Fehlen dem Ion Elektronen, so ist es positiv geladen; besitzt das Ion einen Elektronenüberschuss, so ist es negativ geladen. Positiv geladene Ionen nennt man Kationen, da sie in einem elektrischen Feld zur Kathode (Minuspol) wandern. Entsprechend heißen negativ geladene Ionen Anionen, da sie sich im elektrischen Feld zur Anode (Pluspol) bewegen.

Moleküle

Moleküle sind nach außen neutral und bestehen aus mindestens zwei Atomen. Oft liegt zwischen den Atomen eines Moleküls eine Atombindung vor. Sie lassen sich mittels chemischer Methoden in ihre Atome zerlegen. Man teilt Moleküle in Zwei-, Mehr- und Makromoleküle ein. Beispiele für zweiatomige Moleküle sind Wasserstoff (H_2) und Sauerstoff (O_2). Mehratomige Moleküle setzen sich meist aus wenigen Atomen zusammen: Kohlenstoffdioxid (CO_2), Wasser (H_2O) oder Schwefel (S_8). Zu den Makromolekülen zählt z. B. Cellulose $(C_6H_{10}O_5)_n$.

Die hier in Klammern geschriebenen Summenformeln (Molekülformeln) geben jeweils die Anzahlen der gleichartigen Atome in einem Molekül an. Zur optischen Veranschaulichung von Molekülstrukturen im Raum verwendet man Strukturformeln (Valenzstrichformeln); es sind zweidimensionale Darstellungen der Bindungsverhältnisse. Stäbchen- oder Kalottenmodelle geben die dreidimensionale Struktur von Molekülen wieder.

Stoffe, die einheitlich zusammengesetzt sind, bezeichnet man als Reinstoffe. Sie besitzen definierte physikalische Eigenschaften, wie z. B. Schmelz- und Siedepunkt oder Dichte. Reine Elementverbindungen setzen sich aus Atomen einer einzigen Atomsorte zusammen. Zu den Verbindungen unter den Reinstoffen zählen u. a. Molekülsubstanzen, wie z. B. Wasser, oder Ionensubstanzen, wie z. B. Natriumchlorid. ■

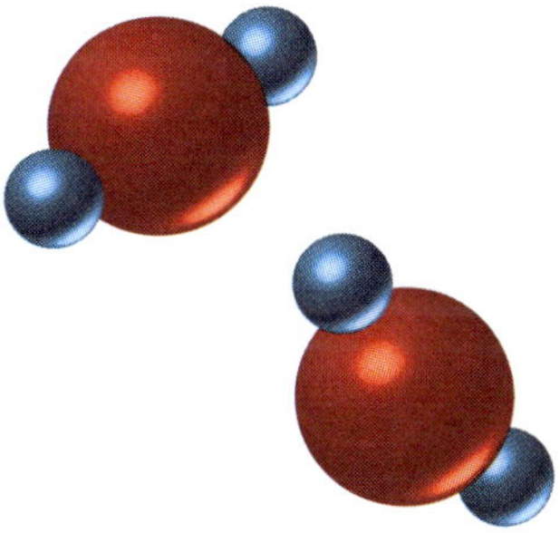

Wassermolekül

Aggregatzustände

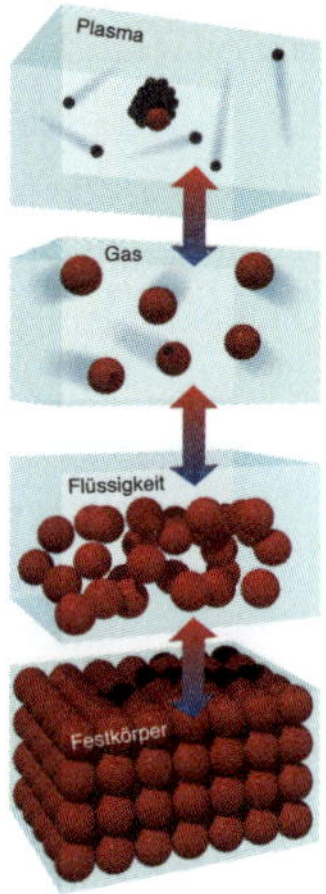

In Abhängigkeit vom Druck und der Temperatur liegen Stoffe in einem der drei Aggregatzustände vor: fest, flüssig oder gasförmig. In festem Zustand weist der Stoff eine feste Form mit einem entsprechenden Volumen auf. Der flüssige Zustand ist charakterisiert durch ein festes Volumen; seine Form passt sich jedoch an den umgebenden Raum an. Ein Gas nutzt den zur Verfügung stehenden Raum vollständig und besitzt damit weder ein festes Volumen noch eine definierte Form.

Zur Erklärung der drei klassischen Aggregatzustände zieht man das Teilchenmodell heran. Hierbei denkt man sich die Teilchen (Atome, Ionen, Moleküle) als kleine, runde Kugeln. In festem Zustand ordnen sich die Teilchen in einer regelmäßigen Struktur, einem Kristallgitter, an und besetzen feste Gitterplätze. Die Teilchen schwingen bzw. rotieren um ihre Position im Kristallgitter. Kristalline Substanzen besitzen eine Fernordnung der Teilchen, d. h. die Anordnung der Teilchen erstreckt sich über weite Kristallteile gleichförmig. Amorphen Substanzen, wie z. B. Glas, fehlt diese Fernordnung; sie verfügen lediglich über eine Nahordnung.

Nimmt die Temperatur zu, so schwingen die Teilchen schneller und ihr mittlerer Abstand zueinander nimmt zu. Mit Erreichen der Schmelztemperatur verlassen die Teilchen ihre definierten Plätze; die Gitterstruktur zerbricht und der Stoff wird flüssig. Steigt die Temperatur weiter an, so schwingen die Teilchen immer schneller und gehen schließlich am Siedepunkt in den gasförmigen Zustand über. Im Vergleich zur flüssigen Phase stoßen die Gasteilchen nur selten zusammen und verteilen sich im gesamten zur Verfügung stehenden Raum. Die Teilchen der Gasphase sind ungeordnet und bewegen sich schnell.

Bei Raumtemperatur (25 Grad Celsius) und Normaldruck (1013,25 Hektopascal) liegen unterschiedliche Substanzen in verschiedenen Aggregatzuständen vor. So ist z. B. Eisen bei Raumtemperatur fest, Wasser flüssig und Helium gasförmig.

Phasenübergänge

Ein Reinstoff verändert seinen Aggregatzustand, wenn er definierte Übergangsbedingungen (Druck und Temperatur) erreicht. Den Übergang vom festen in den

(Dichte-)Anomalie des Wassers

Eis schwimmt auf Wasser

Das Phasendiagramm von Wasser zeigt eine Besonderheit: Die Schmelzdruckkurve weicht nach links ab. Dadurch liegen sämtliche Temperaturwerte auf der Schmelzdruckkurve unterhalb der Temperatur des Tripelpunkts. Dies führt dazu, dass Eis auf Wasser schwimmt. Der Grund liegt in der geringeren Dichte von Eis; es ist leichter als Wasser.

flüssigen Zustand bezeichnet man als Schmelzen bzw. umgekehrt als Erstarren. Eine Flüssigkeit verdampft, wenn sie in den gasförmigen Zustand übergeht; das Gas kondensiert zur Flüssigkeit. Sublimiert ein Feststoff, so verändert er seinen Aggregatzustand von fest nach gasförmig; umgekehrt resublimiert ein Gas zum Feststoff.

Jeder dieser Phasenübergänge erfordert eine für die jeweilige Substanz definierte Wärmemenge oder setzt diese frei.

Phasendiagramme

Zur Veranschaulichung von Zuständen und deren zugehörigen Phasen (Aggregatzuständen) verwendet man Phasendiagramme (Zustandsdiagramme), meist Druck-Temperatur-Diagramme von Reinstoffen oder Stoffgemischen (z. B. Lösungen, Legierungen). So gibt z. B. das Eisen-Kohlenstoff-Diagramm, ein Schmelzdiagramm, Auskunft über die Qualität des herzustellenden Stahls.

Bei Reinstoffen setzt sich das Phasendiagramm aus den drei Bereichen fest, flüssig und gasförmig zusammen. Die zugehörigen Kurven, welche die Aggregatzustände voneinander abgrenzen, heißen Phasengrenzlinien. Auf ihnen existieren stets zwei Phasen im thermodynamischen Gleichgewicht nebeneinander. Am Tripelpunkt liegen sogar alle drei Phasen im Gleichgewicht vor. Am kritischen Punkt gehen die flüssige und die gasförmige Phase ineinander über und sind nicht mehr voneinander abgrenzbar.

Die Linie zwischen dem Nullpunkt und dem Tripelpunkt (Phasengrenze fest/gasförmig) heißt Sublimationsdruckkurve; die Linie zwischen dem Tripelpunkt und dem kritischen Punkt (Phasengrenze flüssig/gasförmig) nennt man Siedepunktskurve und die Phasengrenze zwischen fest/flüssig ist die Schmelzdruckkurve. Sublimations- und Siedepunktsdruckkurve fasst man manchmal als Dampfdruckkurve zusammen. ■

Stoffgemische und Trennverfahren

Stoffgemische: Luft und Nebel

Stoffgemische bestehen aus mindestens zwei unterschiedlichen Reinstoffen. Die Luft, welche Mensch und Tier atmen, ist ein Beispiel für ein Stoffgemisch aus unterschiedlichen Gasen. Sie setzt sich aus 78 Prozent Stickstoff, 21 Prozent Sauerstoff, 0,04 Prozent Kohlenstoffdioxid und geringen Anteilen einiger Edelgase zusammen. Durch physikalische Methoden lassen sich Stoffgemische in ihre Bestandteile zerlegen. Man unterscheidet homogene und heterogene Stoffgemische.

Stoffgemische, die sich aus zwei oder mehreren Bestandteilen zusammensetzen und bereits mit dem bloßen Auge oder mit optischen Hilfsmitteln als solche zu erkennen sind, nennt man heterogene Stoffgemische. Hierzu zählen Gemenge, Suspensionen, Emulsionen, Schaumstoffe, Rauch, Nebel bzw. Schäume. Gemenge bestehen aus mindestens zwei festen Stoffen, wie z. B. Granit oder Gartenerde. Feste und flüssige Stoffe bilden zusammen eine Suspension, wie z. B. Tusche oder naturtrüber Apfelsaft. Eine Emulsion erhält man durch das Mischen zweier flüssiger Stoffe. Milch ist z. B. eine Emulsion aus Fetttröpfchen in Wasser. Suspensionen und Emulsionen sind stets trübe Flüssigkeiten. Schaumstoff, wie z. B. Bauschaum, entsteht aus einem festen und einem gasförmigen Stoff. Rauch (z. B. Ruß in der Luft) besteht aus mindestens einem Feststoff und einem Gas. Flüssige und gasförmige Stoffe bilden zusammen bei größerem Gasanteil Nebel (z. B. Wasserdampf in der Luft) bzw. bei größerem Flüssigkeitsanteil Schaum (z. B. Bierschaum).

Zum Trennen solcher Stoffgemische stehen unterschiedliche Verfahren zur Verfügung, welche sich die unterschiedlichen Eigenschaften der einzelnen Stoffe zunutze machen. Hierzu zählen u. a. Teilchengröße, Siedetemperatur, Dichte, Löslichkeit oder Magnetismus. So lassen sich Bestandteile von Gemengen, Suspensionen und Rauch durch Sieben bzw. Filtrieren voneinander trennen. Suspensionen kann man eindampfen, verdunsten oder destillieren; die einzelnen Stoffe scheiden sich aufgrund ihres unterschiedlichen Siedepunktes. Trennverfahren für Suspensionen und Emulsionen sind u. a. Dekantieren, Sedimentieren und Zentrifugieren, wobei die Dichte das entscheidende Kriterium darstellt. Das Magnetscheideverfahren setzt man bei Gemengen oder Suspensionen ein, bei denen ein Bestandteil magnetische Eigenschaften aufweist.

Homogene Stoffgemische

Sind die beteiligten Substanzen eines Stoffgemisches bis zu den kleinsten Teilchen miteinander vermischt, so handelt es sich um ein homogenes Stoffgemisch. Man unterscheidet je nach dem Aggregatzustand zwischen Legierungen, Lösungen und Gasgemischen.

Legierungen setzen sich immer aus mindestens zwei festen Stoffen zusammen. Beispiele sind Bronze, Messing oder Amalgam. Lösungen bestehen entweder wie z. B. Zuckerwasser aus einem festen und einem flüssigen Bestandteil oder wie z. B. Essig aus zwei flüssigen Stoffen oder aus einem flüssigen und einem gasförmigen Stoff, wie z. B. Kohlenstoffdioxid in Wasser. Lösungen sind im Unterschied zu Suspensionen und Emulsionen immer klar. Oft sind sie jedoch farbig. Eindampfen, Verdunsten, Destillieren oder Chromatografieren eignen sich zum Trennen von Lösungen. Mischen sich zwei Gase, so spricht man von einem Gasgemisch (z. B. Luft). ■

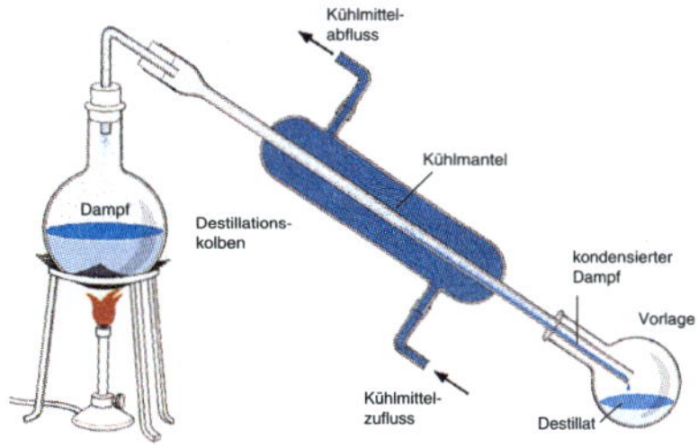

Destillation

Destillation, Zentrifugation und Chromatografie

Die Destillation ist ein thermisches Trennverfahren, das auf den unterschiedlich hohen Siedepunkten der beteiligten Flüssigkeiten beruht. Die Komponente mit dem niedrigsten Siedepunkt reichert sich in der Gasphase an. Den Dampf verflüssigt man anschließend wieder und fängt ihn als Kondensat auf.
Eine Zentrifuge nutzt, wie schon der Name verrät, die Zentrifugalkraft zum Trennen der Bestandteile einer Suspension oder Emulsion. Ein aus dem Alltag stammendes Beispiel für eine Zentrifuge ist eine Waschmaschine: Die drehende Trommel presst die nasse Wäsche an die Trommelwand und entlässt die Wassertropfen durch die Trommellöcher nach außen. Bei der Chromatografie trennt man die Bestandteile mithilfe eines Lösungsmittels. Beispielsweise kann man die einzelnen Farbbestandteile (grün, blau, gelb etc.) eines schwarzen Buntstiftflecks auf einem Filterpapier identifizieren, wenn man sie in Wasser löst.

Periodensystem der Elemente

Dimitri Mendelejew

Das Periodensystem der Elemente (PSE) gibt Antworten auf viele Fragen über die Eigenschaften und das Verhalten von Elementen sowie die Verbindungen zwischen Elementen. Ein chemisches Element ist ein Stoff, dessen Atome alle die gleiche Anzahl an Protonen im Kern enthalten. Im Periodensystem sind die Elemente nach steigender Atommasse, also zunehmender Protonenzahl, angeordnet. Mit dieser Kenntnis machten Chemiker des 19. Jh. Voraussagen über die Eigenschaften von bis dahin noch unentdeckten Elementen.

Im 18. Jh. kannte man erst 15 Elemente; die meisten Elemente entdeckte man im 19. Jh. Zu Beginn des 20. Jh. fehlten den Chemikern nur noch zehn der natürlich vorkommenden Elemente. Die ersten Versuche einer systematischen Ordnung der Elemente unternahm Johann Wolfgang Döbereiner (1780–1849). Er sortierte 1816 die Elemente nach ihrem chemischen Verhalten zu Triaden (Dreiergruppen). Um 1864 postulierte John Alexander Newlands (1838–89) das Gesetz der Oktaven, bei dem sich die Elementeigenschaften nach jedem achten Element wiederholten. Im Jahr 1869 ordneten Lothar Meyer (1830–95) und Dimitri Mendelejew (1834–1907) unabhängig voneinander die Elemente ebenfalls nach steigender Atommasse an. Mendelejew entdeckte dabei das Gesetz der Periodizität und machte zutreffende Voraussagen über die Eigenschaften der bis dahin unbekannten Elemente Gallium, Scandium und Germanium. Für diese Elemente ließ Mendelejew Lücken in seinem Periodensystem. Im Zeitraum zwischen 1894 und 1904 stieß man auf die Edelgase, welche das Periodensystem komplettierten. Die Aufklärung der atomaren Strukturen, insbesondere der Aufbau der Elektronenhülle, lieferte im Nachhinein eine Erklärung für die Periodizitäten.

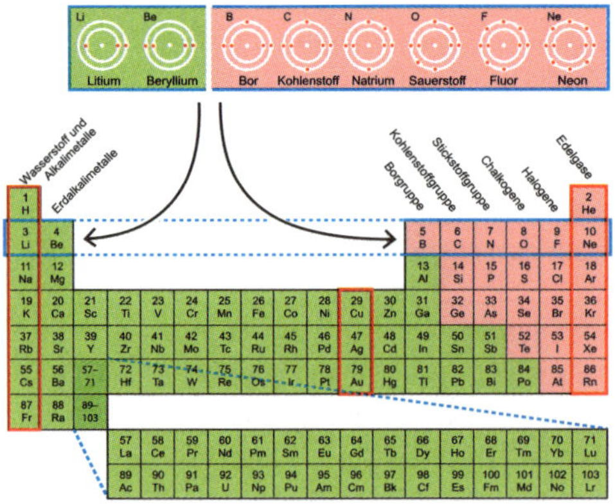

Wichtige Kennzahlen im Periodensystem der Elemente

Ordnungszahl = Anzahl der Protonen = Anzahl der Elektronen
Periodennummer = Anzahl der voll besetzten Elektronenschalen
Hauptgruppennummer = Anzahl der Außenelektronen

Aufbau des Periodensystems

Die Ordnungszahl nummeriert die Elemente aufsteigend nach ihrer Atommasse. Gleichzeitig gibt sie die Zahl der Protonen (Kernladungszahl) und – da das Atom nach außen hin neutral erscheint – die Anzahl der Elektronen an. Das Periodensystem unterteilt man in Perioden (Reihen) und Gruppen (Spalten). Die Periodennummer entspricht, in Anlehnung an das bohrsche Atommodell, der Anzahl der voll besetzten Elektronenschalen in der Atomhülle. Somit besitzt die erste Periode eine Schale, die zweite Periode zwei Schalen etc. Innerhalb einer Periode nimmt die Anzahl der Außenelektronen von links nach rechts zu; sie steigt von eins bis acht.

Die Gruppen des Periodensystems gliedern sich in acht Haupt- und acht Nebengruppen. Die Hauptgruppennummer entspricht der Anzahl der reaktionsbereiten Außenelektronen.

Oktettregel

Die Elemente streben jeweils einem Oktett (acht Elektronen auf der Außenschale) zu. Deshalb reagieren bevorzugt Elemente miteinander, die durch eine chemische Verbindung jeweils eine abgeschlossene Außenschale erhalten. Ein Beispiel: Sauerstoff besitzt sechs Außenelektronen. Er reagiert mit zwei Wasserstoffatomen, die über jeweils ein Elektron auf der Außenschale verfügen, zu Wasser. Der Sauerstoff erhält so zwei zusätzliche Elektronen und verfügt formal über acht Außenelektronen und damit über eine abgeschlossene Schale, ein Oktett.

Atomradius

Mit steigender Protonenzahl nimmt die Anziehungskraft des Atomkerns auf die Elektronenhülle zu; die Kontraktion wird stärker. Deshalb nimmt innerhalb einer Periode der Atomradius der Hauptgruppenelemente von links nach rechts ab.

Elektronegativität

Die Elektronegativität ist ein Maß für das Bestreben eine chemische Bindung einzugehen. Je größer bei gleichem Bau der Elektronenhülle die Kernladung ist, desto größer ist die Elektronegativität. Deshalb nimmt die Elektronegativität innerhalb einer Periode von links nach rechts zu. Mit jeder neuen Schale verringert sich die Anziehungskraft des Atomkerns auf die äußeren Elektronen, weshalb die Elektronegativität innerhalb der Hauptgruppen von oben nach unten abnimmt. ■

Ionenbindung

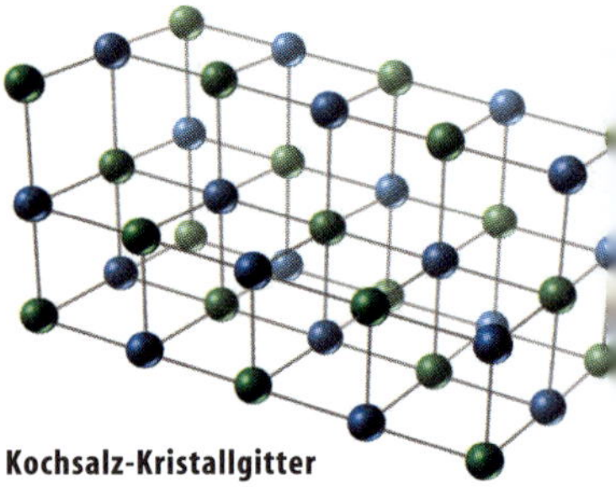

Kochsalz-Kristallgitter

Die Ionenbindung resultiert aus der elektrostatischen Anziehung von positiv und negativ geladenen Ionen. Manchmal bezeichnet man die ionische Bindung als heteropolare Bindung. Walther Kossel (1888 – 1956) formulierte diesen Bindungstyp 1916. Kationen und Anionen ziehen sich nach dem coulombschen Gesetz elektrostatisch an. Vereinigen sie sich zu einem Ionengitter, so wird Energie, die Gitterenergie, frei. Die meisten Ionensubstanzen sind Salze, wie z. B. Natriumchlorid (NaCl) oder Kaliumchlorid (KCl).

Eine Faustregel zum Bindungsverhalten der Elemente lautet: Elemente, die links im Periodensystem der Elemente stehen (Metalle), und Elemente, die rechts im Periodensystem stehen (Nichtmetalle), gehen Ionenbindungen ein. Durch solche Zusammenschlüsse erreichen beide Reaktionspartner eine abgeschlossene Außenschale (Oktett). Das Paradebeispiel für eine Ionenbindung stellt Natriumchlorid (NaCl, Kochsalz) dar. Natrium steht im Periodensystem der Elemente in der ersten Hauptgruppe; es besitzt ein Elektron auf der Außenschale.

Das Natriumatom gibt, um eine stabile Achterschale zu erreichen, dieses Außenelektron ab und bildet so ein positiv geladenes Natrium-Ion. Chlor steht in der siebten Hauptgruppe; es verfügt über sieben Außenelektronen auf der Außenschale. Nimmt das Chloratom ein Elektron auf, so entsteht ein negativ geladenes Chlorid-Ion. In einem Natriumchloridkristall liegen die Natrium- und die Chlorid-Ionen im Verhältnis 1:1 vor. Die Verbindung aus einem Natrium- und einem Chlorid-Ion stellt somit die kleinste Baueinheit dar. Zwischen diesen Baueinheiten wirken ebenfalls Anziehungskräfte, die zur Ausbildung von Ionengittern führen.

Kristallgitter

Gittermodelle stellen die beiden Ionenarten oft vereinfacht als gleich große Kugeln dar. Aus den unterschiedlichen Ionenradien ergeben sich verschiedene ionische Gittertypen. Beim Natriumchloridgitter z. B. handelt es sich um ein kubisch-flächenzentriertes Kristallgitter. Im Kochsalz besetzen Natrium-Ionen die acht Ecken eines Würfels. Außerdem befindet sich in der Mitte jeder Würfelfläche je ein Natrium-Ion. Die Chlor-Ionen bilden ebenfalls ein kubisch-flächenzentriertes Gitter. Das Gitter der Chlor-Ionen ist gegenüber dem Natrium-Ionengitter versetzt. Die Chlor-Ionen besetzten somit die Zwischenräume im Natrium-Gitter und umgekehrt.

Ein weiterer häufig vorkommender Gittertyp ist das kubisch-innenzentrierte Kristallgitter. Cäsiumchlorid (CsCl) kristallisiert in dieser Form. Die größeren Cäsium-Ionen formen den Würfel; das kleinere Chlorid-Ion befindet sich im Würfelzentrum. Sowohl das kubisch-flächenzentrierte als auch das kubisch-innenzentrierte Gitter bilden kubisch-dichteste Kugelpackungen.

Eigenschaften von Ionenbindungen

Durch die starken Anziehungskräfte im Ionengitter liegen Ionensubstanzen bei Raumtemperatur und Normaldruck in festem Zustand vor und sind meist kristallin. Salzkristalle zerbrechen leicht. Dies erklärt sich durch die Abstoßung gleich geladener Ionen bei Krafteinwirkung bzw. beim Verschieben der Schichten gegeneinander. Ionische Substanzen besitzen hohe Schmelz- und Siedepunkte, da es viel Energie kostet, die Teilchen voneinander zu trennen. Schmelzen bzw. Lösungen von Ionensubstanzen leiten den elektrischen Strom, da die Ionen über eine elektrische Ladung verfügen. Die Salze lösen sich gut in Wasser; die elektrisch geladenen Ionen treten in Wechselwirkung mit den dipolaren Wassermolekülen. Somit lösen die Wassermoleküle die Ionen aus dem Gitter.

Coulombsches Gesetz

Das coulombsche Gesetz besagt, dass die Kraft zwischen zwei Punktladungen proportional zum Produkt der beiden Ladungen und umgekehrt proportional zum Quadrat ihres Abstandes ist. Einfach ausgedrückt: Zwei Ladungen mit gleichem Vorzeichen stoßen sich ab, solche mit verschiedenem Vorzeichen ziehen sich an.

Speisesalz

Speise- oder Tafelsalz besteht hauptsächlich aus Natriumchlorid mit einem Anteil von bis zu drei Prozent anderer Salze wie z. B. Magnesiumchlorid und -sulfat. Zur Vorbeugung gegen Jodmangel wird Natriumjodat oder Kaliumjodat zugesetzt. Jodiertes Speisesalz enthält 15 bis 25 Milligramm Jod pro Kilogramm. ■

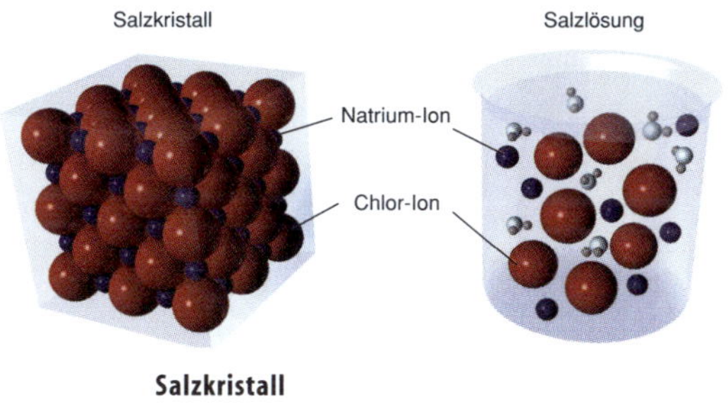

Salzkristall

Atombindung

Bei der Atombindung teilen sich Atome gemeinsame Elektronenpaare, weshalb man diesen Bindungstyp auch als Elektronenpaarbindung oder kovalente Bindung bezeichnet. Atombindungen bilden sich vor allem zwischen Nichtmetallen aus; sie finden sich entweder in molekularen Stoffen, wie z. B. Sauerstoff (O_2), oder in dreidimensionalen Atomgittern, wie es z. B. beim Diamant der Fall ist. In Abhängigkeit von der Elektronegativität der Reaktionspartner unterscheidet man zwischen unpolaren (homöopolaren) und polaren (heteropolaren) Atombindungen.

Bei einer unpolaren Atombindung nutzen beide Atome die Elektronenpaare, die sich in einer Elektronenwolke zwischen den beiden Atomen befinden, gleichberechtigt. Insbesondere Nichtmetallatome bilden Atombindungen. Charakteristische Eigenschaften von Molekülen mit Atombindungen sind niedrige Schmelz- und Siedepunkte. Außerdem sind sie Nichtleiter.

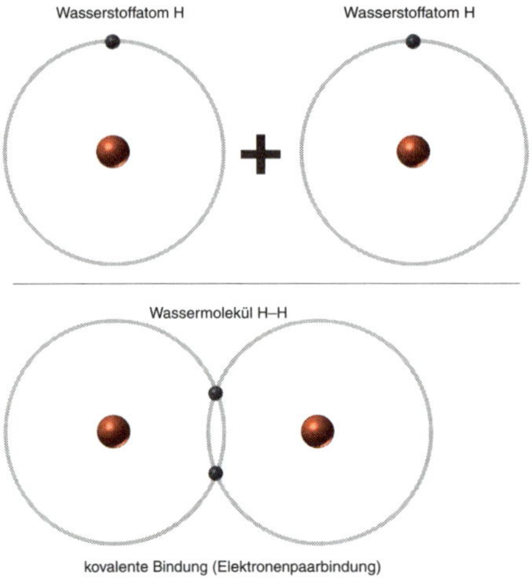

Wasserstoffmolekül

So bildet z. B. das Wasserstoffmolekül (H_2) ein gemeinsames Elektronenpaar, indem sich die Atomhüllen der beiden Wasserstoffatome teilweise durchdringen und so ein stabiles Molekül formen. Im Chlormolekül (Cl_2) teilen sich die beiden Chloratome ein gemeinsames Elektronenpaar. Im Fall der Sauerstoffbindung bilden sich Doppelbindungen aus. Die zwei Sauerstoffatome teilen sich zwei Elektronenpaare; beim Stickstoff liegen Dreifachbindungen vor: zwei Stickstoffatome teilen sich drei Elektronenpaare.

In festen Nichtmetallen liegen oft ebenfalls Atombindungen vor. So entsteht z. B. Schwefel aus acht Atomen, die sich zu einem Ring zusammenfinden, während Kohlenstoffatome im Diamant ein dreidimensionales Atomgitter bilden.

Polare Atombindung

Unterscheiden sich die Bindungspartner in ihrer Elektronegativität, ist die Elektronendichte in der Elektronenwolke ungleichmäßig verteilt und ihr Ladungsschwerpunkt ist in Richtung des elektronegativeren Partners verschoben, da das Atom mit der größeren Elektronegativität die Elektronen näher zu sich heranzieht. Dies ist z. B. im Chlorwasserstoffmolekül der Fall: Das Chloratom besitzt mit 3,0 im Vergleich zum Wasserstoffmolekül mit 2,2 eine deutlich höhere Elektronegativität. Dadurch entsteht am Chloratom eine negative und am Wasserstoffatom eine positive Ladung. Ein solches Molekül besitzt ein elektrisches Dipolmoment; man nennt es kurz Dipol. Das Wassermolekül ist ebenfalls ein Dipol. Die gemeinsamen Elektronenpaare zwischen Sauerstoff- und Wasserstoffatomen sind in Richtung des Sauerstoffs verschoben. Am Sauerstoffatom liegt so eine negative und an den Wasserstoffatomen jeweils eine positive elektrische Ladung vor.

Valenzstrichformeln

Die chemische Formelschreibweise, bei der man freie oder bindende Elektronenpaare durch Striche darstellt, nennt man Valenzstrich- oder Lewis-Formeln. Einzelne freie Elektronen kennzeichnet man durch Punkte. Namensgeber für die Lewis-Formeln ist der Amerikaner Gilbert Newton Lewis (1875 – 1946), der die Grundlagen für das Verständnis chemischer Bindungen schuf.

Die räumliche Struktur der Moleküle ergibt sich aus den jeweiligen Bindungswinkeln. Die Bindungswinkel resultieren aus der Anordnung der Elektronenwolken mit möglichst großem Abstand voneinander. So liegt z. B. im polaren Ammoniak (NH_3) ein Tetraederwinkel von 109 Grad vor.

Zwischenmolekulare Kräfte

Zwischenmolekulare Kräfte sind schwächer als Atombindungen; sie wirken zwischen einzelnen Molekülen. Man unterscheidet Van-der-Waals-Kräfte und Wasserstoffbrückenbindungen. 1869 entdeckte der Niederländer Johannes Diderik van der Waals (1837 – 1923) die Wechselwirkung von Kräften zwischen Molekülen, die später nach ihm benannten Van-der-Waals-Kräfte. Zu ihnen zählen u. a. Dipol-Dipol-Kräfte, wie sie z. B. zwischen Wassermolekülen wirken, und Ionen-Dipol-Kräfte bei z. B. Metall-Ionen in Wasser.

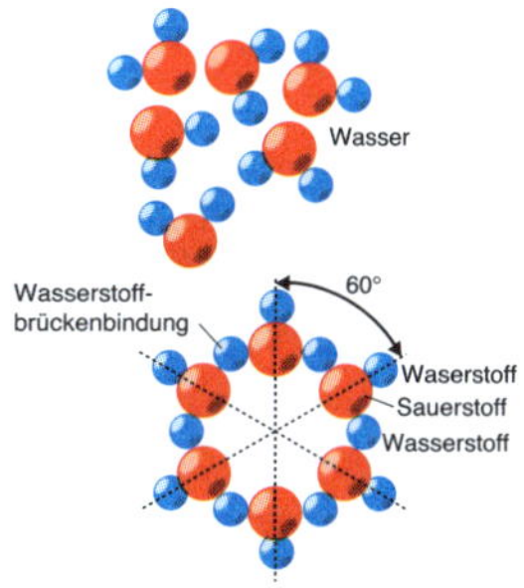

Wasserstoffbrückenbindung

Wasserstoffbrückenbindungen bilden sich oft zwischen Molekülen, in denen sich Wasserstoffatome an besonders stark elektronegative Atome, wie z. B. Fluor, Sauerstoff oder Stickstoff, binden. Wasserstoffbrücken machen einen Großteil der besonderen Eigenschaften des Wassers aus und kommen z. B. in Eiweißen und den Nukleinsäuren (DNS) vor. ■

Metallbindung

Gold

In Metallen und Legierungen (Mischungen von Metallen) liegen Metallbindungen vor. Die meisten Metalle der Hauptgruppenelemente besitzen nur ein bis drei Außenelektronen. Die Anziehungskraft des Atomkerns auf die Außenelektronen ist gering und die Metalle geben sie leicht ab. Dadurch entstehen positiv geladene Metall-Ionen (Atomrumpf) mit nahezu frei beweglichen Elektronen (Elektronengas). Das Elektronengas ist verantwortlich für viele der typisch metallischen Eigenschaften.

Die Metallatome bilden dichteste Kugelpackungen (dreidimensionale Gitter). Da die Elektronen wie in einem Gas frei beweglich sind, spricht man vom Elektronengas, das sich um die positiv geladenen Atomrümpfe bildet. Die Bindungskräfte wirken in alle Raumrichtungen gleich; dies bewirkt die relativ hohen Schmelzpunkte der Metalle. Da es keine bevorzugte Bindung zu einem bestimmten Nachbarn gibt, lassen sich einzelne Bereiche oder Schichten durch Druck gegeneinander verschieben. Hieraus resultiert die Eigenschaft der Verformbarkeit von Metallen. Die Metall-Ionen gleiten aneinander vorbei und das Elektronengas sorgt dafür, dass der Zusammenhalt im verformten Zustand erhalten bleibt. Bei hohen Temperaturen, wenn die Atomrümpfe eine hohe Eigenbewegung aufweisen, ist es besonders leicht, Verformungen zu erreichen. Eine weitere Eigenschaft der Metalle ist ihre gute elektrische Leitfähigkeit. Beim Anlegen einer äußeren Spannung gehen die Elektronen von einer ungerichteten in eine gerichtete Bewegung über. Die frei beweglichen negativ geladenen Elektronen wandern zum Plus-Pol und bewirken so einen Stromfluss. Bei höheren Temperaturen stören die Schwingungen der Atomrümpfe die freie Bewegung der Elektronen. Deshalb nimmt der elektrische Widerstand der meisten Metalle mit steigender Temperatur zu und damit die Leitfähigkeit ab. Selbst der charakteristische metallische Glanz erklärt sich über den atomaren Aufbau: Das einheitliche Elektronengas reflektiert das gesamte Spektrum des Lichts unverändert, wodurch die Metalloberflächen so stark glänzen, dass sie wie Spiegel wirken.

Metalle im Periodensystem der Elemente

Etwa 80 Prozent aller Elemente sind Metalle. Dazu zählen u. a. alle Nebengruppenelemente. Im Periodensystem der Elemente stehen die Metalle auf der linken, die Nichtmetalle auf der rechten Seite. Bei den Hauptgruppenelementen nehmen die metallischen Eigenschaften innerhalb einer Periode von links nach rechts ab. Die Ursache liegt im zunehmenden Einfluss der Atomkerne auf die Außenelektronen. Innerhalb der Hauptgruppen nimmt der Metallcharakter von oben nach unten zu, da die jeweils hinzukommende Schale die Außenelektronen von der Anziehungskraft des Atomkerns stärker abschirmt; die Elektronen der Außenschale lösen sich leichter vom Atom ab. Das Element mit dem stärksten Metallcharakter ist das Cäsium. Es steht unten links im Periodensystem der Elemente.

Kupfererz

Einteilung von Metallen

Man unterteilt die Metalle entsprechend ihrer Dichte in Schwer- bzw. Leichtmetalle und nach ihrer Reaktivität in edle und unedle Metalle. Schwermetalle weisen eine Dichte größer oder gleich 4,5 Gramm pro Kubikzentimeter auf; alle anderen zählen zu den Leichtmetallen. Schwermetalle werden z. B. bei der Metallveredelung und für die Herstellung aufladbarer Batterien gebraucht. Da viele von ihnen gesundheitsschädlich sind, ist ihre Verwendung streng reglementiert. Als Spurenelemente benötigt der Körper allerdings geringe Dosen von z. B. Zink, Chrom oder Eisen. Edelmetalle sind reaktionsträge, weshalb sie in der Natur oft als reine Elemente (gediegen) vorkommen. Zu den Edelmetallen zählen u. a. Kupfer, Silber, Gold, Palladium, Platin und Quecksilber. Unedle Metalle reagieren mit dem Luftsauerstoff; sie oxidieren. Zu ihnen gehören z. B. Eisen, Zink und Aluminium. ■

Legierungen

Legierungen (lat. legare = vereinigen) bestehen aus einer Mischung von mindesten zwei Metallen oder aus einem Metall und einem Nichtmetall, wie z. B. Stahl, der aus Eisen und Kohlenstoff hervorgeht. Man erzeugt Legierungen durch das Zusammenschmelzen zweier oder mehrerer Metalle (z. B. Messing aus Kupfer und Zink). Diese haben oft völlig andere physikalische und chemische Eigenschaften als die reinen Metalle. Vor allem die Härte ist teilweise um Größenordnungen höher. Ebenso ist vielfach die Korrosionsbeständigkeit deutlich besser. Der Schmelzpunkt von Legierungen liegt dagegen unter dem der reinen Metalle.

Chemische Reaktionen

Bei einer chemischen Reaktion erfolgt eine Stoffumwandlung. Aus den Ausgangsstoffen (Edukte) entstehen ein oder mehrere Reaktionsprodukte. Die Summe der Massen der Ausgangsstoffe ist laut dem Massenerhaltungsgesetz immer gleich der Masse der Reaktionsprodukte. Die Reaktionsgeschwindigkeit ist von der Temperatur, dem Druck und der Konzentration der Reaktionspartner abhängig. Bei jeder chemischen Reaktion erfolgt gleichzeitig eine Energieumwandlung.

Chemische Reaktionen verlaufen entweder unter Energieabgabe (exotherm) oder unter Energieaufnahme (endotherm). Eine Kerze gibt neben der Wärme Energie in Form von Licht ab. Im Fall der Zersetzung von Silberbromid ist Licht als Energielieferant notwendig.

Der Reaktionsverlauf einer exothermen Reaktion ist mit einem Ball, der über einen Hügel rollt, vergleichbar. Der Ball benötigt zunächst einen kleinen Anstoß (Aktivierungsenergie), um die Hügelkuppe zu überwinden. Bei vielen chemischen Reaktionen erfolgt die Aktivierung durch eine Temperaturerhöhung. Anschließend rollt der Ball ins Tal und gibt dabei Reibungswärme ab. Im Tal angelangt, befindet er sich – im Vergleich zur Ausgangssituation – in einem Zustand geringerer Energie. Die bei einer exothermen Reaktion abgegebene Reaktionswärme erhält ein negatives Vorzeichen. Bei einer endothermen Reaktion ist die zugeführte Aktivierungsenergie größer als die während der Reaktion freigesetzte Energie. Am Ende der Reaktion liegt ein höherer energetischer Zustand vor als vor Ablauf der Reaktion.

Explosion

Reaktionsgeschwindigkeit

Im Verlauf einer chemischen Reaktion ändert sich die Konzentration der an der Reaktion beteiligten Stoffe. Die Konzent-

Gesetz von den konstanten Proportionen

1797 formulierte Joseph-Louis Proust (1754 – 1826) das erste Gesetz der Stöchiometrie, das Gesetz der konstanten Proportionen: Jede chemische Verbindung enthält die Elemente, aus denen die Verbindung besteht, in konstanten Proportionen (Massenverhältnissen). Beispiel Wasser: Die Masse des Wasserstoffs beträgt 2 Gramm; die des Sauerstoffs 16 Gramm. Das Verhältnis von Wasserstoff zu Sauerstoff beträgt 2:16, also 1:8.

Joseph-Louis Proust

rationen der Ausgangsstoffe nehmen ab, während die der Endprodukte zunehmen. Die mittlere Reaktionsgeschwindigkeit ist der Quotient aus der Änderung der Konzentration in der zugehörigen Zeitspanne. Die Reaktionsgeschwindigkeit ist abhängig von der Temperatur und der Konzentration. Mit steigender Temperatur bewegen sich die Teilchen schneller; ihre Bewegungsenergie nimmt zu. Die Teilchen verfügen somit über die notwendige Aktivierungsenergie und stoßen häufiger miteinander zusammen. Eine höhere Konzentration der Ausgangsstoffe bewirkt einen Anstieg der Wahrscheinlichkeit für Zusammenstöße der Reaktionspartner. Mithilfe von Katalysatoren setzt man die Aktivierungsenergie herab. Dies führt ebenfalls zu einer Erhöhung der Reaktionsgeschwindigkeit.

Chemisches Gleichgewicht

Die meisten chemischen Reaktionen laufen in beide Richtungen ab; sie sind umkehrbar. Die Richtung, in welche die chemische Reaktion abläuft, hängt vom Druck, der Temperatur und der Konzentration der Teilchen ab. Ein chemisches Gleichgewicht bei umkehrbaren Reaktionen ist erreicht, wenn sowohl die Hin- als auch die Rückreaktion mit gleicher Geschwindigkeit abläuft. Die Reaktion kommt im chemischen Gleichgewicht demnach nicht zum Stillstand. Reagieren z. B. zwei Stoffe A und B in einer wässrigen Lösung zu C und D, so verschwinden die Ausgangsstoffe nicht gänzlich. Die Stoffe A und B bilden zwar neue Stoffe C und D, ein gewisser Anteil von C und D reagiert aber wieder zu A und B. Dieser Zustand wird durch das Massenwirkungsgesetz für reversible Reaktionen beschrieben:

$A + B \leftrightarrow C + D$

$K = [A] \cdot [B] / [C] \cdot [D]$

Setzt man die Stoffmengenkonzentrationen in die Gleichung ein, so erhält man die Gleichgewichtskonstante K. Nach dem von Henry Le Chatelier (1850 – 1936) im Jahre 1884 formulierten Prinzip des kleinsten Zwanges, weicht ein im Gleichgewicht stehendes Systems einem Zwang aus, und es stellt sich ein neues Gleichgewicht ein. D. h. verändert man die Konzentration eines Stoffes, so erhält man ein anderes Gleichgewicht.

Redox-Reaktionen

Die Gewinnung von Metallen aus Erzen beruht zumeist auf Redox-Reaktionen. Hierbei laufen zwei Reaktionen gleichzeitig ab: die **Red**uktion und die **Ox**idation. Bei der Reduktion gibt das Metalloxid Sauerstoff ab, während bei der Oxidation ein Element mit Sauerstoff zu einem Oxid reagiert. Auf der Produktseite entsteht somit das reine Metall, welches man direkt weiterverarbeiten kann. Bei Redox-Reaktionen ohne Beteiligung von Sauerstoff meint man mit der Oxidation die Abgabe und mit der Reduktion entsprechend die Aufnahme von Elektronen.

Antoine Laurent de Lavoisier (1743–94) bewies, dass Verbrennungsvorgänge mit einer Sauerstoffaufnahme einhergehen, und prägte den Begriff der Oxidation. Stoffe, die eine Oxidation hervorrufen, bezeichnet man als Oxidationsmittel. Entsprechend nennt man Stoffe, die eine Reduktion bewirken, Reduktionsmittel. Unter einer Oxidation bildet sich ein Oxid, während bei einer Reduktion ein Oxid zerfällt. Jede Art von Verbrennung, bei der Sauerstoff als Oxidationsmittel fungiert, ist eine Oxidation. Oxidationen bedingen immer gleichzeitig einen Reduktionsvorgang. Lässt man z. B. schwarzes Kupferoxid (CuO) mit elementarem Eisen (Fe) reagieren, so reduziert sich das Kupferoxid zu elementarem Kupfer mit rötlicher Farbe. Eisen hingegen oxidiert, wobei es eine Verbindung mit dem Sauer-

Oxidationszahl

Die Oxidationszahl gibt an, wie viele Elektronen ein neutrales Atom innerhalb einer Verbindung formal auf- bzw. abgibt. Nimmt es Elektronen auf, so ist die Oxidationszahl negativ; gibt es Elektronen ab, so ist die Oxidationszahl positiv. Die Oxidationszahlen schreibt man bei Verbindungen in römischen Ziffern hochgestellt hinter das Atomsymbol: z. B. $Mg^{+II}O^{-II}$. Steht das Elementsymbol alleine, so verwendet man arabische Ziffern: z. B. Cu^{2+}.

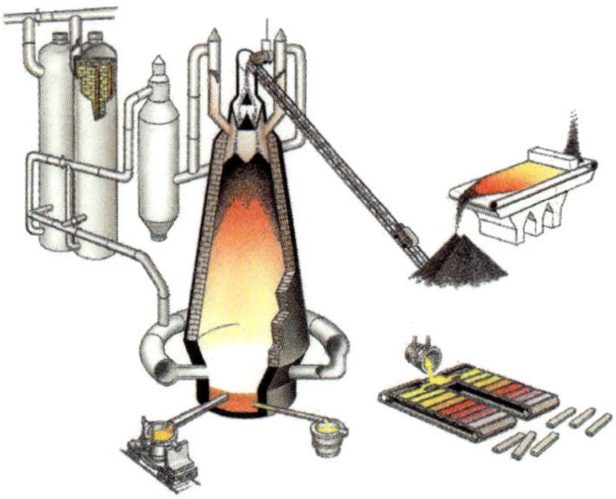

Redox-Reaktion in der Industrie: Verbrennung im Hochofen (schematische Darstellung)

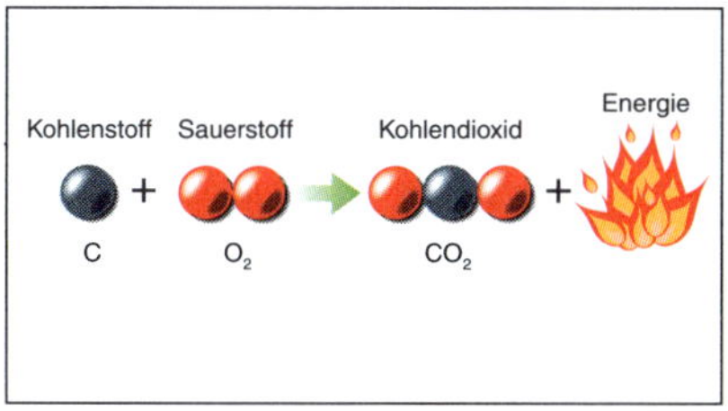

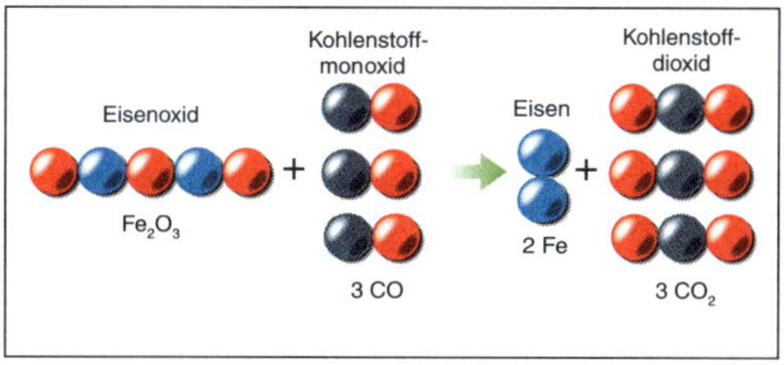

stoff eingeht und Eisenoxid (Fe_2O_3) bildet. Bei dieser Reaktion ist das Eisen das Reduktionsmittel und Kupferoxid das Oxidationsmittel. Das Oxidationsmittel wird reduziert; das Reduktionsmittel oxidiert.

Reaktionen mit Elektronenübergängen

Die Aufklärung des Atombaus führte zu einer erweiterten Fassung der Begriffe Oxidation und Reduktion. Als Oxidation bezeichnet man heute allgemein die Abgabe von Elektronen; als Reduktion entsprechend die Aufnahme von Elektronen. Teilchen, die Elektronen abgeben, nennt man Elektronendonator (lat. schenken, geben) und Teilchen, die Elektronen aufnehmen, Elektronenakzeptor (lat. empfangen). Bei der Reaktion von Magnesium (Mg) und Chlor (Cl_2) entsteht Magnesiumchlorid ($MgCl_2$). Das Magnesium gibt zwei Elektronen ab, während das Chlor diese zwei Elektronen aufnimmt. Dabei wandelt sich das Oxidationsmittel in ein Reduktionsmittel und umgekehrt. Man spricht in diesem Zusammenhang von einem Redox-Paar. Bei einer Redox-Reaktion reagieren immer zwei solcher Redox-Paare miteinander, wobei sich ein chemisches Gleichgewicht einstellt. Ein Beispiel ist die Reaktion von Magnesium (Mg) mit Salzsäure (HCl) zu Magnesiumchlorid ($MgCl_2$) und Wasserstoff (H_2). Salzsäure und Magnesiumchlorid sind beides Oxidationsmittel, während Magnesium und Wasserstoff Reduktionsmittel darstellen.

)xidation und Reduktion im Überblick

xidation = Aufnahme von Elektronen
eduktion = Abgabe von Elektronen
xidationsmittel = Stoff, der Elektronen aufnimmt
eduktionsmittel = Stoff, der Elektronen abgibt

Redox-Reihe der Metalle

Entsprechend ihrer Stellung im Periodensystem der Elemente sind Metalle bestrebt, Elektronen abzugeben bzw. aufzunehmen. Ordnet man die Metalle nach ihrer Bereitschaft Elektronen abzugeben, so erhält man die Redox-Reihe. Metalle, die leicht Elektronen abgeben, stehen links. Man bezeichnet sie als unedle Metalle; solche, die in der Reihe rechts stehen und nur schwer Elektronen abgeben, als edle Metalle:

K Ca Na Mg Al Zn Fe Pb Cu Ag Hg Pt Au

Taucht man z. B. einen Eisennagel in eine Kupfersulfatlösung ($CuSO_4$), so überzieht sich der Nagel mit einer rotbraunen Schicht. Diese Schicht ist jedoch kein Rost, sondern reines Kupfer. Denn Eisen ist bei dieser Reaktion das unedlere Metall und geht in Lösung. Es bilden sich Eisen(II)-Ionen, welche ihre Elektronen an die Kupfer(II)-Ionen abgeben: $Cu^{2+} + Fe \leftrightarrow Fe^{2+} + Cu$. ■

Elektrochemie

Elektrochemische Reaktionen sind Redox-Reaktionen, bei denen eine Umwandlung von chemischer in elektrische Energie oder umgekehrt stattfindet. Bei galvanischen Prozessen, wie z. B. in Batterien, wandelt sich chemische in elektrische Energie um. Diese Reaktionen laufen freiwillig ab. Elektrolytische Prozesse, wie z. B. die Verchromung, bewirken die entgegengesetzte Energieumwandlung. Dabei erzwingt die äußere elektrische Spannung eine chemische Reaktion.

Die elektrochemischen Redox-Vorgänge laufen an der Phasengrenze von Elektrode (Elektrodenleiter) und Elektrolyt (Ionenleiter) ab. Im einfachsten Fall besteht eine Elektrode aus einem Metallstab, der in eine wässrige Elektrolytlösung eintaucht. Dabei kann es sich z. B. um eine Silberelektrode in Silbernitratlösung, eine kupferne Elektrode in Kupfer(II)-Sulfatlösung oder eine Eisenelektrode in Eisen(II)-chloridlösung handeln. Zwischen dem festen Metall und den Metall-Ionen der wässrigen Lösung bildet sich eine Potenzialdifferenz (Elektrodenpotenzial oder elektrochemisches Potenzial) aus. Diese Potenzialdifferenz ist temperatur- und konzentrationsabhängig. Unter konstanten äußeren Bedingungen stellt sich ein Gleichgewicht ein.

Edle Metalle scheiden sich leicht elektrochemisch aus ihren Lösungen ab. Der Reduktionsprozess läuft dabei an der Elektrode ab. Unedle Metalle gehen dagegen leicht in Lösung, wodurch sich das Metall der Elektrode auflöst. An ihr läuft dann die Oxidation ab. Ordnet man die Metalle nach ihrer Oxidierbarkeit, also nach ihrer Tendenz, positiv geladene Ionen zu bilden, so erhält man die elektrochemische Spannungsreihe.

Elektrochemische Korrosion

Korrosion bezeichnet allgemein die allmähliche Zerstörung eines Stoffes durch Einwirkungen anderer Stoffe aus seiner Umgebung. Bei der elektrochemischen Korrosion löst sich eine Metalloberfläche durch elektrochemische Prozesse zunehmend auf. Die Sauerstoffkorrosion des Eisens, die in Gegenwart von Wasser abläuft, nennt man Rosten.

Elektrolyse

Unter der Elektrolyse (griech. mittels Elektrizität trennen) versteht man die Zerlegung einer chemischen Verbindung

Michael Faraday

durch elektrischen Strom. Die Grundsätze der Elektrolyse entdeckte Michael Faraday (1791–1867); er prägte die Begriffe Elektrolyse, Elektrode, Elektrolyt, Anode, Kathode, Anion und Kation. Die Elektrolyse ist die Umkehrung der Vorgänge in z. B. einer Batterie.

Galvanisches Element

Ein galvanisches Element ist eine elektrochemische Zelle. Sie besteht aus zwei miteinander kombinierten Elektroden bzw. zwei Halbzellen. Reduktion und Oxidation laufen in räumlicher Trennung ab. Durch die Verbindung der beiden Halbzellen mit einem Elektronen- und einem Ionenleiter schließt sich der Stromkreis. Jede Kombination von zwei verschiedenen Elektroden und einem Elektrolyten bezeichnet man als galvanisches Element. Mit einer galvanischen Zelle, wie z. B. einer Batterie oder einem Akkumulator, gewinnt man elektrische Energie – im Gegensatz zur Elektrolyse, die elektrische Energie verbraucht. Der Name „galvanische Zelle" geht auf den italienischen Arzt Luigi Galvani (1737–98) zurück. Er unternahm Versuche mit Froschschenkeln: die Muskeln in einer salzhaltigen Feuchtigkeit zuckten beim Kontakt mit verschiedenen Metallen. John Frederic Daniell (1790–1845) entwickelte 1836 die erste galvanische Zelle. Das Daniell-Element besteht aus einer Kupferelektrode in Kupfersulfatlösung und einer Silberelektrode in Silbernitratlösung. ■

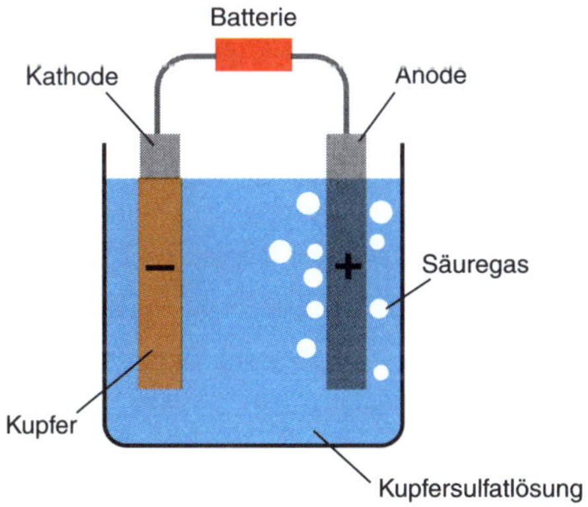

Elektrolyse

Akkumulator

Alessandro Volta (1745–1827) stellte 1799 die erste funktionierende Batterie, die voltasche Säule, her. Johann Wilhelm Ritter (1776–1810) konstruierte 1803 den Vorläufer des Akkumulators (kurz Akku). Im Gegensatz zu Batterien lassen sich Akkumulatoren mehrfach wieder aufladen. Der wohl bekannteste ist der Bleiakkumulator, welcher z. B. in Autobatterien Verwendung findet. Im einfachsten Fall handelt es sich um eine Blei- und eine Blei(IV)-Elektrode in verdünnter Schwefelsäure als Elektrolyt. Die zwischen den Elektroden ausgetauschten Elektronen betreiben z. B. eine Glühlampe. Durch Anlegen einer äußeren Spannung kehrt man den Prozess um und lädt so die leere Batterie wieder auf.

Säure-Base-Reaktionen

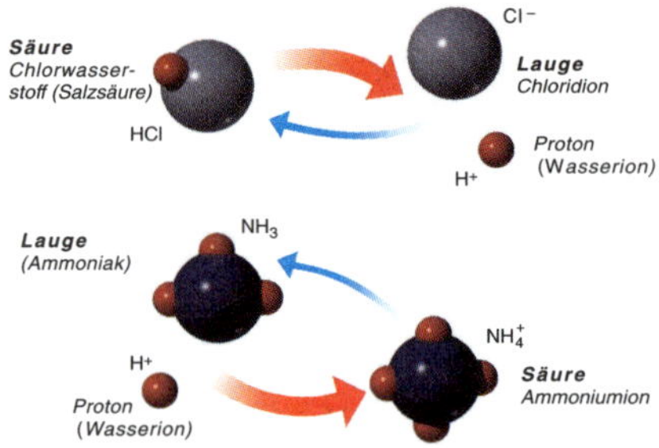

Früher verstand man unter einer Säure einen Stoff, dessen wässrige Lösung sauer schmeckte. Eine Base bezeichnete einen Stoff, dessen Lösung bitter schmeckte, sich seifig anfühlte und die Wirkung von Säuren aufhob. Zu den ältesten bekannten Säuren zählt u. a. die Essigsäure. An basischen Substanzen kannte man Kalk, Natron, Soda und Pottasche. Im Laufe der Zeit entwickelten sich verschiedene Säure-Basen-Konzepte, die auf unterschiedlichen Begriffsdefinitionen beruhen.

Nach der von dem Schweden Savante Arrhenius (1859–1927) 1878 aufgestellten Theorie dissoziieren (trennen, lösen, zerfallen) Elektrolyte in wässriger Lösung zu Ionen. Dabei bildet eine Säure in Wasser H^+-Ionen und eine Base OH^--Ionen. Die Stärke einer Säure oder Base hängt davon ab, in welchem Maß die Verbindung in Wasser dissoziiert; eine starke Säure oder Base dissoziiert vollständig. Umgekehrt entsteht durch die Reaktion einer Säure mit einer Base ein Salz. In dieser Definition beschränken sich Säuren und Basen auf Wasser als Lösungsmittel. Saure oder basische Reaktionen von Substanzen, die weder H^+- noch OH^--Ionen abgeben, erklärt dieses Modell nicht. Im Gegensatz zu späteren Modellvorstellungen sagte Arrhenius auch nichts über die Wechselwirkungen der Wasserstoff-Ionen mit den Wassermolekülen aus.

Vergleich von Redox-Reaktionen und Säure-Base-Reaktionen

	Redox-Reaktion	**Säure-Base-Reaktion**
Übertragene Teilchen	Elektronen	Protonen
Teilchendonator (Geber)	Reduktionsmittel	Säure
Teilchenakzeptor (Nehmer)	Oxidationsmittel	Base
Beispielreaktion	$Fe + Cu^{2+} \leftrightarrow Fe^{2+} + Cu$	$NH_3 + H_2O \leftrightarrow NH_4^+ + OH^-$

Definition nach Brønsted und Lowry

1923 erweiterten Johannes Nicolaus Brønsted (1879–1947) und Thomas Lowry (1874–1936) das von Arrhenius aufgestellte Säure-Basen-Konzept. Danach ist eine Säure eine Substanz, die Protonen abgibt, ein Protonendonator. Eine Base hingegen nimmt Protonen auf, sie ist ein Protonenakzeptor. Eine Säure-Base-Reaktion besteht aus einem Protonenübergang (Protolyse); die Protonen gehen von der Säure auf die Base über. Ein solcher Protonenübergang erfolgt immer zwischen einem Säure-Base-Paar, wobei sich ein chemisches Gleichgewicht einstellt. Säuren und Basen bestehen aus Molekülen oder Ionen. Wasser ist eine amphotere Substanz; je nach Reaktionspartner wirkt es als Protonendonator oder als Protonenakzeptor. So tritt Wasser in der Reaktion mit Essigsäure als Base auf; gegenüber Ammoniak verhält es sich dagegen als Säure.

Definition nach Lewis

1938/39 veröffentlichte Gilbert Newton Lewis (1875–1946) eine nochmals erweiterte Säure-Basen-Theorie, die vor allem den Begriff der Säure weiter fasste. Eine Lewis-Säure ist ein Elektronenpaar-Akzeptor; eine Lewis-Base ein Elektronenpaar-Donator. Eine Substanz, die nach Brønsted eine Base ist, ist im Lewis-Konzept ebenfalls eine Base. Sie verfügt über ein freies Elektronenpaar. Eine Säure mit einer Elektronenlücke lagert sich unter Bildung einer kovalenten Bindung an die Base an. Der Säurebegriff nach Lewis erklärt z.B. die sauren Eigenschaften von Stoffen, die nach Brønsted keine Protonendonatoren sind. Ein Beispiel: Aluminiumchlorid ($AlCl_3$) reagiert in wässriger Lösung sauer, obwohl es keinen Wasserstoff enthält. In Lösung assoziieren immer zwei $AlCl_3$-Moleküle zu einem Al_2Cl_6-Molekül. Ein Chloratom von jedem $AlCl_3$-Teilmolekül stellt dem jeweils anderen Aluminiumatom ein Elektronenpaar zur Verfügung.

Nach Arrhenius und Brønsted ist eine Säure eine Substanz, die Protonen zur Verfügung stellt; nach Lewis ist das Proton selbst die Säure. Eine Säure-Base-Reaktion ist nach Lewis eine Reaktion, bei der eine stärkere Base eine schwächere Base verdrängt. Bei der Reaktion von Salzsäure in Wasser verdrängt die stärkere Base, das Wasser, die schwächere Base, das Chlorid-Ion: $HCl + H_2O \leftrightarrow H_3O^+ + Cl^-$.

Neutralisationsreaktion

Ein Spezialfall der Säure-Base-Reaktion ist die Neutralisationsreaktion, wodurch sich u.a. die ätzende Wirkung von starken Säuren bzw. Basen aufhebt. Dabei reagieren Hydronium-Ionen (H_3O^+) mit Hydroxid-Ionen (OH^-) zu Wasser (H_2O): $H_3O + OH \rightarrow {}_2H_2O$. ■

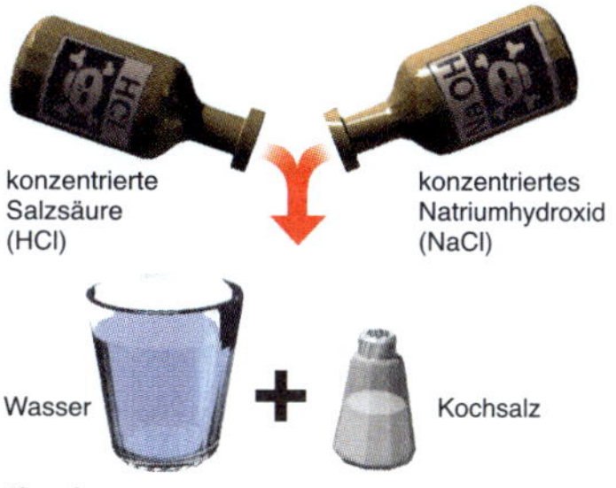

Neutralisation

Säuren, Basen und der pH-Wert

Salzsäure

Der pH-Wert ist ein Maß für die Stärke der sauren bzw. basischen Wirkung einer wässrigen Lösung; genauer ist er eine Maßzahl für die in einer Lösung enthaltenen Hydronium-Ionen, H_3O^+. Ist der pH-Wert niedriger als sieben, handelt es sich um eine Säure, ist er höher, liegt eine Base vor. Bei einem pH-Wert von genau sieben ist die Lösung neutral. Dies ist dann der Fall, wenn eben so viele Hydronium- wie Hydroxid-Ionen vorliegen. Der pH-Wert lässt sich qualitativ über Stoffe (Indikatoren), die sich bei bestimmten pH-Werten verfärben, bestimmen.

Eine starke Säure ist z.B. Salzsäure (Chlorwasserstoffsäure). Sie ist farblos bis gelblich, riecht stechend und ist ätzend. Chlorwasserstoff (HCl) reagiert mit Wasser zu Hydronium- und Chlorid-Ionen. Das Salz der Säure bilden die Chloride. Eine weitere bekannte Säure ist die Schwefelsäure. Sie ist farblos und ebenfalls stark ätzend. Im Fall der Schwefelsäure reagiert Schwefelwasserstoff (H_2SO_4) mit Wasser zu Hydronium- und Sulfat-Ionen. Das Salz der Schwefelsäure stellen die Sulfate dar. Phosphorsäure (H_3PO_4) ist ebenfalls farblos und ätzend. Sie reagiert mit Wasser stufenweise zu Hydronium- und Phosphat-Ionen. Das Salz der Phosphorsäure bilden die Phosphate. Salpetersäure (Hydrogennitrat) ist eine farblose, stechend riechende und ätzende Flüssigkeit. Hydrogennitrat (HNO_3) dissoziiert in Wasser zu Hydronium- und Nitrat-Ionen; ihre Salze sind die Nitrate. Früher bezeichnete man Salpetersäure als Scheidewasser, da man es zur Trennung von Gold und Silber nutzte. Eine schwache Säure stellt die Kohlensäure (H_2CO_3) dar. Sie ist das Reaktionsprodukt von gasförmigem Kohlenstoffdioxid mit Wasser. Ihre Salze sind die Carbonate.

Basen bzw. Laugen

Den Säuren gegenüber stehen die starken Basen bzw. Laugen. Laugen sind wässrige, alkalische Lösungen von Alkalihydroxiden. Eine unter ihnen ist die stark ätzende Natronlauge. Sie entsteht, wenn festes Natriumhydroxid (NaOH) mit Wasser reagiert. Natriumhydroxid ist weiß und stark hygroskopisch (wasseranzie-

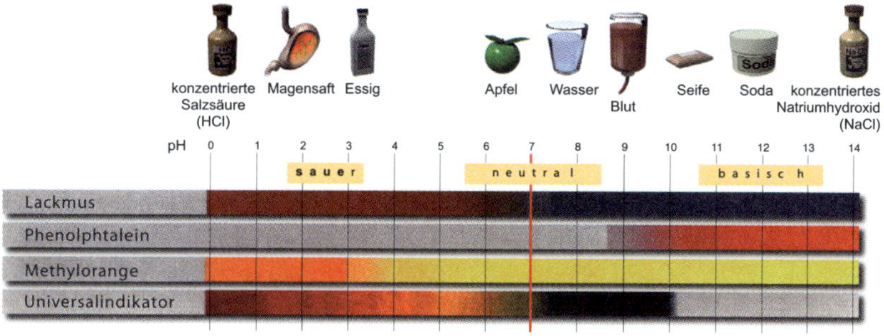

pH-Skala

hend). Ähnlich ätzend wirkt das ebenfalls weiße und hygroskopische Kaliumhydroxid (KOH), welches mit Wasser Kalilauge bildet. Eine schwach ätzende alkalische Lösung ist Calciumhydroxid (Kalkwasser), welches man aus Calciumoxid (CaO) durch Zugabe von Wasser erhält.

Universalindikator

Der pH-Wert lässt sich mit elektrischen Messgeräten genau ermitteln. Für einen Schnelltest reichen oft Farbindikatoren. Ein Indikator ist ein Stoff, der sich in einem bestimmten pH-Bereich farblich verändert. In der Praxis verwendet man Universalindikatoren, die unterschiedliche Stoffe in sich vereinen. Dazu gehören u.a. Lackmus, Phenolphtalein, Methylorange und Bromthymolblau. Lackmus ist im neutralen Zustand grün und ändert seine Farbe bei pH-Werten unter 4,5 zu Rot und über 8,3 zu Blau. Farbloses Phenolphthalein färbt sich bei pH-Werten größer als 10 pink, Methylorange geht unter einem pH-Wert von 3,1 zu Rot und über 4,4 zu Gelb über. Rötliches Bromthymolblau nimmt unterhalb von einem pH-Wert von 6,0 die Farbe Gelb und oberhalb von 7,6 die Farbe Blau an.

Natürlicher Indikator: Rotkohl bzw. Blaukraut

Ein natürlicher Indikator ist Rotkohl bzw. Blaukraut. Rotkohlextrakt zeigt durch seine jeweilige Färbung den pH-Wert einer wässrigen Lösung an. Tropft man z.B. in ein Glas Weißwein ein wenig Rotkohlextrakt, so färbt sich der Wein rot. Das liegt an den im Wein enthaltenen Säuren. Gibt man anschließend basisches Backpulver zu dem „roten" Wein, so entfärbt er sich wieder. Leicht basische Lösungen färbt Rotkohlextrakt lila, stark basische Lösungen blau-grün. ■

pH-Wert-Skala

Der Begriff pH-Wert leitet sich von „pondus hydrogenii" (lat. pondus = Gewicht; hydrogenium = Wasserstoff) ab.
pH-Wert < 7, sauer: Konzentration der H_3O^+-Ionen ist größer als die der OH^--Ionen
pH-Wert = 7, neutral: Konzentration der H_3O^+-Ionen ist gleich der der OH^--Ionen
pH-Wert > 7, basisch: Konzentration der H_3O^+-Ionen ist kleiner als die der OH^--Ionen
Die meisten wässrigen Lösungen bewegen sich in einem pH-Bereich von Null (stark sauer) und 14 (stark basisch).

Analytische Chemie

Die Analytik befasst sich mit der Zusammensetzung und Quantifizierung von Stoffen. Als Begründer der analytischen Chemie gilt der Schwede Torben Olof Bergman (1735 – 84). Zu den Aufgaben der Analytik zählen u. a. die Identifikation von Stoffen durch Nachweisreaktionen, die Feststellung des Reinheitsgrads eines Stoffs, die Aufstellung von chemischen Formeln und die Bestimmung physikalischer Eigenschaften wie z. B. der Löslichkeit oder der Siede- und Schmelzpunkte.

Die qualitative Analyse beschäftigt sich mit dem Nachweis chemischer Elemente, funktioneller Gruppen oder Verbindungen, ohne deren Mengenverhältnisse zu berücksichtigen. Solche Analysemethoden setzt der Mensch ein, seitdem er Handel treibt. So lernte man nach der Entdeckung der Salpetersäure im 13. Jh. Silber- von Goldlegierungen zu unterscheiden. Denn Silber löst sich in Salpetersäure (HNO_3), Gold jedoch nicht. Erst im 15. Jh. fand man heraus, dass Königswasser (ein Gemisch aus Salpeter- und Salzsäure) den König der Metalle – das Gold – löst. Robert Boyle (1627–91) entwickelte 1685 den ersten echten Analysegang, bei dem er Wasser auf seine Qualität untersuchte: Er maß die Temperatur und bestimmte Dichte, Farbe, Geruch sowie die Wirkung auf die Haut. Anschließend führte er einen Test mit Galläpfelsäure durch: Sind im Wasser Eisensalze enthalten, so färbt es sich schwarz; sind Kupfersalze enthalten, färbt es sich dunkelrot. In einem letzten Test ermittelte Boyle den pH-Wert des Wassers: Verfärbt sich das Wasser durch Zugabe von Veilchen- oder Rotkohlsaft grün, so ist es basisch.

Seit 1832 gelingt in der Kriminalistik der Nachweis von Arsen mittels der marshschen Probe. Bis dahin ließ sich Arsen als Mordmittel nur schwer nachweisen. Bei der marshschen Probe setzt man der zu analysierenden Substanz Salzsäure und ein Stück Zink zu. Es entsteht Arsenwasserstoff. Beim Erhitzen des Stoffgemischs schlägt sich das Arsen als Metallspiegel auf einer Porzellanoberfläche nieder.

Fällungsreaktionen

Im Verlauf des 19. Jh. entdeckte man zunehmend Nachweismethoden für einzelne Substanzen. Um zu verhindern, dass bestimmte Stoffe bei Nachweisreaktionen störten, entwickelte man ein systematisches Trennsystem. Dieses basiert auf Fällungsreaktionen, wobei sich durch Zugabe von Fällungsmitteln Niederschläge in der Lösung bilden. Ein Beispiel für den Nachweis von Chlorid in Wasser ist die Zugabe von Silbernitrat ($AgNO_3$). Die Chlorid-Ionen verbinden sich mit den Silber-Ionen zu Silberchlorid (AgCl), welches in der Wasserprobe als schwer löslicher, weißer Niederschlag ausflockt. In einem zweiten Schritt bestimmt man durch Filtrieren, Trocknen und Wiegen des ausgefällten Silberchlorids rechnerisch den exakten Chloridgehalt.

Quantitative Analyse

Bei der quantitativen Analyse stellt sich die Frage nach der Menge eines in der Probe enthaltenen Stoffs. Die Massenbestimmung erfolgt entweder über die chemische Umsetzung oder mittels physikalischer Analysemethoden. Bei den chemischen Stoffumsetzungen bestimmt man die Masse bzw. das Volumen des gesuchten Stoffs und errechnet auf stöchiometrischem Wege (mathematisch auf Grundlage der Reaktionsgleichung) die konkreten Anteile der an einer Reaktion beteiligten Stoffe. Die Gravimetrie bzw. Gewichtsanalyse ist ein solches quantitatives Verfahren. Dabei fällt man Ionen bzw. Moleküle aus, filtriert den Feststoff heraus, wäscht und trocknet ihn und bestimmt durch Wiegen seine Masse. Über die bekannte Reaktionsformel (Summenformel) bestimmt man rechnerisch den Anteil des Ausgangsstoffs. Ein weiteres Analyseverfahren stellt die Volumetrie bzw. Maßanalyse dar. Die Ermittlung des Stoffmengeanteils einer Substanz erfolgt hierbei u.a. durch Titration. Der Probensubstanz gibt man einen Indikator zu. Dieser schlägt farblich um, sobald man die Äquivalentstoffmengen erreicht.

Physikalische Analysemethoden

Mittels physikalischer Analysemethoden misst man konzentrationsabhängige physikalische Eigenschaften, aus denen man anschließend eine Konzentration oder Masse berechnet. Man unterscheidet zwischen elektroanalytischen und spektroskopischen Methoden. Zu den spektroskopischen Methoden zählen z.B. Atomspektroskopie oder Röntgenfluoreszenzanalyse. ■

Thermodynamik

Die Thermodynamik ist ein Teilgebiet der physikalischen Chemie, die einen Grenzbereich zwischen Physik und Chemie darstellt. Die Thermodynamik oder Wärmelehre ist die Lehre von der Energie. Sie erklärt, warum bestimmte chemische Reaktionen spontan ablaufen, andere jedoch nicht. Chemische Systeme kennzeichnet man durch die Zustandsgrößen Druck, Temperatur, Volumen, Teilchenzahl, Stoffmenge, Dichte, innere Energie, Enthalpie und Entropie.

Bei der thermodynamischen Untersuchung von Stoffen und Stoffumwandlungen unterscheidet man zwischen offenen, geschlossenen und abgeschlossenen Systemen. Bei einem offenen System finden Stoff- und Energieübergänge über die Systemgrenzen hinweg statt. Ein Beispiel für ein offenes System ist das Verbrennen von Erdgas in einem Heizkessel, wobei man Erdgas und Luft dem System von außen zuführt und das System die Verbrennungsprodukte, wie z.B. Kohlenstoffdioxid, an die Umgebung abgibt. Außerdem entweicht ständig Energie in Form von Wärme aus dem System.

Ein geschlossenes System ist gekennzeichnet durch Energieaustausch über die Systemgrenzen hinweg; ein Stofftransport findet jedoch nicht statt. Die Reaktion von Schwefel- mit Eisenpulver ist ein solches System: Der Energieübergang erfolgt in Form von Wärme und Licht; die beteiligten Stoffe verbleiben im geschlossenen System.

Ein abgeschlossenes System zeichnet sich dadurch aus, dass weder Stoff- noch Energieaustausch mit der Umgebung stattfinden. Eine Thermoskanne stellt so

Kinetik

Die Kinetik ist ebenfalls ein Teilgebiet der physikalischen Chemie und beschäftigt sich mit dem zeitlichen Ablauf von chemischen Reaktionen und den physikalisch-chemischen Vorgängen, wie der Diffusion oder der Stoffabscheidung an Oberflächen.

ein abgeschlossenes System dar. Der Energiegehalt in einem abgeschlossenen System bleibt gleich. Hieraus ergibt sich der erste Hauptsatz der Thermodynamik. Der Satz der Energieerhaltung lautet: Energie lässt sich weder erzeugen noch vernichten; man kann sie lediglich in andere Energieformen überführen.

Zweiter Hauptsatz der Thermodynamik

Der erste Hauptsatz macht keine Aussage über die Richtung, in die eine chemische Reaktion abläuft. Alle Naturprozesse verlaufen jedoch gerichtet. So vermischen sich zwei Gase ebenso wie zwei Flüssigkeiten. Eine spontane Umkehrung, in diesem Fall eine Entmischung der Gase bzw. Flüssigkeiten, findet nicht statt. Bei Prozessen mit Wärmeübergang geht die Wärme stets vom System höherer Temperatur auf das System niedrigerer Temperatur über. Solche Ausgleichsvorgänge lassen sich nur unter Aufwand von Arbeit rückgängig machen, wobei stets ein Verlust an Energie (meist in Form von Wärme) auftritt. Reale Vorgänge sind demnach immer irreversibel. Reversible Prozesse stellen einen idealisierten Grenzfall realer Vorgänge dar. Diese Feststellung führte zum zweiten Hauptsatz der Thermodynamik: Bei Vorgängen in einem abgeschlossenen System bleibt die Entropie (Maß für die Unordnung) bei reversiblem (umkehrbarem) Verlauf konstant, beim tatsächlichen (irreversiblen) Ablauf in Natur und Technik nimmt die Entropie stets zu. Somit ist Energie nicht in beliebigem Maße in andere Arten umwandelbar.

Dritter Hauptsatz der Thermodynamik

Max Planck

Walther Nernst (1864–1941) schlug 1906 die Formulierung des dritten Hauptsatzes der Thermodynamik vor: Der absolute Nullpunkt der Temperatur ist unerreichbar. 1911 verschärfte Max Planck (1858–1947) die Formulierung. Danach wird die Entropie in der Nähe des absoluten Nullpunkts unabhängig von thermodynamischen Parametern und somit konstant. Anders ausgedrückt: Die Entropieänderung des Systems strebt bei Annäherung an eine Temperatur von 0 Kelvin gegen null.

Nullter oder vierter Hauptsatz der Thermodynamik

Dieses Gesetz entdeckte man erst nach den drei anderen Hauptsätzen. Da es aber eine wichtige Basis bildet, bezeichnete man es später als den nullten Hauptsatz. Es erklärt, warum ein Thermometer, das in Kontakt mit dem zu messenden Objekt steht, die Temperatur angibt. Der nullte Hauptsatz der Thermodynamik lautet: Stehen zwei Systeme mit einem dritten im thermischen Gleichgewicht, so stehen sie auch untereinander im thermischen Gleichgewicht. ■

Organische Chemie

Organische Substanz: Steinkohle

Bis zum Beginn des 19. Jh. glaubte man an eine geheimnisvolle „Lebenskraft", welche die Bildung der organischen Stoffe beeinflusste. Friedrich Wöhler (1800 – 82) widerlegte diese Theorie 1828 durch die Synthese von organischem Harnstoff aus einer anorganischen Verbindung, dem Ammoniumcyanat. Obwohl es keine klare Grenze zwischen der Anorganik und der Organik gibt, behielt man die historische Bezeichnung „organische Chemie" bei und meint damit heute sämtliche Kohlenstoffverbindungen.

Es existieren mehr als 13 Millionen organische Kohlenstoffverbindungen, wobei ständig neue hinzukommen. Demgegenüber stehen rund 200.000 anorganische Nicht-Kohlenstoffverbindungen. Zu den organischen Substanzen zählen u.a. die fossilen Brennstoffe Kohle, Erdgas und Erdöl sowie viele künstlich hergestellte Stoffe mit technischer Bedeutung. Als Beispiel seien Chemiefasern, Kunststoffe sowie der Einsatz organischer Verbindungen in Reinigungsmitteln, Medikamenten und Insektiziden genannt. Außer dem Hauptelement Kohlenstoff enthalten organische Verbindungen u.a. Wasserstoff, Sauerstoff, Stickstoff und Schwefel sowie Phosphor und Halogene, wie z.B. Chlor. Entsprechend dem Grundgerüst der Kohlenstoffe unterscheidet man kettenförmige von ringförmigen Kohlenwasserstoffen.

Kettenförmige Kohlenwasserstoffe

Die Gruppe der kettenförmigen Kohlenwasserstoffe gliedert sich in gesättigte und ungesättigte. Als gesättigt bezeichnet man eine Kohlenwasserstoffverbindung mit Einfachbindungen zwischen den Kohlenstoffatomen. Sie sind ungesättigt, wenn sie Doppel-, Dreifach- oder Mehrfachbindungen enthalten. Alkane gehören zu den gesättigten Kohlenwasserstoffen, während Alkene und Alkine ungesättigte Kohlenwasserstoffe darstellen. Zu den Alkanen zählen u.a. Methan, Ethan, Propan, Butan und Pentan. Die allgemeine Summenformel der Alkane lautet: C_nH_{2n+2}.

Die ungesättigten Alkene, wie z.B. Ethen, Propen oder Buten, verfügen über mindestens eine Doppelbindung zwi-

Kunststoffe

Kunststoffe sind synthetisch erzeugte Makromoleküle (Polymere) mit organischen Gruppen. Man unterteilt sie in bruchsichere, durch Hitze verformbare Thermoplaste, nichtverformbare Duroplaste und verformbare Elastomere, die ihre ursprüngliche Form wieder annehmen. Plastiktüten und Getränkeflaschen zählen zur Gruppe der Thermoplaste, während Gummibänder den klassischen Elastomeren angehören. Schutzhelme und Karosserieteile fertigt man meist aus Duroplasten.

schen zwei benachbarten Kohlenstoffatomen. Ihre allgemeine Summenformel lautet: C_nH_{2n}.

Die ebenfalls ungesättigten Alkine weisen in ihrem Molekül mindestens eine Dreifachbindung zwischen zwei benachbarten Kohlenstoffatomen auf. Es sind u.a. Ethin, Propin und Butin. Ihre allgemeine Summenformel lautet: C_nH_{2n-2}.

Ringförmige Kohlenwasserstoffe

Ringförmige Kohlenwasserstoffe bezeichnet man auch als cyclische Kohlenwasserstoffe. Sie unterteilen sich in alicyclische, die Cycloalkane sowie die Cycloalkene, und die aromatischen Kohlenwasserstoffe. Cycloalkane sind ringförmige, gesättigte Kohlenwasserstoffe: Cyclopropan, -butan und -pentan. Sie verfügen ausschließlich über Einfachbindungen zwischen den ringförmig angeordneten Kohlenstoffatomen. Ihre allgemeine Summenformel lautet (wie die der Alkene): C_nH_{2n}.

Als Cycloalkene gelten ringförmige, ungesättigte Kohlenwasserstoffe, wie z.B. Cyclopropen, -buten und -penten. Sie weisen mindestens eine Doppelbindung zwischen den Kohlenwasserstoff-Atomen auf. Ihre allgemeine Summenformel lautet (wie die der Alkine): C_nH_{2n-2}.

Aromate stellen besonders stabile, ringförmige, ungesättigte Verbindungen dar. Zu ihnen gehört u.a. Benzol mit der Summenformel C_6H_6.

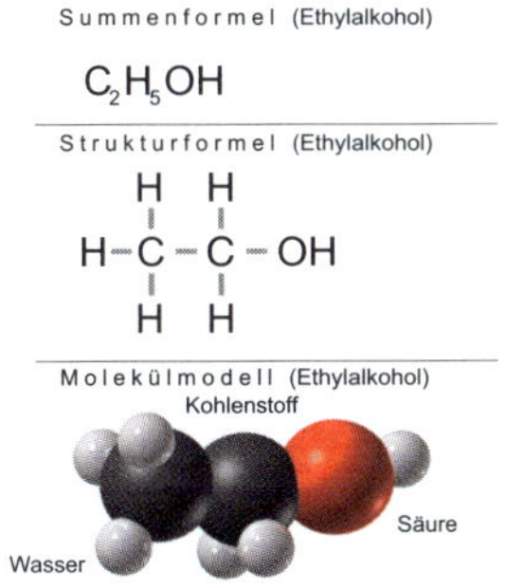

Alkohole und Co.

Eine weitere große Stoffgruppe der organischen Verbindungen bilden solche mit funktionellen Gruppen. Dies sind Atome oder Atomgruppen, welche insbesondere die Stoffeigenschaften und das Reaktionsverhalten der Verbindungen maßgeblich bestimmen. In diese Stoffklasse fallen u.a. Alkohole (z.B. Ethanol), Phenole, Amine, Ether, Aldehyde, Ketone und Carbonsäuren. Alkohole verfügen über die funktionelle Hydroxylgruppe (OH); Carbonsäuren über die Carboxylgruppe (COOH).

Biochemie

Die Biochemie ist die Lehre von den chemischen Vorgängen in Lebewesen. Sie stellt einen Grenzbereich zwischen den Forschungsgebieten Chemie, Biologie und Physiologie dar und ging aus der physiologischen Chemie hervor. Die Biochemie beschäftigt sich mit den Nukleinsäuren, Proteinen (Eiweiße), Lipiden (Fette) und Kohlenhydraten sowie deren Derivaten, welche man als Biomoleküle bezeichnet. Zu den biochemischen Prozessen zählen somit sämtliche Stoffwechselvorgänge in Lebewesen.

Kohlenhydratmolekül

Kohlenhydrate oder Saccharide sind vorwiegend Zucker. Sie stellen den größten Anteil der Nahrung dar. Zu ihnen gehören u. a. die verschiedenen Zuckerformen, Ballaststoffe und Zellulosen. Kohlenhydrate setzen sich aus den Elementen Kohlenstoff, Sauerstoff und Wasserstoff zusammen. Man unterteilt sie nach der Zahl der Kohlenhydratbausteine in Monosaccharide (Einfachzucker), Disaccharide (Zweifachzucker) und Polysaccharide (Mehrfachzucker). Am häufigsten findet man Monosaccharide, wie z.B. Glucose (Traubenzucker) oder Fruktose (Fruchtzucker). Sie bestehen aus einem Ring mit sechs Kohlenstoffatomen. Disaccharide, wie z. B. Saccharose (Rohrzucker) oder Maltose (Malzzucker), setzen sich aus zwei miteinander verknüpften Ringen zusammen. Die Polysaccharide Stärke, Zellulose und Chitin bestehen aus einer ganzen Reihe miteinander verknüpfter Kohlenstoffringe.

Proteine

Proteine bzw. Eiweiße sind Makromoleküle aus Kohlenstoff, Wasserstoff, Sauerstoff, Stickstoff und manchmal Schwefel. Es handelt sich um durch Peptidbindungen (NH-CO) miteinander verknüpfte Aminosäuren. Die Peptidbindung bildet sich zwischen der Carboxylgruppe (COOH) einer Aminosäure und einer Aminogruppe (NH_2) einer zweiten Aminosäure. Ein Beispiel für ein Polypeptid stellt das Insulin dar. Makromoleküle mit mehr als 100 Aminosäureresten bezeichnet man als Protein. Aufgrund ihrer Größe bilden sie komplizierte räumliche Strukturen, die man in Primär-, Sekundär-,

Tertiär- und Quartärstrukturen einteilt. Das Hämoglobin ist ein Beispiel für ein Protein in Quartärstruktur. Eiweiße sind äußerst empfindlich gegenüber Hitze und Chemikalien. Ihre Zerstörung bzw. strukturelle Veränderung bezeichnet man als Denaturierung. Sie ist stets irreversibel. Einige Proteine der roten Blutkörperchen denaturieren bereits bei 42 Grad Celsius, weshalb hohes Fieber lebensgefährlich ist.

Lipide

Lipide bzw. Fette bezeichnen Naturstoffe, die sich wegen ihrer geringen Polarität nicht in Wasser lösen. Da sich ihre elektrische Ladung über das Molekül gleichmäßig verteilt, lösen sie sich gut in unpolaren Lösungsmitteln wie z. B. Benzin, Benzol, Ether oder Chloroform. Kennzeichen der Lipide ist die Carboxylgruppe (COOH) im Molekül. Man unterteilt die Lipide in gesättigte und ungesättigte Fette. Gesättigte Fette verfügen ausschließlich über Einfachbindungen. Bei den ungesättigten Fetten unterscheidet man zwischen einfach ungesättigten Fetten mit einer Mehrfachbindung im Molekül und mehrfach ungesättigten Fetten mit mindestens zwei Mehrfachbindungen. Tierische Fette enthalten gegenüber pflanzlichen Fetten einen größeren Anteil an gesättigten Fettsäuren. Pflanzliche Fette nennt man oft Öle, da sie fast immer flüssig sind. Fette, die der Mensch nicht selbst produzieren kann, bezeichnet man als essenziell. ■

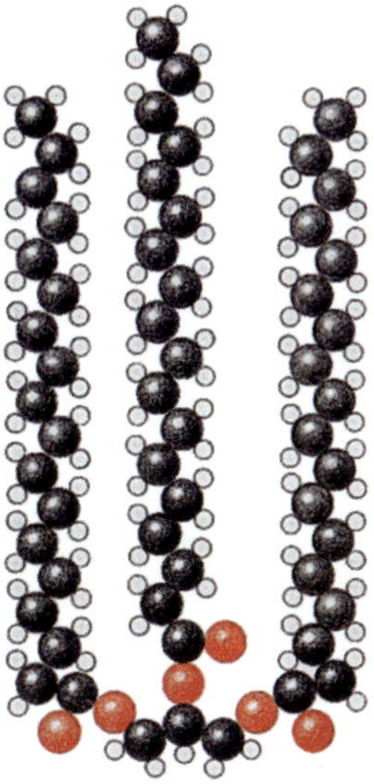

Fettmolekül

Vitamine

Vitamine sind organische Verbindungen, die der Körper für Stoffwechselfunktionen benötigt, jedoch nicht selbst synthetisieren kann; man führt sie über die Nahrung zu. Ihre Aufgabe liegt in der Regulierung der Verwertung von Nährstoffen (Kohlenhydrate, Eiweiße und Mineralstoffe) sowie deren Ab- bzw. Umbau. Sie tragen damit entscheidend zum zellulären Energiegewinn bei. Man unterteilt die Vitamine in fettlösliche und wasserlösliche Vitamine. Zu den fettlöslichen Vitaminen zählen u. a. A, D, E und K. Wasserlöslich sind die Vitamine der B-Gruppe sowie das Vitamin C, die Ascorbinsäure. Sie kommt vor allem in Obst und Gemüse vor. Ein Mangel an Vitamin C löst Skorbut aus. Diese Vitaminmangelkrankheit galt bis ins 18. Jh. als eine der häufigsten und tödlich verlaufenden Seefahrerkrankheiten.

Umweltchemie

Ende der 1960er-Jahre entwickelte sich die Umweltchemie als eigenständiger Forschungsbereich aus der „ökologischen Chemie". Sie befasst sich mit dem Verhalten, den Auswirkungen sowie dem Verbleib von (chemischen) Stoffen in Ökosystemen. Viele der natürlichen Stoffe sind in Stoffkreisläufe eingebunden. Der Mensch beeinflusst diese Kreisläufe in vielfältiger Weise, z. B. durch Umweltverschmutzungen. Zu den wichtigsten Stoffkreisläufen zählen der Wasser-, Kohlenstoff- und Stickstoffkreislauf.

Wasser hat für Mensch und Tier große Bedeutung: Es wirkt mit an Wetter und Klima, gestaltet Landschaften durch den Prozess der Erosion, verfügt über weitreichende wirtschaftliche Bedeutung in Land-, Forst- und Energiewirtschaft und besitzt kulturelle Bedeutung bei der Besiedlung von Gebieten. Wasser bedeckt zu etwa 72 Prozent die Erdoberfläche. Der größte Anteil entfällt auf die Ozeane. Die Zirkulation des Wassers vollzieht sich im Prinzip zwischen Meer und Festland. Der Wasserkreislauf bezieht die gesamte Hydrosphäre, bestehend aus Oberflächenwasser, atmosphärischem und unterirdischem Wasser, mit ein. Im Wasserkreislauf geht kein Wasser verloren, es ändert lediglich seinen Aggregatzustand: An der Meeresoberfläche verdunstet Wasser; es reichert die Luft mit Feuchtigkeit an. Wind transportiert die feuchte Luft, die Wolken bildet, zu den Küsten. Dort fällt es als Niederschlag in Form von Regen oder Schnee auf die Erdoberfläche. Ein Teil des Wassers versickert im Boden, ein anderer Teil gelangt über die pflanzliche Transpiration zurück in die Atmosphäre. Das Grundwasser sammelt sich in Bächen und Flüssen, die wiederum ins Meer münden und so den Wasserkreislauf schließen.

Kohlenstoffkreislauf

Der Kohlenstoffkreislauf unterteilt sich in einen biologischen und einen geologischen Kreislauf. Im biologischen Kreislauf produzieren die grünen Pflanzen aus dem Kohlenstoffdioxid der Luft das Fotosyntheseprodukt Glucose. Pflanzen und Tiere ernähren sich von den organischen Kohlenstoffverbindungen; sie gewinnen so Energie und geben als Abfallprodukt Kohlenstoffdioxid an die Atmosphäre ab. Im geologischen Kreislauf löst sich atmosphärisches Kohlenstoffdioxid in Gewässern; es entsteht Kohlensäure, die schwer lösliche Karbonate bildet. Daneben stellen fossile Brennstoffe einen enormen Kohlenstoffspeicher dar. Durch Verbrennung gelangt der gebundene Kohlenstoff wieder in die Atmosphäre.

Der Mensch beeinflusst den natürlichen Kohlenstoffkreislauf durch Brandrodungen und den zusätzlichen Kohlenstoffdioxid-Ausstoß durch Industrie und Verkehr. Hierdurch verstärkt sich der natürliche Treibhauseffekt. Der Mensch beteiligt sich somit maßgeblich an einer Klimaveränderung.

Stickstoffkreislauf

Stickstoff benötigen alle Lebewesen zum Aufbau von Aminosäuren, welche die Baueinheiten der Proteine (Eiweiße) darstellen. Der größte Anteil des irdischen Stickstoffs – gute 99 Prozent – kommt in der Atmosphäre vor. Nur wenige spezielle Bakterien, wie z.B. Cyanobakterien, sind in der Lage, aus Luftstickstoff über den Prozess der Nitrifikation Nitrat-Ionen herzustellen. Die meisten Pflanzen nehmen zusammen mit dem Wasser gelöste Stickstoffverbindungen, wie z.B. Ammonium, auf und bilden daraus Eiweiße. Tiere ernähren sich von Pflanzen und wandeln die pflanzlichen Eiweiße in körpereigene organische Stickstoffverbindungen um. Von Tieren ausgeschiedene Stickstoffverbindungen (u.a. Harnstoff) und tote organische Substanzen zersetzen Mikroorganismen und überführen dabei die Stickstoffverbindungen wieder in Nitrat- und Nitrit-Ionen.

Die Überdüngung von Böden und Gewässern bezeichnet man als Eutrophierung. Nitratauswaschungen aus Böden belasten die Gewässer, und Stickoxide in der Luft wirken als Säurebildner, wodurch es zum sogenannten sauren Regen kommt.

Die größten Chemieunfälle

Schweizerhalle, Schweiz (1986): Nach einem Brand in einem Chemielager gelangte Löschwasser mit rund 30 Tonnen Pestiziden in den Rhein, was ein großes Fischsterben auslöste.
Bhopal, Indien (1984): Eine Methylisocyanatwolke ergoss sich wegen eines Störfalls über ein Wohngebiet.
Oppau, Deutschland (1921): Beim Einsatz von Sprengkapseln detonierte ein ganzes Lager.

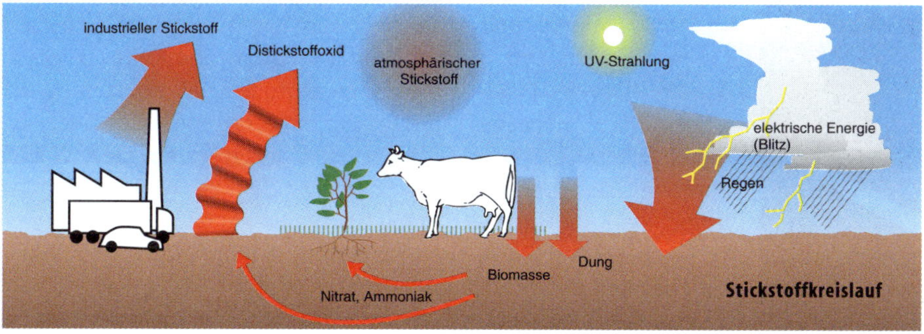

Stickstoffkreislauf

Chemie im Alltag

Ob in Arzneimitteln, in Lebensmitteln, beim Kochen, Backen und Braten, beim Putzen, Waschen und Reinigen von Textilien, in der Landwirtschaft als Dünger, in Kosmetika, beim Haarefärben oder beim Schwimmen im Hallenbad – überall ist Chemie zugegen. Einer der wichtigsten Schritte in der kulturellen Entwicklung des Menschen beruhte wohl auf der Fähigkeit zur Kontrolle über das Feuer. Bereits die ersten Steinzeitmenschen nutzten es zur Erzeugung von Wärme, Zubereitung von Speisen und Abwehr von Feinden. Doch erst im 19. Jh. erfand man das Streichholz.

Reibungsstreichhölzer kann man an jeder rauen Oberfläche entzünden. Sie enthalten Phosphor und Kaliumchlorat, welche beim Reiben miteinander reagieren und das Zündholz entflammen. Damit sie sich nicht ungewollt entzünden, vertreibt man heute fast ausschließlich Sicherheitszündhölzer. Sie lassen sich nur an speziellen Reibflächen entflammen. Für den Zündkopf verwendet man Schwefel oder Antimontrisulfid als Reduktionsmittel und Kaliumchlorat als Oxidationsmittel.

Die Reibfläche besteht aus Glaspulver und rotem Phosphor. Durch das Streichen des Zündkopfes an der Reibfläche haften Spuren des Phosphors am Zündkopf. Kaliumchlorat und Phosphor explodieren schon bei leichtem Druck; in diesen geringen Mengen entzündet sich die Mischung lediglich. Das Holzstäbchen ist mit Paraffin getränkt, um die Brennbarkeit zu verbessern. Eine zusätzliche Imprägnierung mit wasserlöslichen Phosphatsalzen, wie z. B. Ammoniumdihydrogenphosphat, das man u. a. in Feuerlöschpulvern einsetzt, verhindert ein Nachglühen.

Acetylsalicylsäure

Die Acetylsalicylsäure ($C_9H_8O_4$) ist der Wirkstoff vieler Arzneimittel, insbesondere von Kopfschmerztabletten. Bereits die Germanen und Kelten kochten Weidenbaumrinden (lat. salicaceae), um der synthetischen Acetylsalicylsäure verwandte Substanzen zu erhalten. Neben der schmerzstillenden Wirkung ist das Präparat fiebersenkend, entzündungshemmend, antirheumatisch und gerinnungshemmend. Die Acetylsalicylsäure blockiert das aktive Zentrum des Enzyms

Enzyme

Enzyme sind Proteine und arbeiten nach dem Schlüssel-Schloss-Prinzip. Sie besitzen sogenannte aktive Zentren, an denen bestimmte Substanzen andocken. Das Enzym katalysiert eine chemische Reaktion durch die Herauf- oder Herabsetzung der Aktivierungsenergie.

Cyclooxygenase. Dieses beteiligt sich an der Bildung eines entzündungsverstärkenden Hormons, dem Prostaglandin.

Waschen mit Tensiden

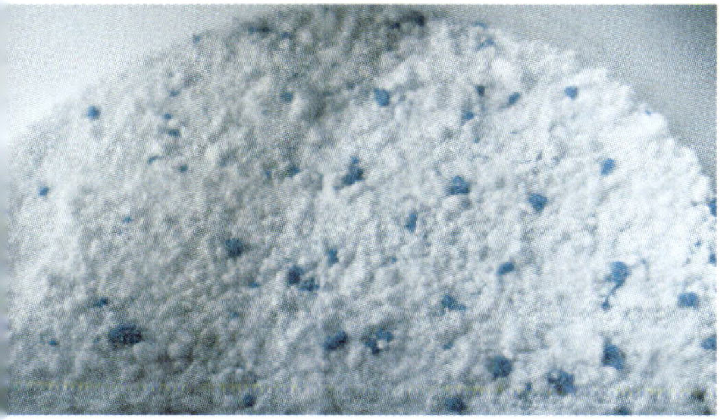

Waschpulver

Tenside setzen die Oberflächenspannung von Flüssigkeiten herab und bewirken die Vermengung zweier eigentlich unmischbaren Flüssigkeiten, wie z. B. Wasser und Öl. Man setzt sie in Wasch- und Spülmitteln sowie Shampoos ein. Seifen sind ebenfalls Tenside. Die reinigende Wirkung der Tenside beruht einerseits auf dem Herabsetzen der Oberflächenspannung des Wassers und andererseits auf ihrer Fähigkeit, Fette (Öl, Staub, Schmutz) von den zu reinigenden Oberflächen abzulösen und wegzutransportieren. Die Funktionsweise der Tenside lässt sich auf ihren amphiphilen Molekülaufbau zurückführen. Sie besitzen einen hydrophoben (wasserabweisenden) Kohlenwasserstoff-Rest und einen hydrophilen (wasserliebenden) Molekülteil. Die Tensid-Moleküle lagern sich mit ihrem hydrophoben Ende an ein Fettteilchen an; sie umhüllen es vollständig und lösen es so aus der zu reinigenden Fläche. Die unzähligen ummantelten Schmutzpartikel bilden eine Emulsion, die man am Ende des Waschvorgangs mit frischem Wasser wegspült.

Haarfärbung

Beim echten Färben muss man die Haare zunächst entfärben; dazu bleicht man sie mittels Wasserstoffperoxid (H_2O_2). Durch Ammoniak quillt das Haar auf, wobei es seine äußere Schuppenschicht abspreizt. Das Wasserstoffperoxid dringt in das Haar ein und zerstört sämtliche natürlichen Farbpigmente; das Haar wird blondiert. Nun entfalten sich unter der oxidativen Wirkung des Wasserstoffperoxids die zugesetzten Färbemittel zu Riesenmolekülen. Sie sind zu groß, um bei der Haarwäsche aus dem Haar zu entweichen. Nach dem Färbeprozess setzt man Pflegemittel ein, welche die abgespreizte Schuppenschicht wieder schließen. Dies gelingt nur zeitweilig; die gefärbten Haare sind dauerhaft geschädigt. ■

Geografie in Antike und Mittelalter

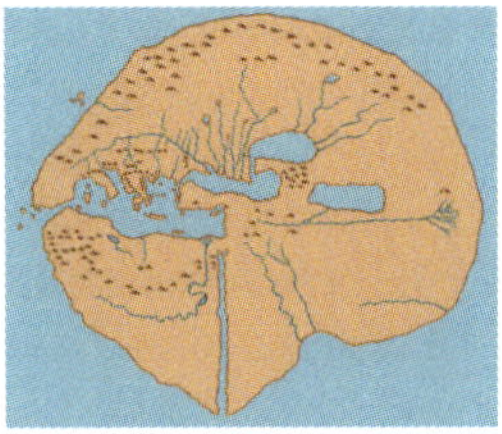

Kartografierte Welt der Antike

Bereits um 500 v. Chr. verfügten die Urvölker über detaillierte Kenntnisse der räumlichen Verteilung von Nahrungsquellen in ihrer unmittelbaren Umgebung (Gebiete natürlicher Bodenfruchtbarkeit, Fischzug, Weidegebiete etc.). Mit Herausbildung der Arbeitsteilung zwischen Viehzüchtern, Ackerbauern, Handwerkern, Produzenten und Händlern stieg das Wissensbedürfnis um allgemeine Naturgesetze und über fremde Länder und Völker. Zentrum der frühen geografischen Wissensbildung war der Mittelmeerraum.

Der griechische Geograf und Völkerkundler Herodot (485–425 v. Chr.) bereiste die damalige Welt und hinterließ der Nachwelt ein Portfolio an Sagen und Mythen, die sich vorrangig um die Kriege zwischen Griechen und Persern rankten. Der griechische Philosoph Platon (427–347 v. Chr.) erkannte, dass die Erde eine Kugel im Universum ist. Platons Landesgenosse Eratosthenes (284–202 v. Chr.) berechnete um 225 v. Chr. den Erdumfang mit einer geringen Abweichung zum tatsächlichen Wert.

Die Ägypter erkundeten den Raum zwischen Nil und Rotem Meer. Bereits um 600 v. Chr. gelang den Phöniziern die erste Umsegelung von Afrika, und Handel treibende Phönizier und Griechen erreichten England, Indien und Spanien. Alexander der Große (356–323 v. Chr.) unternahm Feldzüge nach Kleinasien, Persien und zum Hindukusch. All diese großen geografischen Entdeckungen trug man im ersten wissenschaftlichen Institut der Welt, der Akademie von Alexandria, zusammen. So entstanden die ersten geografischen Karten. Die antike Welt bestand aus dem Römischen Reich rund um das Mittelmeer. Es reichte von Großbritannien über Nordafrika bis zum Zweistromland. Daneben waren das Perser- und Kuschanreich sowie das Chinesische Reich bekannt.

Geografie gestern und heute

Etliches Wissen der Antike über die geografischen Verhältnisse geriet im

Mittelalter in Vergessenheit. Nun gab die katholische Kirche das Weltbild vor. Erst die Kreuzzüge und die Handelsbeziehungen und Plünderfahrten der Wikinger sowie frühe Entdeckungsfahrten der Norweger und Schweden im 9. Jh. erbrachten neuerliches Wissen. Parallel dazu erblühten im großen Islamischen Reich (8. bis 10. Jh.) die Handelsbeziehungen und damit auch das Interesse an den Wissenschaften. Die jedem männlichen Muslim aufgetragenen Pilgerreisen nach Mekka und Medina trugen zur Weiterentwicklung der Vorstellungen vom geografischen Raum bei. Nebenbei entstand so der erste Tourismus. Marco Polo (1254–1324) leitete mit seinen Entdeckungsreisen nach China die Welle der großen Entdeckungsfahrten der Neuzeit ein. Somit lag der Schwerpunkt der Geografie auf der Entdeckung neuer Länder, Gebirge, Inseln, Meere etc. Heute gibt es kaum noch „weiße Flecken" auf der Landkarte, und so steht die Erforschung von geografischen Zusammenhängen und Gesetzmäßigkeiten im Mittelpunkt der Geografie. Die wissenschaftliche Geografie erfasst, beschreibt und erklärt räumliche Strukturen und Vorgänge an der Erdoberfläche und deren Auswirkungen auf den Menschen.

Atlantis – Wahrheit oder Legende?

Die Legende von Atlantis geht auf Platon zurück. Er stützte sich in seinen Dialogen *Timaios* und *Kritias* auf die von Herodot beschriebene Welt. Dieser teilte die Erde in drei Kontinente ein: Europa, Asien und Libyen (Afrika). In *Kritias* beschrieb Platon Atlantis (Insel des Atlas) als ein Inselreich, welches sich zu einer starken Seemacht entwickelte und infolge einer Naturkatastrophe für immer versank. In der Antike diskutierte man die Existenz von Atlantis rege. Im Mittelalter geriet die Legende in Vergessenheit. Erst in der Renaissance entdeckte man die Sage, die bis heute wissenschaftlich stark umstritten ist, wieder. ■

Erdumfang nach Eratosthenes

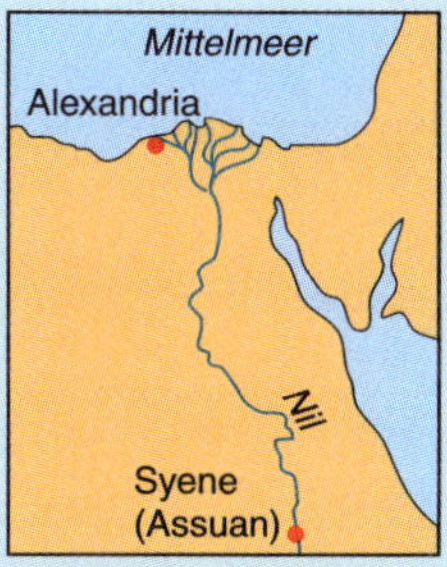

Eratosthenes nahm zwei Orte, die auf dem gleichen Meridian (Längenkreis) liegen: Syene auf dem Wendekreis (heute Assuan) und Alexandria. Während in Syene die Sonne im Zenit stand und keinen Schatten warf, maß er in Alexandria einen Schattenwurf mit einem Winkel von 7,5 Grad. Die Entfernung der beiden Städte beträgt 828 Kilometer. Somit errechnete Eratosthenes den Erdumfang anhand der Bogenformel:
Umfang = $360°/\alpha$ · Strecke = $360°/7{,}5°$ · 828 km = 39.744 km.
Der exakte Wert beträgt 40.008 Kilometer.

Bedeutende Geografen und Geologen

Die Geschichte der Geografie reicht bis weit in die vorchristliche Zeit zurück. Bereits Herodot (485 – 425 v. Chr.) sammelte Reiseberichte und beschrieb geografische Phänomene. Im Mittelalter geriet viel Wissen in Vergessenheit. Das Interesse an der Geografie keimte erst wieder mit den großen Entdeckungsreisen auf. Die Erfindung des Buchdrucks Mitte des 15. Jh. ermöglichte die Erstellung von umfangreichem Kartenmaterial.

Herodot

Zu den Begründern der neuzeitlichen Geografie gehören Bartholomäus Keckermann (1571 – 1608) und Bernhard Varenius (1622 – 50). Sie gliederten die Geografie in die Teilbereiche „Allgemeine Geografie", „Regionale Geografie" und „Länderkunde". Vater der Mineralogie und Begründer der neuzeitlichen Geologie ist Georgius Agricola (1494 – 1555). Mit der Veröffentlichung seines Hauptwerks, einem Buch über die Metallurgie, trug er maßgeblich zum Fortschritt des Bergbau- und Hüttenwesens bei. Er beschreibt in *De re metallica libri XII* den Bau von Schmelzöfen, die Herstellung von Soda, Salpeter, Schwefel und Alaun und widmete sich dem Transport der Erze. Weiterhin gab Agricola viele praktische Hinweise zur Lagerstättenkunde und legte mit seinem *Handbuch der Mineralogie* die Grundlage für die Klassifizierung von Mineralien anhand äußerer Merkmale wie Farbe, Glanz und Geschmack.

Hugo Strunz (1910 – 2006) führte die Systematik der Mineralien fort. Er entwickelte das Standardwerk, welches auf Grundlage der chemischen Zusammensetzung und der Kristallstruktur die Mineralien in neun Klassen einteilt. Die *Mineralogischen Tabellen* erschienen erstmals 1941.

Nikolaus Steno

Nikolaus Steno (1638 – 86) war dänischer Arzt, Anatom und Geologe – später katholischer Priester und Bischof. Auf Steno geht die Einsicht zurück, dass Fossilien die Überreste einst lebender Organismen sind. Außerdem erkannte er, dass das Alter einer Sedimentschichtung

Mineralogie

Die Mineralogie beschäftigt sich mit der chemischen Zusammensetzung und den physikalischen Eigenschaften von Gesteinen und Mineralien. Das Fachgebiet der Kristallografie untersucht Kristallstrukturen und versucht synthetische Kristalle für industrielle Anwendungen zu züchten, während die Petrologie die Bedingungen zur Entstehung der Gesteine erforscht.

nach oben abnimmt, da sich immer jüngere Schichten auf älteren ablagern. Verwerfungen erklärte er durch Deformationen, die nachträglich auf die abgelagerten Schichten einwirkten. Im Bereich der Mineralogie entdeckte Steno das Gesetz der Winkelkonstanz: Kristalloberflächen stehen, unabhängig von ihrer Größe oder Form, immer im selben Winkel zueinander.

Alexander von Humboldt

Eine der herausragenden Persönlichkeiten der modernen Geografie ist sicherlich Alexander von Humboldt (1769–1850). Auf der Grundlage umfangreicher Forschungsreisen, insbesondere nach Lateinamerika, begründete er die moderne Länderkunde und eine neue Sichtweise der wissenschaftlichen Geografie. In Deutschland erlangte er bereits zu Lebzeiten einen außerordentlichen Ruf. Man nannte ihn u. a. „den zweiten Kolumbus" oder „den neuen Aristoteles". Sein Forschungsfeld war breit gefächert. So widmete er sich Bereichen der Physik, Chemie, Geologie, Mineralogie, Vulkanologie, Botanik, Zoologie, Klimatologie, Ozeanografie und Astronomie. Sein Lebenswerk *Kosmos – Entwurf einer physischen Weltbeschreibung in fünf Bänden* erschien im Zeitraum von 1845 bis 1862.

Alexander von Humboldt

Alfred Wegener

Alfred Wegener (1880–1930) war deutscher Meteorologe, Polar- und Geowissenschaftler. Er unternahm mehrere meteorologische Pionierexpeditionen nach Grönland, wo er vermutlich am 16. November 1930 starb. Bereits 1912 stellte Wegener seine Kontinentalverschiebungstheorie auf. 1915 veröffentlichte er die erste Fassung seines Hauptwerks *Die Entstehung der Kontinente und Ozeane*. Zunächst war das Interesse, wahrscheinlich wegen der herrschenden Kriegswirren, gering. Später war die Kritik der Fachwelt vernichtend. Wegener führte wesentliche Argumente aus der Geologie, Paläontologie und Klimatologie für seine Theorie an – doch eine plausible Erklärung für die wirkenden Kräfte fand er nicht. Heute gilt Wegeners Kontinentalverschiebung als gesichert.

Entstehung und innerer Aufbau der Erde

Unsere Erde hat einen mittleren Radius von 6370 Kilometern. Bedingt durch die Eigenrotation ist die Erde keine ideale Kugel, sondern ein Ellipsoid, d. h. die Erde ist an den Polen leicht abgeflacht. Die Rotationsachse ist um 23,4 Grad gegen die Bahnebene geneigt. Ihre Masse liegt bei etwa $6 \cdot 10^{24}$ Kilogramm und ihre Dichte beträgt ca. 5,5 Gramm pro Kubikzentimeter. Bedingt durch den Entstehungsprozess gliedert sich der innere Aufbau in drei Schalen aus Erdkern, -mantel und -kruste.

Zusammen mit den anderen Planeten unseres Sonnensystems entstand die Erde vor ca. 4,6 Milliarden Jahren aus einer rotierenden Staub- und Gaswolke, dem Sonnennebel. Dieser verdichtete sich zunehmend. Zur Veranschaulichung der Entstehung des Sonnensystems kann man sich eine Eiskunstläuferin während einer Pirouette vorstellen: Durch das Anlegen der Arme erhöht sich ihre Rotationsgeschwindigkeit. Gleiches geschah mit dem Sonnennebel, der sich durch die nach außen gerichteten Fliehkräfte zu einer rotierenden Scheibe entwickelte, in deren Zentrum sich die Sonne stabilisierte. Die in der Scheibe befindlichen massereicheren Teilchen zogen wegen ihrer größeren Gravitation kleinere Teilchen an und wuchsen so zu Proto-Planeten heran. Diese Proto-Planeten, worunter sich auch unsere heutige Erde befand, standen unter ständigem Beschuss von kleineren Objekten. Durch die frei werdende kinetische Energie dieser Zusammenstöße erhitzte sich die Erde. Gleichzeitig beschleunigte sich die Aufheizung im Erdkern durch radioaktive Zerfallspro-zesse. Die Erde erwärmte sich auf mehr als 2000 Grad Celsius und bildete eine Schmelze aus Metallen und Silikaten. Die schwerere Metallschmelze sammelte sich im Erdmittelpunkt, während die leichtere Silikatschmelze vom Zentrum nach außen drängte. Am Ende dieses Differenzierungsprozesses steht die heutige Erde mit ihrem inneren Schalenbau, der sich in Erdkern, -mantel und -kruste unterteilt.

Vor 3,8 Milliarden Jahren nahm die Häufigkeit an Kollisionen deutlich ab, wodurch die Oberflächentemperatur unter 100 Grad Celsius sinken konnte und somit die Verfestigung der Erdkruste einsetzte.

Erdkern

Der Erdkern hat einen Radius von etwa 3500 Kilometern. Er besteht aus einem inneren und einem äußeren Kern. Man geht heute davon aus, dass der innere Kern aus einer festen Eisen-Nickel-Legierung besteht, während der äußere Kern eine flüssige Schmelze aus ebenfalls Eisen und Nickel bildet. Der Kern verfügt über eine mittlere Dichte von über 10 Gramm pro Kubikmeter. Die Temperatur im inneren Kern liegt zwischen 4000 und 5000 Grad Celsius; der Druck beträgt fast 4 Millionen Bar. Im äußeren Kern herrscht eine Temperatur von etwa 3000 Grad Celsius.

Erdmantel

Der ca. 2800 Kilometer umfassende Erdmantel gliedert sich in den unteren

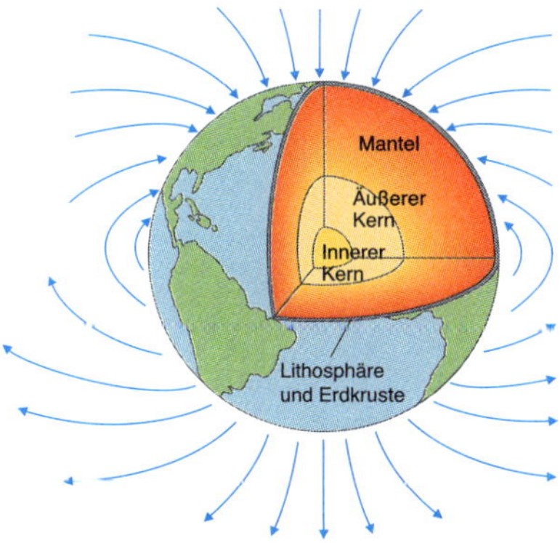

Aufbau der Erde

und oberen Mantel mit einer dazwischen liegenden Übergangszone. Die Dichte im Mantel beträgt durchschnittlich 5 Gramm pro Kubikmeter. Der untere Mantel enthält vorwiegend schwere Silikate. Hier herrscht eine Temperatur von ca. 2000 Grad Celsius. Die Übergangszone misst 200 bis 300 Kilometer. Der ebenfalls lediglich ca. 300 Kilometer dicke obere Mantel schließt die Asthenosphäre (ca. 100 Kilometer) am Übergang zur Erdkruste mit ein. Die Asthenosphäre (griech. asthenos = weich) enthält teilweise geschmolzenes Material, weshalb man auch von einer „Fließschicht“ spricht.

1994 – Das Jahr der Tiefenbohrungen

Die größte vom Menschen erreichte Bohrlochtiefe liegt bei 12 Kilometern. Diese Bohrung wurde 1994 auf der russischen Halbinsel Kola durchgeführt. Die sogenannte Kontinentale Tiefenbohrung (KTB) erreichte – ebenfalls im Jahre 1994 – eine Tiefe von 9 Kilometern und fand in der deutschen Oberpfalz statt.

Erdkruste

Die Erdkruste kann als ozeanische oder kontinentale Kruste ausgebildet sein. Die ozeanische Erdkruste ist mit 5 bis 10 Kilometern Mächtigkeit relativ dünn. Die Dicke der kontinentalen Kruste bewegt sich zwischen 30 und 100 Kilometern. Die Grenzschicht zwischen Erdkruste und Erdmantel ist nach dem Seismologen Andrija Mohorovičić (1857–1936) benannt, der sie 1910 aus den Ausbreitungsbahnen von Erdbebenwellen im Nahbereich ableitete. Heute bezeichnet man sie meist kurz als „Moho“.

Magnetische und geografische Pole

Geografische Pole

Geografischer Nord- und Südpol sind durch die Austrittspunkte der geneigten Erdachse definiert. Sie sind allerdings nicht identisch mit den magnetischen Polen; diese weichen um etwa 11,5 Grad von den geografischen Polen ab. Man kann sich das Magnetfeld der Erde so vorstellen, als ob ein riesiger Stabmagnet im Erdmittelpunkt läge. Dabei ist der Südpol des Stabmagneten nach Norden ausgerichtet. Der magnetische Südpol liegt demnach in Richtung des geografischen Nordpols.

Eine Kompassnadel zeigt in weiten Teilen der Erdkugel – insbesondere in Mitteleuropa – nach Norden. Grund hierfür ist, dass die magnetischen Feldlinien auf der Südhalbkugel aus der Erdoberfläche aus- und auf der Nordhalbkugel wieder eintreten. Somit verlaufen die Feldlinien etwa in Nord-Süd-Richtung. Allgemein bekannt ist, dass ungleiche Pole sich anziehen. Da der magnetische Südpol der Erde in Richtung des geografischen Nordpols liegt, zeigt der magnetische Nordpol eines Magneten (Kompass) immer in geografisch nördliche Richtung,

Deklination

Die Deklination (Ortsmissweisung) ist der Winkel zwischen geografischer und magnetischer Nordrichtung. Sie kann nahe den magnetischen Polen bis zu 180 Grad betragen. An diesen beiden Punkten der Erde zeigt die Kompassnadel in die entgegengesetzte Richtung.

Die magnetischen Pole sind zudem nicht ortsfest. Der magnetische Südpol in Kanada wandert in einer Größenordnung von etwa 30 Kilometern pro Jahr in Richtung Asien.

Geodynamo

Ursache des Erdmagnetfelds sind wahrscheinlich Konvektionsströme im äußeren flüssigen Erdkern. Im festen inneren Erdkern herrschen Temperaturen von 4000 bis 5000 Grad Celsius. Im Erdmantel liegt die durchschnittliche Temperatur bei etwa 2000 Grad Celsius. Durch dieses Temperaturgefälle entstehen Konvektionsströme im dazwischen liegenden flüssigen Erdkern. Durch die Bewegung der elektrisch leitfähigen Eisenschmelze entsteht ein elektrischer Strom, der das

Magnetfeld der Erde erzeugt. Man spricht deshalb von einem „Geodynamo“. Der vorliegende Prozess ist mit einem Fahrraddynamo vergleichbar. Beim Dynamo rotiert ein Permanentmagnet durch die Reibrolle in einer feststehenden Ständerwicklung, wodurch ein Wechselstrom zur Beleuchtung des Fahrrads induziert wird. Beim Geodynamo ist es genau umgekehrt: Hier induziert der elektrische Strom das Erdmagnetfeld.

Elektromagnetische Induktion

Ein elektrischer Strom erzeugt ein Magnetfeld, und umgekehrt erzeugt ein Magnetfeld einen elektrischen Strom. Das Prinzip der Induktion wird verwendet für Antennen, Mikrofone, Dynamos etc.

Paläomagnetismus

Eisen weist bei Raumtemperatur ferromagnetische Eigenschaften auf; ist also ein Ferromagnet. Oberhalb der materialabhängigen Curie-Temperatur verliert der Ferromagnet seine spontane Magnetisierung und richtet sich entsprechend des äußeren Magnetfelds aus. Eisenhaltiges Gestein, das über die Curie-Temperatur erhitzt wird und dann abkühlt, nimmt demnach die magnetische Ausrichtung des Erdmagnetfeldes an. Zu beobachten ist dieser Effekt bei Vulkangestein, Ziegeln oder Tongefäßen. Durch die Konservierung der magnetischen Ausrichtung im Gestein kann man Rückschlüsse auf das bei der Entstehung des Gesteins herrschende Erdmagnetfeld ziehen.

Polarlichter

Die wissenschaftlichen Auswertungen des Paläomagnetismus ergaben, dass sich das magnetische Feld der Erde mehrfach umkehrte. Die Beweise hierfür lieferten erstarrte Magmen des mittelozeanischen Rückens.

Polarlichter

Den Strom geladener Teilchen, der von der Sonne ins All strömt, bezeichnet man als Sonnenwind. Ein Großteil dieses Teilchenstroms prallt am Erdmagnetfeld ab. Gelangen doch mal geladene Teilchen in die Erdatmosphäre, so kommt es zu Leuchterscheinungen. Durch die Verformung des Erdmagnetfelds durch den Sonnenwind treten diese Erscheinungen vorwiegend an den Polen auf, weshalb man sie Polarlichter nennt. ■

Erdmagnetfeld zur Orientierung

Einige Tiere, wie Haustauben, Zugvögel, Meeresschildkröten, Haie und Wale, nutzen das Erdmagnetfeld zur Orientierung. Diese Tiere besitzen in verschiedenen Organen (Schnabel, Auge, Nervenzellen) eingelagertes Magnetit, ein magnetisches Mineral, welches man auch für Kompassnadeln verwendet.

Entwicklungsgeschichte der Erde

Die International Commission on Stratigraphy (ICS) legte die geologische Zeittabelle fest, welche die Erdgeschichte hierarchisch gliedert und zeitlich einteilt. Die ältesten Zeitabschnitte befinden sich am Ende der Tabelle. Ihre Einteilung erfolgt in mehrstufigen Einheiten: Äon (griech. eine Ewigkeit), Ära (griech. ein Zeitraum), Periode (griech. ein sich wiederholender Abschnitt) und Epoche (griech. Haltepunkt).

Den ältesten Zeitabschnitt, das Hadaikum, bezeichnet man als vorgeologische Ära. In diesem Zeitraum formte sich die Erde. Zum Ende des Hadaikums lag eine sauerstoffreiche Erdatmosphäre vor, und es existierte keine schützende Ozonschicht. Die Sonne verfügte zu dieser Zeit zwar über eine geringere Leuchtkraft als heute, doch dies kompensierte die stärkere Absorption und die geringere Rückstreuung der Sonnenstrahlen. Die Temperaturen an der Erdoberfläche ähnelten somit den heutigen. Vulkanausbrüche brachten Kohlenstoffdioxid und Wasser in die Atmosphäre ein, sodass sich relativ früh Regen bildete, der sich in Tümpeln sammelte. In ihnen entstand an der Grenze zum nächsten Zeitalter, dem Archaikum, das erste Leben. Dabei ist bis heute unklar, ob sich das Leben selbstständig auf der Erde entwickelte oder ob die ersten sich selbst replizierenden Lebewesen von Asteroiden, Kometen oder Meteoroiden stammten.

Zeitalter des mikroskopischen Lebens: Archaikum und Proterozoikum

Das Leben auf der Erde entwickelte sich relativ früh. Allerdings beschränkte sich das urzeitliche Leben eine sehr lange Zeitspanne (ca. drei Millionen Jahre) auf Bakterien und Mikroben. Bei den bisher ältesten gefundenen Chemofossilien handelt es sich um fadenförmige Blaualgen. Diese ersten Organismen erzeugten durch Fotosynthese Sauerstoff, der sich mit zweiwertigem Eisen zu unlöslichem Oxid (Fe_2O_3) verband. Beweis hierfür sind die mächtigen Erzlagerstätten, die sogenannten BIFs (Banded Iron Formations). Erst nachdem das Eisen rostete, ging der vorher gebundene Sauerstoff in die Atmosphäre über. Dies geschah zunehmend im Verlauf des Proterozoikums. Gleichzeitig wusch sich das in der Atmosphäre enthaltene Kohlenstoffdioxid aus und bildete mächtige Karbonate.

Zeitalter des sichtbaren Lebens: Phanerozoikum

Das Phanerozoikum umfasst die drei Ären Paläozoikum (Erdaltertum), Mesozoikum (Erdmittelalter) und Känozoikum (Erdneuzeit). Die Spuren des ersten sichtbaren Lebens (erste Fossilien) kennzeichnen den Beginn des Phanerozoikums. In der untersten Periode, dem Kambrium, entwickelten sich fast alle noch heute existierenden Stämme des Tierreichs. Am Ende des darauffolgenden Ordoviziums kam es zum ersten Massenaussterben, bei dem 60 Prozent der marinen Arten verschwanden. Es folgten die Perioden Silur,

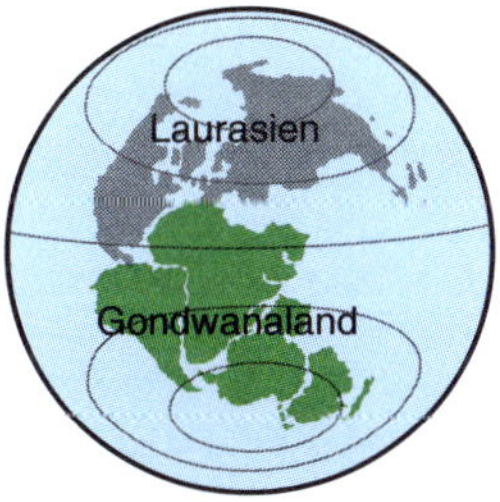

Urkontinent Pangäa zerbricht in Laurasien und Gondwana (Trias)

Devon, Karbon und Perm. Im Silur bildeten sich mächtige Riffe. Das Devon prägen Sandsteine und Kalke, und im Karbon entstanden die heute abbaufähigen Kohleschichten. Das Perm charakterisiert rot gefärbter Sandstein (Rotliegendes) und Zechstein.

Geologische Zeiteinheiten

In der Geologie verwendet man häufig die Maßeinheit mya (million years ago). Sie gibt an, vor wie vielen Millionen Jahren ein Ereignis stattfand. Da sich diese Einheit bei der Angabe sehr großer Zeitspannen als umständlich erwies, setzte sich die Einheit a für annus (lat. Jahr) zunehmend durch.
Es gilt: 1 mya = 1 Ma (Mega annus bzw. Mega-Jahr) = 1.000.000 Jahre vor heute
Stellt man sich die Erdgeschichte auf einen Tag reduziert vor, so existiert der Mensch erst seit den letzten Sekunden vor Tagesende.

Zu Beginn des Mesozoikums erfolgte ein zweites massenhaftes Tier- und Pflanzensterben. Dies machte den Weg frei für die Entwicklung der Dinosaurier im Trias und ihre Verbreitung im Jura sowie die Herausbildung der ersten kleinen Säugetiere. In der Pflanzenwelt gewannen die Blütenpflanzen und die meisten modernen Bäume die Oberhand. Während der Kreidezeit erfolgten heftige Vulkanausbrüche, und der Superkontinent Pangäa brach auseinander.

Das Känozoikum begann erneut mit einer Katastrophe: Vor ca. 65 Millionen Jahren starben die Dinosaurier aus und ermöglichten damit die Evolution der Säugetiere.

Eiszeitalter

Wir befinden uns seit etwa 2,6 Millionen Jahren in einem Eiszeit-alter oder Glazial (lat. glacies = Eis), da seit dieser Zeit die beiden Erdpole vereist sind. Der Zustand vereister Pole ist als Ausnahme vom Normalzustand (Interglazial, eisfreies Warmklima) zu sehen, denn etwa 80 bis 90 Prozent der Erdgeschichte war die Erde – mit Ausnahme mancher Hochgebirge – eisfrei. Innerhalb der Eiszeitalter kam es wiederholt zu Temperaturschwankungen mit den Extremen Stadial (Kaltzeit bzw. Eisvorstoßphase) und Interstadial (Warmzeit).

Gletscher am Großvenediger

Insgesamt konnte man bisher sieben Eiszeitalter nachweisen. Das erste, das Archaische Eiszeitalter, setzte vor etwa 2,3 Milliarden Jahren ein und hielt ungefähr 300 Millionen Jahre an. Es folgte eine sehr lange eisfreie Zeit (ca. 1 Milliarde Jahre). Erst vor 950 Millionen Jahren setzte das Algonkische Eiszeitalter, auch Griesjö-Vereisung genannt, ein. In diesem Eiszeitalter bedeckte das Eis lediglich den Nordpol, an dem sich das heutige Europa befand.

Auf die nächste Warmzeit folgten in relativ kurzem Abstand die Sturtische und die Varanger-Vereisung. Das nächste Eiszeitalter (Silur-Ordovizisches Eiszeitalter) setze vor 440 Millionen Jahren ein. Es wird oft als Sahara-Vereisung bezeichnet, da dieses recht schwache Eiszeitalter sich vermutlich auf das Gebiet der heutigen Sahara beschränkte. Vor 280 Millionen Jahren folgte das Permokarbonische Eiszeitalter (auch Gondwana-Vereisung). Das letzte Eiszeitalter, das vor 2,6 Millionen Jahren einsetzte und bis heute anhält, nennt man Quartäres Eiszeitalter. Heute befinden wir uns in einer Warmzeit (Interstadial) innerhalb dieses Eiszeitalters.

Das aktuelle Eiszeitalter

Innerhalb des aktuellen Eiszeitalters gab es bisher relativ warme und extrem kalte Zwischenphasen. Massive Gletschervorstöße kennzeichneten die Kältephasen. Da sich die eiszeitlichen Ablagerungen regional stark unterscheiden, besitzt jede Region auf der Erde eine eige-

Tertiär und Quartär sind Vergangenheit

Im Sommer 2004 veröffentlichte die International Commision on Stratigraphy (ICS) eine überarbeitete Version der geologischen Zeittabelle, wobei man das Tertiär und Quartär durch das Paläogen und das Neogen ersetzte. Während dem Tertiär kaum jemand nachtrauerte, war und ist der Widerstand gegen das Verschwinden des Quartärs enorm, denn es gibt sehr viele Lehrstühle und Institute, die sich auf die Quartärgeologie spezialisierten. Die endgültige Zeitskala verabschiedet die Kommission voraussichtlich 2008.

ne Gliederung mit einer individuellen Nomenklatur – was bei Nichtfachleuten oft zu Verwirrungen führt. In Mitteleuropa benannte man die Kaltzeiten nach Flüssen (z. B. Norddeutschland: Mindel-Kaltzeit, Saale-Kaltzeit, Würm-Kaltzeit; Alpenraum: Mindel-Kaltzeit, Riß-Kaltzeit, Würm-Kaltzeit). Diese stellten im Allgemeinen die weiteste Ausdehnung der jeweiligen Eisschilde dar. In Norddeutschland kam das Eis aus dem skandinavischen Raum; in Süddeutschland ging die Vereisung von den Alpen aus.

Ursachenforschung

Die Ursachen für die Klimaschwankungen innerhalb des letzten Eiszeitalters sind vielfältig und bis heute nicht ein-deutig geklärt. So gelten vorrangig plattentektonische Vorgänge als Auslöser für den Abkühlungstrend seit dem Paläogen. Für die zyklisch auftretenden Kalt- und Warmzeiten existieren astronomische Erklärungsansätze, wie Veränderungen der Erdbahngeometrie und Schwankungen der Sonnenaktivität.

Entwicklungsgeschichte des Menschen

Der Beginn des letzten Eiszeitalters beeinflusste die Entwicklung des Menschen stark. Die extremen Klimaschwankungen und die periodischen Eisvorstöße übten einen hohen Selektionsdruck auf den Urmenschen aus. Die Menschengruppe, welche die winterlichen Bedingungen durch Voraussicht und gezieltes Sammeln und Jagen meisterte, dominierte.

Die Bildung kontinentaler Eismassen bewirkte ein massives Absinken des Meeresspiegels, wodurch zahlreiche Landbrücken entstanden. Eine große evolutionäre Bedeutung nahm die Landbrücke über die heutige Beringstraße, die Nordasien mit Nordamerika verband, ein. Über diese und andere Landbrücken erfolgten Massenwanderungen von Menschen und Tieren als Reaktion auf die veränderten Lebensbedingungen.

Platten-tektonik

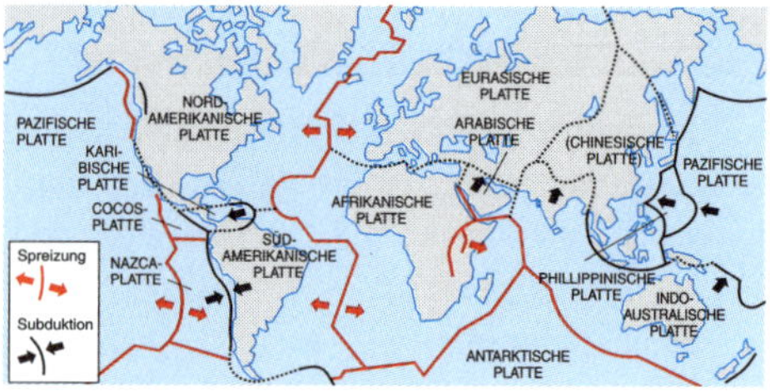

Ozeanische und kontinentale Platten

Der wohl offensichtlichste Beweis für die Kontinentalverschiebung (Bewegung der Kontinente) ist die Ähnlichkeit von Küstenstrukturen: so passt die Ostküste Südamerikas ideal an die Westküste Afrikas. Den Anstoß für die Kontinentalverschiebungstheorie lieferte Alfred Wegener (1880 – 1930). Er ging von dem auseinandergebrochenen Superkontinent Pangäa aus. Nach Wegeners Theorie aus dem Jahre 1912 schwimmt die kontinentale Kruste (SiAl) auf dem Untergrund (SiMa) – etwa so, wie ein Eisberg im Meer treibt.

Eine schlüssige wissenschaftliche Erklärung für diesen Prozess lieferte Wegener jedoch nicht. Und noch heute sind die Ursachen weitgehend unklar. Die gängigste Ursachenerklärung beruht auf Konvektionsströmungen, die sich aus dem Wärmeaustausch zwischen dem heißen Erdkern und dem Erdmantel ergeben. Diese Theorie stützt sich auf die Bewegung der Lithosphärenplatten. Die Lithosphäre umfasst die feste Erdkruste und den oberen flüssigen Teil des Erdmantels (Asthenosphäre). Aus der Bewegung der insgesamt sieben großen ozeanischen bzw. kontinentalen sowie einiger kleinerer Platten, die nicht mit den Kontinenten identisch sind, resultieren Faltengebirge, Tiefseerinnen sowie sekundäre Phänomene wie Vulkanismus und Erdbeben.

Die heute existierenden Kontinente entstanden aus dem Zerfall eines Urkontinents (Pangäa). Vor etwa 220 Millionen Jahren spaltete sich der Kontinent Gondwana ab; dieser zerfiel im Laufe der Zeit in die heutigen sechs Kontinente. Zukünftig entsteht wahrscheinlich ein neuer Superkontinent.

Mittelozeanische Rücken: divergente Plattengrenzen

Mittelozeanische Rücken sind unterseeische und sehr hoch aufragende Gebirgszüge. Im Atlantik befindet sich das größte dieser Gebirge, der Mittelatlantische Rücken. An diesen Orten bildet sich neue ozeanische Kruste, indem aufsteigendes Magma zu Basalt erstarrt. Gleichzeitig bewegen sich die beiden ozeanischen Platten mit einer Geschwindigkeit von 1 bis 10 Zentimeter pro Jahr auseinander. Das bedeutet, in zehn Millionen Jahren entfernen sich Südamerika und Afrika zwischen 100 und 1000 Kilometer voneinander. Diesen Prozess bezeichnet man als Seafloor Spreading (Ozean-bodenspreizung). Tektonische Gräben, wie beispielsweise der Ostafrikanische Graben, stellen die erste Phase einer solchen Ozeanbildung dar.

SiAl und SiMa

Die spezifisch leichtere kontinentale Kruste besteht zu großen Teilen aus Silizium (Si) und Aluminium (Al), welche zusammen u. a. das Gestein Granit bilden. Der dichtere basaltische Untergrund setzt sich vorrangig aus den Elementen Silizium (Si) und Magnesium (Mg) zusammen.

Subduktionszonen: konvergente Plattengrenzen

Wenn sich auf der einen Seite neuer ozeanischer Boden bildet, muss auf der anderen Seite Material verschwinden. Dies geschieht beim Zusammentreffen einer ozeanischen mit einer kontinentalen Platte. Wegen des geringeren spezifischen Gewichts der ozeanischen Platte taucht diese unter die kontinentale Platte unter; es entsteht eine Subduktionszone. Auf der kontinentalen Platte bilden sich infolgedessen gewaltige vulkandurchsetzte Gebirge. Ein Beispiel hierfür stellt die Westküste Südamerikas dar. Hier taucht die ozeanische Nazca-Platte unter die kontinentale Südamerikanische Platte unter. Die mächtigen Gipfel der Anden sind die Zeitzeugen der enormen tektonischen Kräfte.

Aufeinandertreffen zweier Platten

Ist die ozeanische Platte zwischen zwei kontinentalen Platten vollständig subduziert (verschluckt), treffen zwei kontinentale Platten direkt aufeinander. Da keine der beiden unter die andere abtauchen kann, kommt es zur Kollision, die eine enorme Auffaltung des Gesteins zur Folge hat. Der Himalaja ist das Resultat eines solchen Zusammenstoßes.

Transformstörungen: konservative Plattengrenzen

Schrammen zwei Platten horizontal aneinander vorbei, kommt es zu häufigen und heftigen Erdbeben. Zu beobachten ist dies an der San-Andreas-Verwerfung in Kalifornien. Hier verläuft die Plattengrenze zwischen der Nordamerikanischen und der Pazifischen Platte. Die Transformstörung erstreckt sich über mehr als 1100 Kilometer von Mexiko bis zum Norden von San Francisco und teilt den Bundesstaat Kalifornien in zwei Hälften: Los Angeles liegt auf der einen und San Francisco auf der anderen Seite. ■

Erdbeben und Vulkanismus

Hot-Spot-Vulkan

Weltweit existieren rund 1900 aktive Vulkane. Dazu kommen zahlreiche erloschene und einige derzeit inaktive Vulkane. Betrachtet man die weltweite Verteilung aller Vulkane, so befinden sich 40 Prozent der aktiven Vulkane, aufgereiht wie an einer Perlenschnur, rings um den Pazifik. Man spricht deshalb vom Pazifischen Feuerring bzw. „Ring of Fire". Vulkanismus und Erdbeben sind Folgeerscheinungen der Kontinentalverschiebung.

Einen Großteil der Erdbeben kann man auf tektonische Spannungen in den Gesteinsschichten zurückführen. Die Bewegungen der Lithosphärenplatten erzeugen gewaltige Spannungen, die sich in Form von Erdbeben ruckartig entladen. Erdbeben erzeugen, ausgehend vom Epizentrum (Erdbebenherd an der Erdoberfläche), seismische Wellen, die man mittels Seismografen aufzeichnet. Der maximale Ausschlag (Amplitude) im Seismogramm gibt Auskunft über die Erdbebenstärke (Magnitude). Zum Vergleich von Erdbeben dient die Richter-Skala. Das stärkste Erdbeben mit einem Wert von 9,5 erfolgte 1960 im Pazifischen Ozean vor der Küste Chiles.

Magma und Lava

Von Magma spricht man, solange die Gesteinsschmelze sich unterhalb der Erdoberfläche befindet. Ist eine Eruption erfolgt, so bezeichnet man sie als Lava (vulkanisches Förderprodukt).

Tsunami: tödliche Flutwelle ohne Vorwarnung

Fast 90 Prozent aller Tsunamis (Flutwellen) resultieren aus Seebeben. Charakteristisch für die Riesenwellen ist, dass sie auf dem offenen Meer fast unbemerkt bleiben. Erst beim Auftreffen auf die Küste verursachen sie katastrophale Schäden. Im Gegensatz zu Sturmwellen, bei denen sich lediglich die oberen Wasserschichten bewegen, bezieht eine Tsunami-Welle die gesamte Wassersäule vom Meeresboden bis zur Meeresoberfläche ein. Die Geschwindigkeit eines Tsunamis ist abhängig von der Wassertiefe: je tiefer, desto schneller. An der Küste verlangsamt sich zwar die Ausbreitungsgeschwindigkeit, die Wellenlänge verkürzt sich jedoch. Dies führt zu einem Anstieg der Wellenhöhe bis es zur Brechung an der Küste kommt.

Vulkantypen

Vulkane teilt man nach ihrer äußeren Form in Schicht- bzw. Schildvulkane und Caldera (Einbruchtrichter) ein. Die Form des Vulkans ergibt sich aus seinem Eruptionsverhalten. So explodieren manche Vulkane gewaltig und stoßen dabei riesige Aschenwolken aus. Bei anderen Vul-kanen fließt die glühend heiße Lava in ruhigen Strömen aus dem Krater. Grund hierfür ist die chemische Zusammensetzung des Magmas. Ein hoher Kieselsäureanteil (Sauerstoffsäure des Siliziums, $SiO_2 \cdot n\ H_2O$) macht das Magma zähflüssig, während ein hoher Gehalt an Wasserdampf die Explosivität garantiert.

Ist die Lava sehr dünnflüssig (geringer Gehalt an Wasserdampf und Kieselsäure), entstehen ausgedehnte, flache Lavadecken, die man Schildvulkane nennt. Ein Beispiel ist der Kilauea auf Hawaii.

Ein explosiver Vulkanismus ergibt sich aus zähflüssigem Magma (hoher Gehalt an Wasserdampf und Kieselsäure). Die aufsteigenden Gasblasen können nicht gut entweichen, und so staut sich ein enormer Druck an, der sich mit einer Explosion entlädt. Die auf die Erde zurückfallenden Schlacken und Aschen bilden einen Schichtvulkan. Der Stromboli in Italien entstand auf diese Weise.

Geysir

Eine Sonderform stellt die Caldera dar. Sie bildet sich, wenn die Decke über einer entleerten Magmakammer in sich zusammenbricht. Der Einbruchtrichter, wie z. B. der Laacher See, weist meist eine runde bis elliptische Form auf.

Eine weitere Besonderheit sind Hot Spots. Hierunter versteht man einen stationären Vulkanismus unter einer sich bewegenden Lithosphärenplatte. Hot Spots sind somit nicht an den Plattengrenzen, sondern innerhalb einer Platte lokalisiert. Die Hawaii-Inseln entstanden so.

Geysire

Eine weitere vulkanische Form stellen Geysire dar. Das Wasser im porösen Gestein erhitzt sich durch die aufsteigende Wärme einer unterirdischen Magmakammer und dehnt sich aus, wodurch sich ein Druck im unterirdischen Gestein aufbaut. In mehr oder weniger periodischen Abständen entlädt sich dieser Druck durch eine Erdspalte an die Erdoberfläche – der Geysir bricht aus.

Gebirgsbildung

Gebirgsauffaltung

Gebirge machen etwa ein Drittel der gesamten Landmassen aus. Sie beeinflussen einerseits das Klima (Klimascheide, Wasserscheide) und anderseits unterliegen sie einer ständigen Veränderung durch Erosionsprozesse (z. B. Wind, Wasser und Eis). Bei der Gebirgsbildung (Orogenese) spielen vor allem tektonische Prozesse, wie die Auffaltung der Erdkruste, und vulkanische Aktivitäten eine Rolle. Als natürliche Grenze kommt den Hochgebirgen oft eine politische Bedeutung zu.

Der Himalaja ist mit einer Fläche von insgesamt etwa 600.000 Quadratmetern eines der größten Gebirge der Erde. Ebenso wie die Alpen ist der Himalaja ein relativ junges Hochgebirge. Beide entstanden während der alpidischen Gebirgsbildungsphase, die den Zeitraum der letzten 100 Millionen Jahre umfasst. Ursache für die Gebirgsbildung ist die Kontinentalverschiebung.

Vor 50 bis 60 Millionen Jahren traf der indische Subkontinent auf die tibetische Landmasse. Dieses Aufeinandertreffen verursachte gewaltige Kräfte, die Gesteinsmassen ineinanderschoben und so den Himalaja wachsen ließen. Von weltweit 14 Achttausendern finden sich allein im Himalaja zehn, worunter der Mount Everest mit 8844 Metern die höchste kontinentale Erhebung darstellt. Noch heute hält der Hebungsprozess des Himalaja an.

Alpen

Die Alpen stellen das höchste innereuropäische Gebirge dar und reichen von Frankreich über Italien, die Schweiz, Deutschland, Liechtenstein und Österreich bis nach Slowenien. Der höchste Berg der Alpen ist der Mont Blanc mit 4809 Metern; höchster Berg Deutschlands ist die Zugspitze (2962 Meter). Auch die Alpen sind das Resultat der Kontinentalverschiebung. Vor 30 bis 35 Millionen Jahren kollidierte die Afrikanische mit der Eurasischen Kontinentalplatte. Die Auffaltung der Alpen hält bis heute an. Dabei wächst das Gebirge 1 bis 3 Millimeter pro Jahr. Das morphologische Bild der Alpen ist stark geprägt durch Abtragungsprozesse – insbesondere durch die Glazialerosion der Gletscher.

Anden

Die Anden an der Westküste Südamerikas stellen die längste Gebirgskette der Erde dar. Sie erstrecken sich über gut 7500 Kilometer; ihre Ost-West-Ausdehnung variiert zwischen 200 und 600 Kilometern. Der höchste Berg der Anden ist der 6962 Meter hohe Aconcagua in Argentinien an der Grenze zu Chile. Die Gebirgsbildung beruht auf einer klassischen Subduktionszone, bei der die ozeanische Nazca-Platte unter die kontinentale Patte abtaucht. Dieser Prozess begann vor etwa 150 Millionen Jahren.

Rocky Mountains

Die Rocky Mountains stellen ein Faltengebirge im westlichen Nordamerika dar. Im Mittel sind die Rockys 2000 bis 3000 Meter hoch. Die höchsten Berge finden sich im Norden; im Süden sind sie eher rund als spitz. Die Bildung der heutigen Rockys begann vor etwa 70 Millionen Jahren und endete vor ca. 30 Millionen Jahren. Zu der Zeit waren die Rockys etwa so hoch wie heute der Himalaja, doch der Zahn der Zeit – die Erosion – zerfraß das mächtige Hochgebirge.

Kilimandscharo

Der Kilimandscharo (Kilima Njaro = weißer Berg bzw. Schneeberg) ist mit 5895 Metern das höchste vulkanische Bergmassiv Afrikas. Hier driften die Afrikanische und die Ostafrikanische Platte auseinander. So entstand über viele Jahrmillionen der Ostafrikanische Graben, ein rund 9000 Kilometer langer Grabenbruch. Mit fortschreitender Zeit wird sich hier ein neuer Ozean bilden.

Die höchsten Berge der Erde

Mount Everest

Der höchste Berg der Erde ist der Mount Everest mit 8844 Metern im Himalajagebirge. Der Karakorum ist ein Gebirge in Zentralasien und ein Nebengebirge des Himalaja. Alle 14 Achttausender der Erde liegen in einem dieser beiden Gebirgszüge.

Appalachen, Schottisches Hochland und Nord-Skandinavien

Mit einem Alter von rund 400 Millionen Jahren zählen die Appalachen mit ihrer Fortsetzung in Schottland und Nord-Skandinavien zu den ältesten Gebirgen der Erde. Die ursprünglich zusammenhängende Bergkette von bis zu 8000 Metern Höhe trennte sich durch das Aufbrechen des Atlantiks.

Gesteine und Mineralien

Quarz

Gesteine teilt man ihrer Entstehung nach in Magmatite, Sedimentite und Metamorphite ein. Sie bestehen aus Mineralien, von denen man heute etwa 4000 kennt. Wichtig und verbreitet sind davon lediglich ca. 30 Arten, die Gesteinsbildner. Dazu zählen Silikate, Carbonate, Oxide, Sulfide und Sulfate. Mineralien sind Verbindungen oder Elemente mit einer chemischen Formel.

Zur Mineralbestimmung zieht man physikalische Eigenschaften (Härte, Spaltbarkeit, Farbe, Kristallform und Glanz), optische Eigenschaften (Lichtbrechung), Dichte, Kristallstruktur und die chemische Zusammensetzung heran. Die meisten Mineralien sind kristallin, d. h. ihre kleinsten Bausteine (Atome, Ionen oder Moleküle) ordnen sich in einem regelmäßigen dreidimensionalen Kristallgitter an. Haben die Kristalle genug Raum während ihres Wachstums, so kann man das Kristallsystem makroskopisch bestimmen. So bilden z. B. die kubischen Mineralien Pyrit und Fluorit oft tetraeder- oder würfelförmige Kristalle aus.

Für die Grobbestimmung eines Minerals im Gelände sind vor allem die Härte (mohssche Härteskala), die Farbe bzw. Strichfarbe, der Glanz und die Spaltbarkeit wichtige Merkmale. Dabei ist die Strichfarbe die Farbe, die beim Reiben eines Minerals auf einer rauen, unglasierten Porzellanscheibe entsteht. Die Bruchstücke, in die ein Mineral beim Zerschlagen zerfällt, geben einen Hinweis auf die Spaltbarkeit.

Magmatite

Magmatite sind erstarrte Magmen bzw. Laven. Dabei unterscheidet man zwischen Plutoniten und Vulkaniten. Plutonite, wie z. B. Granit oder Gabbro, bleiben beim Aufstieg des Magmas im kühleren, festen Gestein der Erdkruste stecken. Granite bestehen aus den Mineralien Quarz, Feldspat und Glimmer.

Treten flüssige Laven an die Erdoberfläche und kühlen diese sich durch den Luftkontakt ab, so bilden sich Vulkanite, wie z. B. Basalt oder Andesit. Erfolgt die Abkühlung so schnell, dass keine Zeit zur Bildung einer kristallinen Ordnung bleibt, entsteht amorphes, vulkanisches Glas (z. B. Obsidian oder Bimsstein).

Sedimentite

Durch physikalische, chemische oder chemisch-biologische Verwitterungsvorgänge (Erosion) erfolgt ein Transport der Gesteine und eine Ablagerung an einem anderen Orte (Sedimentation). Die physikalische Verwitterung umfasst sämtliche mechanischen Prozesse durch Wind, Wasser, Eis, Frost, Sonneneinstrahlung etc. Bei der chemischen Verwitterung spielen Lösungsvorgänge eine wichtige Rolle und bei der chemisch-biologischen Verwitterung lösen Pflanzen oder Tiere die Verwitterungsprozesse aus. Die durch die Summe solche Vorgänge veränderten Gesteine nennt man Sedimentite.

Sedimentgestein

Mohssche Härteskala

Friedrich Mohs (1773 – 1839) ritzte verschiedene Minerale gegeneinander und ordnete sie so nach ihrer Härte. So entstand die relative Härteskala nach Mohs.

Härte	Mineral	Ritzbarkeit
1	Talk	mit dem Fingernagel schabbar
2	Gips	mit dem Fingernagel ritzbar
3	Calcit (Kalkspat)	mit einer Kupfermünze ritzbar
4	Fluorit (Flussspat)	mit einem Messer leicht ritzbar
5	Apatit	mit einem Messer schwer ritzbar
6	Feldspat	mit einer Stahlfeile ritzbar
7	Quarz	ritzt Fensterglas
8	Topas	-
9	Korund	-
10	Diamant	nur von sich selbst ritzbar; härtestes natürlich vorkommendes Mineral

Metamorphite

Metamorphite entstehen durch die Einwirkung von hohem Druck bzw. hoher Temperatur, wodurch sich ihre Mineralzusammensetzung und damit die Gesteinsart ändert. Wirkt hoher Druck, wie z. B. bei der Gebirgsbildung, spricht man von der sogenannten Regionalmetamorphose. Hierbei bilden sich beispielsweise aus tonigen Sedimenten Schiefergesteine (metamorphes Sedimentgestein).

Ist die Temperatur die treibende Kraft, so spricht man von Kontaktmetamorphose. Hier resultiert die metamorphe Gesteinsumwandlung von z. B. Sedimentiten oder Magmatiten aus der Wärme des umgebenden Gesteins in z. B. einer Magmakammer.

Kreislauf der Gesteine

Die Gesteine der Erde unterliegen einem ständigen Kreislauf: Magmatite erstarren, werden erodiert, transportiert und sedimentiert. Die so entstandenen Sedimentite werden erneut aufgeschmolzen oder durch Druck bzw. Temperatur in Metamorphite überführt. Metamorphite wandeln sich entweder zu Sedimentiten oder erneut zu Magmatiten um, womit sich der Kreislauf schließt. ■

Fossilien

Fossil

Fossilien sind stumme Zeugen der Evolution. Genau genommen sind Fossilien versteinerte Reste von früheren Lebewesen (Pflanzen und Tiere) bzw. deren Lebensspuren. Die Paläontologie, die Wissenschaft von den Lebewesen vergangener Erdzeitalter, ist durch die Erforschung von Paläo-Ökosystemen in der Lage, Prognosen über künftige Veränderungen unseres derzeitigen Ökosystems, z. B. Klimaentwicklung, zu stellen. Je nach Art des Fossils unterscheidet man Körperfossilien bzw. deren Abdrücke, Steinkerne und Spurenfossilien.

Körperfossilien sind ganz oder teilweise erhaltene Körper von Lebewesen. Dabei können neben den Hartteilen in seltenen Fällen Weichteile erhalten sein. Beispiele für Körperfossilien sind die Schalen von Muscheln oder Schnecken, Zähne oder Skelette von Fischen, Knochen von Dinosauriern oder Holz von Bäumen. Sie entstehen durch Versteinerung oder Verkieselung. Bei der Versteinerung dringen mineralhaltige Lösungen in die Körperreste ein. Anschließend kristallisieren diese in Poren bzw. Hohlräumen aus und versteinern so die Schalen, Knochen oder Zähne. Dringt Kieselsäure in die Körperreste ein, so spricht man von Verkieselung. Diese erfolgt sehr häufig bei Baumstümpfen. Oft ist das eigentliche Körperfossil nicht mehr vorhanden, dafür ein Abdruck der äußeren Form, wie beispielsweise der Schalenabdruck einer Muschel.

Steinkerne und Spurenfossilien

Ein fossiler Steinkern entsteht, wenn sich die Hohlräume eines Lebewesens, wie z. B. das Gehäuse einer Schnecke oder eines Ammoniten, mit Sedimentgestein auffüllen und sich anschließend das Gehäuse auflöst. Es bleibt dann lediglich der Steinkern übrig.

Spurenfossilien sind sehr vielfältig. Sie reichen von Fußabdrücken, Bewegungs- und Grabspuren (z. B. von Würmern) über Ernährungsspuren (Fraß oder Kot) bis hin zu Fortpflanzungs- und Wohnspuren (Nester, Eier). Sie umfassen somit sämtliche Hinweise auf ein Lebewesen.

Übergangsformen und lebende Fossilien

Für die Evolutionsforschung von besonderer Bedeutung sind die Übergangsformen (auch Zwischenformen oder Brückentiere). Diese Lebewesen verfügen über Merkmale von stammesgeschichtlich älteren und jüngeren biologischen Gruppen. Sie spiegeln die verwandtschaftliche Beziehung beider Gruppen wider. Der wohl bekannteste Vertreter ist Archäopteryx, der neben typischen Kriechtiermerkmalen (z. B. bezahnter Kiefer, Finger mit Krallen) Vogelmerkmale (z. B. Federn, Vogelschädel) aufweist. Ein Beispiel für eine rezente (lebende) Art ist der Quastenflosser (lebendes Fossil). Er verfügt über Merkmale eines Knochenfisches sowie über Merkmale urtümlicher Lurche. Lebende Fossilien haben sich über Jahrmillionen wegen gleichbleibender Lebensbedingungen gar nicht oder nur wenig verändert.

Altersbestimmung

Die Datierung von Gesteinen und Fossilien kann relativ anhand der Abfolge

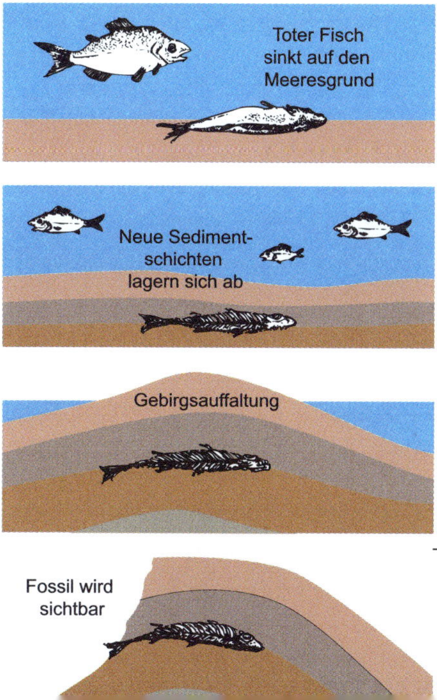

Leitfossilien

Als Leitfossilien für das Kambrium gelten hauptsächlich Trilobiten (Gliederfüßer), für Ordovizium und Silur meistens Graptolithen (Kiemenlochtiere). Vom Devon bis zur Kreidezeit stellen die Ammoniten (Kopffüßer) die meisten Leitfossilien.

der Gesteinschichten (Stratigrafie) oder mittels absoluter, radiometrischer Altersbestimmungen erfolgen. Bei der relativen Methode helfen u. a. Leitfossilien. Als Leitfossil gilt ein Fossil, wenn es nur eine kurze Zeitspanne existierte und dabei eine weite geografische Verbreitung besaß, wenn es häufig zu finden, leicht zu identifizieren und seine Entstehung weitgehend unabhängig von der Gesteinsbildung ist. Die Radiokarbonmethode (Radiokohlenstoffdatierung bzw. ^{14}C-Datierung) dient der Altersbestimmung von kohlenstoffhaltigen organischen Materialien. Kohlenstoff kommt in der Atmosphäre in drei Isotopen vor: ^{12}C, ^{13}C und ^{14}C. Isotope weichen in der Anzahl der Neutronen im Atomkern voneinander ab. Im Gegensatz zum ^{12}C ist ^{14}C instabil. Durch die Atmungsprozesse der Lebewesen bauen diese den atmosphärischen Kohlenstoff – und damit das Verhältnis von ^{12}C zu ^{14}C – in das organische Material ein und konservieren das Isotopenverhältnis der Kohlenstoffatome nach dessen Tod. Man geht davon aus, dass der Anteil der ^{14}C-Isotope in der Atmosphäre über die Zeit hinweg konstant blieb. Die Halbwertszeit von ^{14}C beträgt 5730 Jahre.

Bohrinsel

Bodenschätze

Bodenschätze sind nutzbare, natürliche, mineralische Rohstoffe. Man unterteilt die Bodenschätze in metallische, nichtmetallische und Energierohstoffe. Zu den metallischen Rohstoffen zählen Edel-, Eisen- und Nichteisenmetalle (z. B. Bunt- und Leichtmetalle). Den nichtmetallischen Rohstoffen gehören die Salze, Industrieminerale, Steine und Erden sowie Schmucksteine an. Die dritte Gruppe bilden die fossilen Energieträger (Erdöl, Erdgas, Kohle).

Nicht abbauwürdige Rohstoffe bezeichnet man als Vorkommen, während abbauwürdige und damit wirtschaftliche Konzentrationen an Rohstoffen als Lagerstätten gelten. Da bei der Lagerstättenkunde – einem Teilgebiet der angewandten Geologie – die wirtschaftliche Nutzbarkeit im Vordergrund steht, bezeichnet man sie oft als Wirtschaftsgeologie. Die Montangeologie beschäftigt sich mit der Erkundung (Prospektion), Erschließung (Exploration) und Gewinnung (Bergbau) der Rohstoffe aus ihren Lagerstätten. Je nach dem vorherrschenden Rohstoff spricht man von Erz-, Kohlen-, Salz-, Erdöl- oder Erdgaslagerstätten. Lagerstätten teilt man in Abhängigkeit von ihrer Entstehung in magmatische, sedimentäre und metamorphe Lagerstätten ein. Somit kann z. B. eine Erzlagerstätte magmatischer, hydrothermaler (da in den Randgebieten magmatischer Schmelzen entstanden) oder sedimentärer Herkunft sein. Als Erzlagerstätte bezeichnet man eine überdurchschnittliche Anreicherung eines Minerals oder Mineralgemenges.

Kohlelagerstätten

Die Kohlevorkommen der heutigen Zeit entstanden im Karbon vor etwa 280 bis 345 Millionen Jahren. Zu dieser Zeit herrschte ein feuchtwarmes Klima mit ausgeprägtem Pflanzenwuchs. Die Pflanzen starben, und Mikroorganismen zersetzten sie, wodurch Sümpfe bzw. Torfe entstanden. Durch geologische Prozesse überdeckten Sedimente die Sümpfe. Mit zunehmendem Druck auf die pflanzlichen Überreste entwich immer mehr Wasser aus dem Torf, sodass sich zunächst Braunkohle, dann Steinkohle und zuletzt

Salzvorkommen

Anthrazit oder sogar Grafit (100 Prozent Kohlenstoffgehalt) bildete. Diesen Prozess der Karbonisierung von Pflanzenresten nennt man Inkohlung. Steinkohle bezeichnet man auch als „schwarzes Gold“.

Erdöl- und Erdgaslagerstätten

Erdöl und Erdgas entstanden auf ähnliche Weise, weshalb man sie oft vergesellschaftet vorfindet. Bis ins letzte Detail ist ihre Entstehung jedoch nicht geklärt. Die biogenetische Theorie gilt als weitgehend gesichert. Beim Beispiel der Erdölentstehung bedeutet das: Im Devon vor 350 bis 400 Millionen Jahren fand ein Massensterben unter den Meeresorganismen statt. So sedimentierte innerhalb eines kurzen Zeitraums sehr viel Biomasse auf den Meeresboden. Unter den herrschenden hohen Druck- und Temperaturbedingungen verbanden sich die so entstandenen Kerogene (organische Stoffe, die vorwiegend aus Kohlenstoff und Wasserstoff bestehen) zu kompakten Massen, dem Erdöl.

Salzlagerstätten

Salzlagerstätten bildeten sich in abgetrennten Meeresbecken oder Binnenseen unter aridem (heiß-trockenem) Klima. Ist die Zufuhr von frischem Wasser über lange Zeit hinweg geringer als die Verdunstung (Evaporation), so fallen die im Wasser gelösten Salze aus. Zunächst kristallisieren die am schwersten löslichen Salze. Dies sind Karbonate und Sulfate (z. B. Gips). Anschließend setzen sich Steinsalz (NaCl) und die leicht löslichen Kalium- und Magnesiumsalze ab. In abgeschlossenen Eindampfungswannen in Wüstengebieten entstehen so in Einzelfällen Lagerstätten von Salpeter (Salze der Salpetersäure, Nitrate) und Borax (Natriumborat). ■

Erze und ihre Gangart

Erz ist ein (metallisches) Mineral oder Mineralgemenge, das man gewinnbringend abbauen kann. Oft unterscheidet man zwischen Erzmineralen, aus denen man ein oder mehrere Metalle gewinnt, und sogenannten Industriemineralen, wie z. B. Diamant, Grafit oder Talk. Der tatsächliche Erzbegriff (Minerallagerstätte) ist also weiter gefasst als die traditionelle Bedeutung eines Metallerzes, das man durch Bergbau gewinnt. Die kostbaren Erze sind oft mit wertlosen Mineralen verwachsen. Diese nicht nutzbaren Begleitminerale, wie z. B. oft Quarz, Karbonat oder Glimmer, bezeichnet man als „Gangart“.

Geografisches Netz und die Zeitzonen

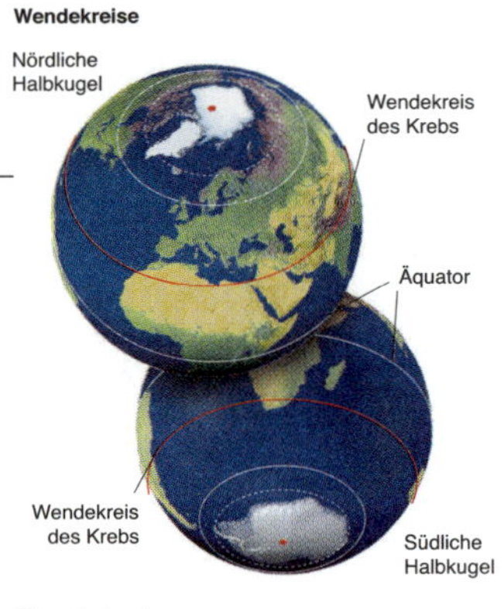

Wendekreise

Bereits im 15. Jh. setzten Seefahrer die geografische Breite zur Navigation ein. Der Breitengrad lässt sich auf der Nordhalbkugel durch die Höhe des Polarsterns über dem Horizont recht genau bestimmen: Am Äquator steht der Polarstern am Horizont; am Nordpol steht er senkrecht zum Horizont. Die Bestimmung der geografischen Länge hingegen war nicht so trivial. Erst im 18. Jh. löste man das Längenproblem über die Verwendung der genauen Uhrzeit. Heute setzt man GPS-Satellitenempfänger ein.

Zur eindeutigen Festlegung von Punkten auf der Erde (Kugel bzw. Ellipsoid) dient ein Gitternetz aus Längen- und Breitenkreisen. Breitenkreise verlaufen parallel zur Äquatorebene. Der Äquator selbst ist ein Großkreis; alle anderen Breitenkreise sind Kleinkreise. Man unterscheidet zwischen Breitenkreisen nördlicher und südlicher Breite von 0 bis 90 Grad.

Senkrecht auf den Breitenkreisen stehen die Längenkreise. Sie verlaufen durch die Pole. Alle Längenkreise sind Großkreise; einen halben Großkreis (von Pol zu Pol) nennt man Meridian. Unter den Meridianen gibt es keine natürliche Nullmarke. Den Nullmeridian legte man 1884 international fest; er durchläuft die Mittelachse eines Teleskops des Observatoriums von Greenwich (London). Die Längenkreise zählt man vom Nullmeridian einmal nach Osten (östliche Länge) und einmal nach Westen (westliche Länge). Bei 180 Grad treffen sich die Meridiane östlicher und westlicher Länge.

Zeitzonen

Die Uhrzeit machte man seit jeher am Sonnenstand fest. Bedingt durch die Erdrotation ist die Ortszeit vom jeweiligen Längenkreis abhängig. So definierte man 24 Zeitzonen im Abstand von jeweils 15 Grad mit einem Zeitversatz von je einer Stunde. Die tatsächlichen Zeitzonen der Erde weichen in einigen großflächigen Ländern hiervon ab. So gilt für die gesamte Antarktis die einheitliche koordinierte Weltzeit (Universal Time Coordinated, UTC).

Reist man auf der Erde in Richtung Osten, so muss man die Uhr vorstellen, während man die Zeit in Richtung Westen zurückdrehen muss. An dem Punkt, wo sich die beiden Längenkreise bei 180 Grad treffen, liegt die Datumsgrenze. Zwischen Punkten östlich und westlich von diesem Meridian liegt eine Zeitdifferenz von genau 24 Stunden (ein Tag) vor.

Sommerzeit

Stellt man die Uhr im Frühling eine Stunde vor oder zurück? Diese Frage stellt man sich jedes Jahr erneut. Da es in den Sommermonaten abends länger hell ist, stellt man im Frühjahr die Uhren in Europa um eine Stunde zurück, um mehr Tageslicht zur Verfügung zu haben. Im Herbst, beim Wechsel zur Winterzeit (Normalzeit), gewinnt man die verlorene Stunde zurück.

Projektionen

Zur Orientierung und Navigation auf dem Lande, zu Wasser oder in der Luft dienen Karten. Eine Karte ist eine Projektion

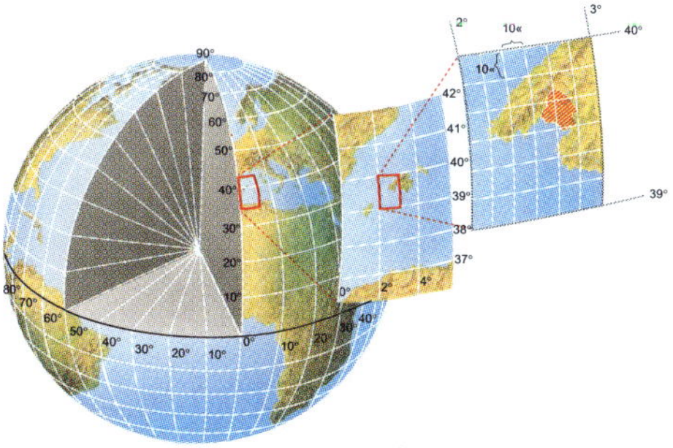

der dreidimensionalen Erdkugel auf eine zweidimensionale Fläche. Dabei kann die Projektion entweder flächentreu, längentreu oder winkeltreu sein. Den Informationsverlust einer Karte gleicht man durch mathematische Korrekturen aus. Seekarten stellt man winkeltreu dar (Mercatorprojektion), wobei die beiden polnahen Regionen genauso lang wie die Äquatorlinie sind. Auf diese Weise kann man die kürzeste Verbindung zweier Punkte als gerade Linie darstellen, obwohl man auf dem Globus eine Kurve beschreibt.

Oft spiegeln Karten unterschiedliche Themen wider. Beispiele sind topografische Karten, historische Karten, Bodenschatzkarten, Bevölkerungskarten, politische Karten, Wanderkarten etc.

Der Maßstab setzt die Karte ins Verhältnis zur Wirklichkeit; von ihm ist die Genauigkeit der Karte abhängig. Eine großmaßstäbliche Karte, z.B. 1:5000 (Grundstückskarte), stellt ein kleines Gebiet sehr genau dar, während eine kleinmaßstäbliche Karte, z.B. 1:600.000 (Staatenübersicht), ein großes Gebiet klein darstellt.

Ortskoordinaten

Mithilfe der geografischen Breiten- und Längenkoordinaten kann man jeden Punkt der Erde exakt bestimmen. Dabei gilt: 1 Grad = 60 Minuten, 1 Minute = 60 Sekunden. Bei der Angabe der Ortskoordinaten gibt man zuerst die geografische Breite und dann die Länge an (B vor L, wie im Alphabet). Beispiel: Berlin: 52° 31′ N, 13° 14′ O.

Erdatmosphäre

Ob die Sonne scheint oder Wind und Regen das örtliche Wetter bestimmen – das hängt vom jeweiligen physikalischen Atmosphärengeschehen an diesem Ort und zu dieser Zeit ab. Die Entwicklung der Atmosphäre ist eng mit der biologischen und geologischen Evolution der Erde verknüpft. Bis vor etwa 2,5 Millionen Jahren war die Ur-Atmosphäre weitgehend sauerstofffrei. Damals bestand sie hauptsächlich aus Wasserdampf, Kohlenstoffdioxid und Schwefelwasserstoff.

Mit dem Beginn des Lebens auf der Erde veränderte sich langsam die chemische Zusammensetzung der Atmosphäre. Die ersten Organismen betrieben Fotosynthese und reicherten somit die Ur-Atmosphäre langfristig mit freiem Sauerstoff an. Heute besteht die bodennahe Atmosphäre (Homosphäre) bis etwa 100 Kilometer Höhe aus ca. 78 Prozent Stickstoff, 21 Prozent Sauerstoff und verschiedenen Spurengasen. Der Kohlenstoffdioxidgehalt liegt bei lediglich 0,03 Prozent.

Die Gashülle ist nach oben hin nicht scharf begrenzt. In Höhen von 500 bis 1000 Kilometern (Exosphäre) geht sie fließend in den interplanetaren Raum über. In Anlehnung an den vertikalen Temperaturverlauf gliedert man die Atmosphäre in einzelne Stockwerke. Die vier Sphären trennen Grenzschichten (Pausen) voneinander. Von unten nach oben gliedert man die untere Atmosphäre in Troposphäre, Tropopause, Stratosphäre, Stratopause, Mesosphäre und Mesopause. Diese Stockwerke bezeichnet man wegen ihrer gleichförmigen chemischen Zusammensetzung auch als Homosphäre. Oberhalb von etwa 100 Kilometern schließen sich Thermosphäre und Exosphäre an. Die beiden letzten Schichten fasst man auch zur Heterosphäre oder Ionosphäre zusammen. Sie bestehen vorwiegend aus sehr dünnem Gas, das nicht mehr in Molekülen, sondern nur noch in Atomen und Ionen vorliegt.

Ozonschicht

Die Ozonschicht ist ein Teil der Stratosphäre in 15 bis 50 Kilometern Höhe. Durch die ultraviolette Strahlung der Sonne bildet sich aus freiem Sauerstoff (O_2) Ozon (O_3). Gleichfalls durch den Einfluss der ultravioletten Strahlung absorbiert das Ozon diese, und es entsteht wiederum Sauerstoff. Somit bildet sich ein chemisches Gleichgewicht zwischen freiem Sauerstoff und Ozon aus. Bestimmte Gase, insbesondere FCKW (Fluorchlorkohlenwasserstoffe) beschleunigen den Abbau des Ozons, sodass sich das Gleichgewicht in Richtung des Sauerstoffs verschiebt. Die Folge ist ein Ozonloch. Seit Ende der 1970er-Jahre existiert ein Ozonloch über dem Südpol; 1992 entdeckte man ein zweites kleineres Ozonloch über dem Nordpol.

Wolken

Unser Wettergeschehen ist auf die unteren 10 bis 15 Kilometer begrenzt (Troposphäre). Das liegt daran, dass der Wasserdampf, der für die Wolkenbildung verantwortlich ist, die Tropopause nicht überwinden kann. Eine Wolke ist eine Ansammlung von festen oder flüssigen Wasserteilchen in der Luft (Aerosol). Diese bilden bodennah als Nebel oder Dunst sichtbare Kondensationsprodukte des Wasserdampfs oder bestehen in größeren Höhen ganz oder teilweise aus Eiskristallen. Daneben finden sich in Wolken Abgas-, Rauch- und Staubteilchen.

Wolken teilt man nach der Höhe ihres Vorkommens ein. In den gemäßigten Breiten kommen sogenannte tiefe Wolken in bis zu 2 Kilometern Höhe vor, mittelhohe Wolken in 2 bis 7 Kilometern Höhe und hohe Wolken in 5 bis 15 Kilometern Höhe. Eine Wolke, die sich über mehrere Stockwerke erstreckt, bezeichnet man als vertikale Wolke. Daneben gliedert man die Wolken nach ihrem Aussehen (haufen-, schicht- oder schleierförmig) sowie ihrer Entstehung: Bei Gewittern ziehen charakteristische Regenwolken auf, die sich schnell bilden und schnell wieder verschwinden.

Lösen sich infolge der Schwerkraftwirkung Eiskristalle aus den Wolken und fallen zu Boden, so spricht man von Niederschlag. Je nach herrschender Temperatur entsteht während des freien Falls Regen, Schnee, Hagel oder Graupel. ■

Warum ist der Himmel blau?

Das Sonnenlicht enthält alle Farben. Während das Licht die Erdatmosphäre durchdringt, reflektieren die Teilchen der Luft in besonderem Maße das kurzwellige blaue Licht. Der Blauanteil des Sonnenlichts bleibt – einfach gesagt – am Himmel hängen.

Satellitenaufnahme eines Tornados

Wind und Sturm

Wind ist eine gerichtete Luftbewegung innerhalb der Atmosphäre. Hauptursache für Winde sind Luftdruckunterschiede zwischen Hochdruck- und Tiefdruckgebieten. Diese entstehen durch unterschiedlich starke Erwärmung der Erdoberfläche. Die warme Luft steigt auf und erzeugt in der Höhe einen erhöhten Luftdruck (Hochdruckgebiet). Die erwärmten Luft-teilchen fließen horizontal ab. Am Boden vermindert sich folglich der Luftdruck; es entsteht ein Tiefdruckgebiet. Umgekehrt entsteht beim Abkühlen der Erdoberfläche ein Hochdruckgebiet in Erdbodennähe und in der Höhe ein Tiefdruckgebiet.

Um den Druckunterschied zwischen einem Hoch- und einem Tiefdruckgebiet auszugleichen, erfolgt ein Lufttransport senkrecht zu den Isobaren (Linien gleichen Luftdrucks): Wind entsteht. Je stärker der Druckunterschied, desto stärker der Wind. Gleichzeitig gibt dies auch die Windrichtung vor, welche die Corioliskraft (Ablenkung durch die Rotation der Erde) auf der Nordhalbkugel nach rechts und auf der Südhalbkugel nach links ablenkt. Am Äquator erfolgt keine Ablenkung. Ein weiterer Effekt der Corioliskraft ist der Drehsinn der Luftmassen innerhalb eines Hochs bzw. Tiefs. Auf der Nordhalbkugel weht der Wind im Hochdruckgebiet im Uhrzeigersinn; im Tiefdruckgebiet entgegen dem Uhrzeigersinn. Auf der Südhalbkugel verhält es sich genau umgekehrt. Erreicht ein Wind eine Geschwindigkeit von mehr als 76 Kilometer pro Stunde, so spricht man von einem Sturm.

Passat und Monsun

Verglichen mit den Polregionen erreichen den Äquator deutlich mehr Sonnenstrahlen. Die erwärmte Luft am Äquator steigt auf und wird nach Norden und Süden abgelenkt. Diese Äquatorwinde reichen etwa bis 30 Grad Breite, dann sind sie so weit abgekühlt, dass sie absinken. Da über dem Äquator Luft aufsteigt, fehlt dort Luft; es entsteht ein Sog (Unterdruck, Tiefdruckgebiet), der die Luft wieder in tiefere Ebenen zieht. Die Corioliskraft lenkt die zum Äquator zurückfließenden Winde auf der Nordhalbkugel nach rechts (Nordostpassat) und auf der Südhalbkugel (Südostpassat) nach links ab.

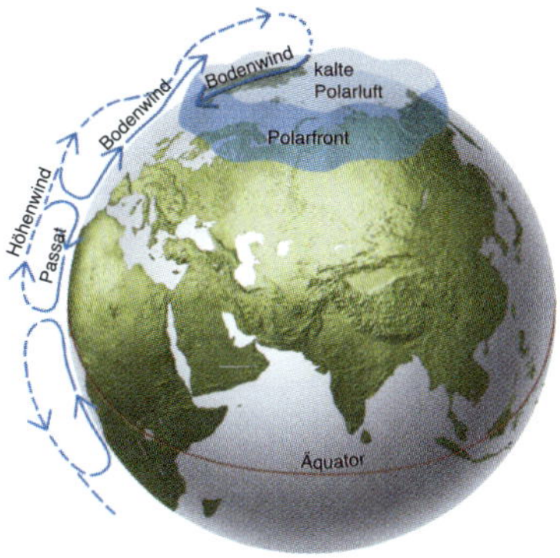

Windsysteme der Erde

Monsunwinde bestimmen vor allem in Süd- und Südostasien das Wettergeschehen. Man unterscheidet zwischen Sommer- und Wintermonsun, da sie durch die unterschiedliche jahreszeitliche Erwärmung von Land und Meer entstehen. Der Sommermonsun bringt kräftige Niederschläge vom kühlen Meer auf die erwärmten Landflächen. Der Wintermonsun ist trocken und weht vom kühlen Festland hinaus auf das wärmere Meer.

Tropischer Wirbelsturm

Wirbelstürme sind Windsysteme mit vertikaler Drehachse, die sich in Entstehung, Struktur und Größe voneinander unterscheiden. Tropische Wirbelstürme entstehen meist in den Tropen oder Subtropen. Sie bilden sich ausschließlich über der Wasseroberfläche, da hier die Reibung niedriger als an Land und die Luft feucht genug ist. Antrieb des Wirbelsturms ist in erster Linie die Kondensationswärme. Wegen der Corioliskraft beginnt der Wirbel sich um das „Auge" zu drehen. Je nachdem in welcher Region sich ein tropischer Wirbelsturm bildet, unterscheidet man zwischen Hurrikan (Nordatlantik, Nordpazifik östlich von 180 Grad Länge oder Südpazifik östlich von 160 Grad Ost), Taifun (Nordpazifik, asiatischer Raum) oder Zyklon (Indischer Ozean und alle anderen Regionen).

Tornado

Tornados (Wind- oder Wasserhosen) können sich ganzjährig und an jedem beliebigen Ort der Erde bilden. Die meisten Tornados treten jedoch im Mittleren Westen der USA auf, wenn kalte Luftmassen aus Kanada mit warmen Luftmassen aus dem Golf von Mexiko kollidieren. Tornados klassifiziert man nach den Schäden, die sie anrichten. Sie erreichen Geschwindigkeiten von 50 bis 70 Kilometer pro Stunde. ■

Windstärke

1835 erließ die 1. Internationale Meteorologische Konferenz in Brüssel die von Sir Francis Beaufort 1806 entwickelte und nach ihm benannte Beaufortskala zur Einteilung von Windstärken.

Windstärke	Bezeichnung	Windgeschwindigkeit [km/h]
0	Windstille	bis 1,9
1	leiser Zug	bis 7,4
2	leichte Brise	bis 13,0
3	schwache Brise	bis 20,4
4	mäßige Brise	bis 29,6
5	frische Brise	bis 40,7
6	starker Wind	bis 51,9
7	steifer Wind	bis 63,0
8	stürmischer Wind	bis 75,9
9	Sturm	bis 88,9
10	schwerer Sturm	bis 103,7
11	orkanartiger Sturm	bis 118,5
12	Orkan	mehr als 118,5

Klima und Klimawandel

Spricht man vom Klima, so ist entscheidend, ob vom lokalen oder globalen Klima die Rede ist. Das Mikroklima beschränkt sich auf wenige Kilometer, das Mesoklima bezieht Landschaften bzw. ganze Länder ein. Erst das Makroklima beschreibt globale Zusammenhänge. Das globale Klima ist ein äußerst komplexes Klimasystem, das unter dem Einfluss der unterschiedlichen Geosysteme (Atmosphäre, Lithosphäre, Hydrosphäre, Biosphäre etc.) steht. Weiterhin ist wichtig, über welche Zeiträume man das Klima betrachtet.

Das Wetter bzw. die Wetterlage ist regional begrenzt und kann sich innerhalb von einer Stunde bis zu einem Tag schlagartig ändern. Betrachtet man das Wetter an einem Ort über einen Zeitraum von mehreren Tagen oder Wochen, so spricht man von der Witterung. Erst den typischen jährlichen Verlauf des Witterungsgeschehens einer Region bezeichnet man als Klima.

Aussagen zum Klimageschehen beruhen auf der Summe messbarer Eigenschaften, den Klimaelementen (z.B. Luftdruck, -feuchtigkeit, -temperatur, Windstärke, Niederschlagsmenge, Wassertemperatur, Meeresströmungen und Salzgehalt der Meere).

Prozesse und Zustände, die das Klima hervorrufen, erhalten oder verändern, nennt man Klimafaktoren. Dabei unterscheidet man zwischen natürlichen und anthropogenen Faktoren. Ein wichtiger natürlicher Klimafaktor ist die geografische Breite und hiermit die Menge der Sonneneinstrahlung. Aus dieser Abhängigkeit resultieren die Klimazonen: Tropen (0 bis 23,5 Grad), Subtropen (23,5 bis 40 Grad), gemäßigte Zone (40 bis 66 Grad) und die Polargebiete (66 bis 90 Grad).

Zu den anthropogenen Klimafaktoren zählen z.B. die Art der Bebauung, Industrie und Verkehr sowie die jeweilige Flächennutzung.

Treibhauseffekt

Der atmosphärische Treibhauseffekt ist mit einem verglasten Gewächshaus vergleichbar. Die in der Erdatmosphäre enthaltenen Treibhausgase (z.B. Wasserdampf, Kohlenstoffdioxid, Methan und Ozon) übernehmen die Rolle des Fensterglases beim Gewächshaus: Der kurzwellige Anteil des Sonnenlichts gelangt ungehindert bis zur Erdoberfläche; die langwellige Wärmestrahlung absorbiert das Glas bzw. die Atmosphäre zu einem großen Teil. Die vom Boden und den Pflanzen abgegebene langwellige Wärmestrahlung reflektieren die Treibhausgase in der Höhe wiederum, wodurch sich die Atmosphäre aufheizt. Ohne diesen natürlichen Wärmeschutzschild läge die Durchschnittstemperatur auf der Erde bei -18 Grad Celsius.

Seit Beginn der Industrialisierung vor etwa 150 Jahren verstärkt der Mensch diesen natürlichen Prozess. Vor allem Industrieabgase, Verbrennung von fossilen Brennstoffen und großflächige Waldrodungen vermehren den Kohlenstoffdioxidgehalt der Atmosphäre. Durch den Einsatz der chemisch äußerst stabilen FCKWs (Fluorchlorkohlenwasserstoffe) in Kühlanlagen, als Treibgas in Sprühdosen und Feuerlöschern entließ der Mensch ein zusätzliches Treibhausgas in die Atmosphäre. Diesen durch den Menschen verursachte Anteil am atmosphärischen Treibhauseffekt bezeichnet man als anthropogenen Treibhauseffekt. Umgangssprachlich meint man mit dem Treibhauseffekt meist die globale Erwärmung der Erde.

Treibhauseffekt

Kyoto-Protokoll

Im Kyoto-Protokoll von 1997 verpflichten sich die Industriestaaten zur Reduzierung der Treibhausgase bis 2012 um durchschnittlich 5,2 Prozent unter das Niveau von 1990. Bis heute ratifizierten 171 Staaten, die rund zwei Drittel des Kohlenstoffdioxid-Ausstoßes verantworten, das Protokoll.

Klimawandel

Klimaschwankungen gab es in der Erdgeschichte mehrfach. Allerdings beobachtet man seit 1990 einen unnatürlich starken Temperaturanstieg. Setzt sich dieser Trend fort, so schmilzt das Eis der Pole und Gletscher, der Meeresspiegel steigt an, Landmassen gehen unter, Naturkatastrophen (Stürme und Überschwemmungen) nehmen zu, und es kommt zu starken regionalen Klimaänderungen. So könnte durch Schmelzwasser und vermehrte Niederschläge z. B. der Golfstrom, der für das Klima in Nord-, West- und Mitteleuropa verantwortlich ist, zum Erliegen kommen. Die Temperaturen in Europa würden dann um bis zu 10 Grad sinken.

Modellrechnungen zufolge soll die globale Durchschnittstemperatur bis zum Jahre 2100 um 1,4 bis 5,6 Grad Celsius ansteigen. ■

Eis- und Trockenwüsten

Atacamawüste in Chile

Nicht nur extreme Trockenheit (weniger als 250 Millimeter Niederschlag pro Jahr) und Hitze, sondern auch Kälte zeichnen weitgehend unfruchtbare und vegetationsarme Wüstengebiete aus. Sie bedecken etwa ein Fünftel der gesamten Landfläche der Erde (ca. 30 Millionen Quadratkilometer). Neben Eis- und Trockenwüsten existieren Stein-, Geröll- und Salzwüsten. Halbwüsten sind geringfügig feuchter als echte Wüsten, aber immer noch trockener als Savannen. Sie bilden meist Übergangszonen, wie z. B. die Sahelzone.

Die Antarktis (griech. der Arktis gegenüber) ist das geografische Gebiet um den Südpol bis etwa 66 Grad südlicher Breite und umfasst mehr als 13 Millionen Quadratkilometer an Land- und Meeresfläche. Sie ist damit die größte Eiswüste der Erde. Der vereiste Kontinent heißt Antarktika. Ohne die bis zu 4500 Meter dicke Eisdecke sähen die Umrisse des Kontinents völlig anders aus, weshalb die genaue Größe unbekannt ist. Die antarktischen Eismassen machen rund 90 Prozent des gesamten irdischen Eises aus und stellen damit das größte Trinkwasserreservoir der Erde dar. Die Temperaturen erreichen bis zu -90 Grad Celsius. Heftige Schneestürme und mancherorts geringere Niederschläge als in der Sahara machen die Antarktis zu einer der lebensfeindlichsten Gegenden der Erde. Abgesehen von den an die extremen Umweltbedingungen angepassten Meeres- und Landlebewesen, wie Fische, Wale, Kalmare, Seelöwen, Seehunde, Pinguine und unterschiedliche Meeresvögel, bevölkern den Kontinent kaum höher entwickelte Lebensformen. In den wenigen eisfreien Regionen, den antarktischen Oasen im Inneren der Antarktis, findet man Mikroorganismen, Moose, Flechten und einige wenige wirbellose Tiere. Das Leben im antarktischen Ozean ist jedoch sehr vielfältig.

Sahara

Die mit etwa 8,7 Millionen Quadratkilometern größte Trockenwüste der Erde, die Sahara, besteht nur zu einem geringen Teil aus Sand; den Großteil machen Stein-, Fels- und Kieswüstengebiete aus. Die Sahara ist eine typische Wendekreiswüste mit einem heiß-trockenen Klima, wobei die

Die größten Wüsten der Erde

Antarktis:	13.200.000	Quadratkilometer
Sahara (Afrika):	8.700.000	Quadratkilometer
australische Wüsten:	1.560.000	Quadratkilometer
arabische Wüsten:	1.300.000	Quadratkilometer
Gobi (Asien):	1.040.000	Quadratkilometer
Kalahari (Afrika):	900.000	Quadratkilometer

Verdunstungsrate die Niederschlagsmenge weit übersteigt. Der ganzjährig wehende Passatwind bringt durchschnittlich etwa 45 Millimeter Niederschlag pro Jahr, wobei es manche Jahre überhaupt nicht regnet. Wegen der geringen Feuchtigkeit ist eine Wolkenbildung äußerst selten. Damit fehlt eine Isolierungsschicht, und es resultieren extreme Temperaturschwankungen zwischen Tag und Nacht. Tagsüber erreichen die Temperaturen bis zu 58 Grad Celsius; im Winter kann die Temperatur nachts auf -10 Grad Celsius fallen. Diese Temperaturunterschiede tragen stark zur physikalischen Verwitterung und damit zur Wüstenbildung (Desertifikation) bei.

Sahara

Im Laufe der vergangenen Jahrmillionen wechselten sich trockene und feuchte Phasen ab. So gab es Zeiten, in denen die Sahara wasserreich und fruchtbar war. Davon zeugen Fossilfunde von Meereslebewesen (z. B. Muscheln, Korallen), Trockenflussbetten (Wadis) und Felsmalereien. Heute bevölkern die Sahara zahlreiche Tierarten, die sich den Lebensbedingungen der Wüste anpassten. So verfügen viele Insekten über außergewöhnlich lange Stelzbeine, die ihnen das Laufen auf dem heißen Sand erleichtern, da bereits wenige Zentimeter über dem Sand die Temperaturen deutlich geringer sind. Durch eine schnelle Fortbewegungsart schützen diese Tiere sich vor der tödlichen Überhitzung.

Oase

Eine Oase ist ein, meist an einer Quelle gelegener, Vegetationsfleck innerhalb einer Wüste. In Trockenwüsten unterscheidet man zwischen Grund-, Fluss- und Quellwasseroasen sowie Oasen mit artesischen Brunnen. Letztere finden sich häufig in Tälern mit einer verborgenen wasserführenden Schicht. Das Wasser tritt wegen der Spannungen von selbst an die Oberfläche, oder man kann es einfach anbohren. Die Oasengröße reicht von kleinen Teichen bis hin zu ganzen Städten.

Meere und Gezeiten

Die Kontinente sind von drei großen Ozeanen umgeben: Atlantischer, Indischer und Pazifischer Ozean. Ob der Arktische Ozean (Nordpolarmeer) und der Südliche Ozean (Südpolarmeer) eigenständige Ozeane oder Teile der drei großen Ozeane sind, ist nicht eindeutig definiert. Binnen-, Mittel- und Randmeere, wie z. B. die Nord- und Ostsee, Mittelmeer, Schwarzes, Rotes und Gelbes Meer, bezeichnet man als Nebenmeere. Insgesamt machen die Weltmeere gut 71 Prozent der Erdoberfläche aus. Das Kaspische und das Tote Meer gelten als Seen, da sie innerhalb eines Kontinents liegen.

Meerwasser zeichnet sich – im Unterschied zu Süßwasser – durch einen Salzgehalt von durchschnittlich 3,5 Prozent aus. Den Hauptanteil der Salze bilden Chloride (Natrium-, Kalium- und Magnesiumchlorid). Neben Kalziumsulfaten und -karbonaten finden sich Spuren anderer Salze sowie Spurenelemente wie z. B. Jod. Weiterhin ist Meerwasser in der Lage, Kohlenstoffdioxid und Sauerstoff sowie andere atmosphärische Gase zu lösen und damit zu speichern. Der tatsächliche Salzgehalt einzelner Gewässer kann stark voneinander abweichen. Der Salzgehalt in den oberen Schichten des Meerwassers ergibt sich aus der Differenz zwischen Verdunstung und Niederschlag. In Gebieten, wo die Verdunstung hoch ist, ist auch der Salzgehalt hoch. Demnach sind die tropischen Meere gegenüber den polaren Gewässern tendenziell salzhaltiger.

Meeresströmungen

Die Einflussfaktoren auf die globalen Meeresströmungen sind äußerst vielfältig und komplex. Neben Wind, der Verteilung von Land- und Wassermassen sowie dem Relief des Meeresbodens tragen vor allem Temperatur- und Dichteunterschiede (durch veränderte Salzgehalte) bei. Die Summe der wirkenden Kräfte transportiert das Meerwasser von einem Ozean in den nächsten. Eine der stärksten Meeresströmungen dieses globalen Förderbandes ist der warme Golfstrom im Atlantik. Er ist verantwortlich für das milde Klima in Nord-, West- und Mitteleuropa. Einfluss auf den Golfstrom nehmen u. a. die atmosphärische Zirkulation, die Corioliskraft, Unterschiede in Temperatur, Salzgehalt und Dichte sowie die Tiefenkonvektion. Stark vereinfacht lässt sich der Golfstrom dadurch erklären, dass kühles Wasser zwischen Island und Grönland in die Tiefe absinkt und wärmeres Wasser aus dem Süden quasi „ansaugt“.

Gezeiten

An den Küsten beobachtet man ein periodisches Heben und Senken der gesamten Wasseroberfläche; zweimal pro Tag fällt und steigt das Wasser. Diesen Vorgang bezeichnet man als die Gezeiten. Den Zeitraum des Wasseranstiegs nennt man Flut und den des Sinkens Ebbe. Der höchste bzw. niedrigste Wasserstand heißt Hoch- bzw. Niedrigwasser. Die Zeitdauer vom niedrigsten Wasserstand über den Wasserhochstand bis zum nächste Niedrigwasser ist die Tide. Sie dauert normalerweise zwölf Stunden und 25 Minuten.

Ursache für die Gezeiten sind die Anziehungskräfte von Sonne und Mond auf die Erde sowie die Fliehkraft, die sich durch die Eigenrotation der Erde ergibt. Auf der Erdseite, die dem Mond zugewandt ist, wirkt die Anziehungskraft des Mondes: Ein Flutberg entsteht. Auf der dem Mond abgewandten Erdseite überwiegt die Fliehkraft der Erde: ein zweiter Flutberg entsteht.

Stehen Sonne, Mond und Erde in einer Linie, so addieren sich die Kräfte, und es kommt zur Springtide. Herrscht Halbmond und steht die Sonne im rechten Winkel zur Erde, so reduziert sich die Anziehungskraft des Monds, und es kommt zur Nipptide.

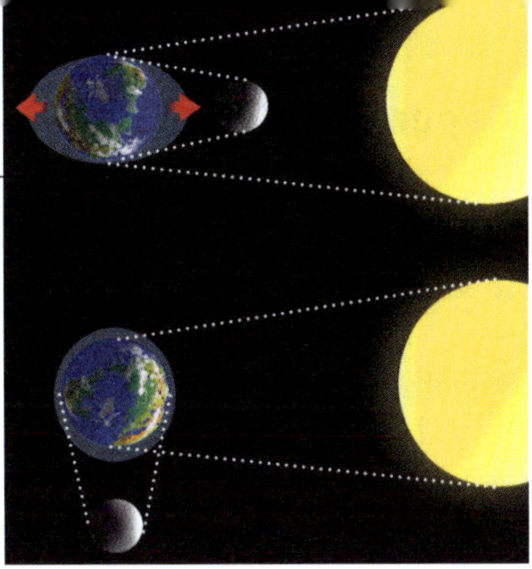

Entstehung der Gezeiten

Die sieben Weltmeere

Früher teilte man die Weltmeere nach ihrer wirtschaftlichen Bedeutung ein. Dazu zählten neben den drei großen Ozeanen (Atlantik, Pazifik und Indischer Ozean) die vier interkontinentalen Mittelmeere:

- **1. Arktisches Mittelmeer (Nordpolarmeer)**
- **2. Australisches Mittelmeer**
- **3. Europäisches Mittelmeer**
- **4. Amerikanisches Mittelmeer**

Tiefsee

Die Tiefsee beginnt ab ca. 1000 Metern Tiefe und macht etwa 70 Prozent des gesamten Volumens der Weltmeere aus. Im Marianengraben (Pazifik) maß man die tiefste Stelle der Erde mit 11.034 Metern. Die Tiefsee ist völlig lichtlos, weshalb hier keine Pflanzen existieren. Trotzdem verfügt sie über eine vielfältige, bislang wenig erforschte Tierwelt aus Räubern und Aasfressern.

Seen und Flüsse

Gardasee

Binnengewässer (nicht zu verwechseln mit den Binnenmeeren) sind alle oberflächigen Gewässer, die keine Meere sind. Dabei unterscheidet man zwischen Still- und Fließgewässern. Zu den Fließgewässern zählen Bäche, Flüsse und Ströme. Letztere sind große Flüsse, die ins offene Meer münden. Stehende Gewässer sind z. B. Seen, Buchten, Fjorde, Tümpel und vom Menschen angelegte Teiche und Stauseen. Die meisten stehenden Gewässer enthalten Süßwasser. Doch einige Seen wie z. B. das Kaspische und das Tote Meer stellen große Salzseen dar.

Das Tote Meer besitzt einen Salzgehalt von bis zu 33 Prozent; der des Mittelmeers liegt bei knapp drei Prozent. Der hohe Salzgehalt resultiert aus der Verdunstung des Seewassers. Die Zusammensetzung der Salze weicht von der des Meerwassers deutlich ab. Die Salze des Toten Meers sind zudem hygroskopisch (wasseranziehend), weshalb der rund 600 Quadratmeter große See Luftfeuchtigkeit aufnimmt und somit niemals gänzlich austrocknet und keine Salzkrusten bildet. Die Lage des Toten Meers am Ende des Afrikanischen Grabenbruchs macht ihn zum tiefsten frei zugänglichen Punkt der Erdoberfläche.

Süßwasserhaltige Seen entstehen als Ansammlungen von Niederschlägen und Schmelzwasser in Kuhlen, Rissen und Grabenbrüchen, nach Bergstürzen, durch Abschnürung von Meeresbuchten, in Meteoritenkratern usw. Ein solcher See verfügt über ein stabiles Temperaturgefälle und bietet somit Pflanzen und Tieren in jeder Tiefenzone einen geeigneten Lebensraum. Das Ökosystem See „kippt" leicht, wenn ein Überangebot an Nährstoffen vorliegt. Diesen Zustand lösen vor allem phosphat- und nitrathaltige Abwässer und Düngemittel aus. Den zerstörerischen Prozess nennt man Eutrophierung.

Von der Quelle zur Mündung

Fließgewässer entspringen an einer Quelle, einem Ort, an dem Wasser auf natürliche Weise aus der Erdoberfläche austritt. Der unterirdische Abfluss von Niederschlagswasser (Süßwasser) speist solche Quellen. In manchen alpinen Hochtälern lässt sich die Quelle nicht eindeutig lokalisieren; man spricht dann vom Quellgebiet. Entsprechend der Fließrichtung – von höheren in niedrigere Gebiete – unterteilt man den Fluss in Ober-, Mittel- und Unterlauf. In Flussabschnitten mit geringem Gefälle bilden sich oft zahlreiche Mäander (Schlingen) aus. Durch Flussbegradigungen macht man solche Flüsse, wie z. B. den Rhein, schiffbar.

Die Mündung in ein anderes Gewässer erfolgt direkt, in Form eines Mündungstrichters (Ästuar) oder Mündungsdeltas. Mündungstricher bilden sich vorwiegend an Flachküsten mit großem Tidenhub (z. B. Elbe). Ein typisches Beispiel für ein Flussdelta ist der Nil. Es erstreckt sich über eine Fläche von 24.000 Quadratkilometern. Ein so ausgeprägtes Delta entsteht durch eine geringe Fließgeschwindigkeit im Mündungsbereich. Hierdurch lagern sich mitgeführte Sedimente ab. Sie bilden nun Fließhindernisse, sodass sich der Fluss in immer mehr einzelne Läufe aufspaltet.

Flussdelta

Die längsten Flüsse und größten Seen der Erde

Die drei längsten Flüsse der Erde:

1. Nil: 6671 Kilometer
2. Amazonas: 6437 Kilometer
3. Jangtsekiang: 6300 km Kilometer

Die drei größten Seen der Erde:

1. Kaspisches Meer: 394 Quadratkilometer (Salzsee)
2. Oberer See: 82 Quadratkilometer
3. Viktoriasee: 69 Quadratkilometer

Der tiefste See der Erde:

Baikalsee: 1637 Meter

Der salzigste See der Erde:

Assalsee (Ostafrika): bis zu 35 Prozent

Flutkatastrophen

Jedes Jahr im Frühling führt Schmelzwasser aus den Bergen zu einem rapiden Anstieg des Wasserspiegels von Bächen und Flüssen. Zur Katastrophe kommt es dann, wenn der Dammschutz nicht ausreicht und die Fluten Städte stark beschädigen. Als Jahrhundertflut bezeichnet man die Pegelhöhe eines Gewässers, die es im statistischen Mittel einmal innerhalb von 100 Jahren erreicht bzw. überschreitet. Da es sich um einen Mittelwert handelt, kann eine Jahrhundertflut mehrmals in einem Jahrhundert auftreten oder über mehrere Jahrhunderte hinweg ausbleiben. Deshalb bezeichnet man umgangssprachlich eine schwere Hochwasserkatastrophe, wie z. B. das Elbehochwasser 2006, als Jahrhundertflut. In den letzten Jahren ereigneten sich als Folge der globalen Erwärmung zunehmend solche extremen Überflutungen. ■

Physik in Antike und Mittelalter

Bereits die Naturphilosophen der Antike suchten nach Beschreibungen und Erklärungen für natürliche Phänomene. Sie stellten Naturvorgänge in Experimenten nach und verfassten allgemein gültige mathematische Gesetzmäßigkeiten. Damit leisteten sie wichtige Vorarbeit für die spätere theoretische Physik. Der Schwerpunkt der Erkenntnisse lag auf den geometrischen und arithmetischen Gesetzmäßigkeiten der Natur. Einer der bedeutendsten Mathematiker der antiken Welt war der Grieche Euklid (um 365 – 300 v. Chr.).

Archimedes

Das von Euklid vermutlich um 325 v. Chr. verfasste Werk *Die Elemente* prägte viele Generationen von Mathematikern. Euklid sammelte darin das mathematische Wissen seiner Zeit und brachte es in eine einheitliche Form. Im Bereich der Physik gilt er als Begründer der geometrischen Optik, denn er befasste sich u. a. mit den Eigenschaften des Lichts. So erkannte er die geradlinige Ausbreitung von Lichtstrahlen und fand das Reflexionsgesetz. Es besagt, dass der Eintrittswinkel gleich dem Austrittswinkel ist.

Ein weiterer großer Denker der Physik und Mathematik war sicherlich Archimedes (um 287 – 212 v. Chr.). Auf dem Gebiet der Mathematik beschäftigte er sich mit der Bestimmung der Kreiszahl π sowie der Flächeninhalte von Kegelschnitten und geometrischen Körpern. Außerdem interessierte Archimedes sich für mechanische Fragestellungen. Er erfand u. a. den Brennspiegel, den Flaschenzug und die archimedische Schraube zum Hochpumpen von Wasser. Im Zentrum seiner praxisbezogenen Betrachtungen standen die Bewegungsgesetze und der Einsatz von Hebeln.

Berühmtheit erlangte Archimedes vor allem wegen der Entdeckung des Auftriebs. Das archimedische Prinzip besagt, dass die Auftriebskraft eines Körpers in einem Medium (z. B. Wasser) genauso groß ist wie die Gewichtskraft des vom

Körper verdrängten Mediums. Es gilt für alle Flüssigkeiten und Gase und erklärt, warum ein Schiff im Wasser nicht untergeht: Schiffe verdrängen Wasser und erhalten dadurch einen Auftrieb. Sie schwimmen, da ihre mittlere Dichte geringer ist als die von Wasser.

Von der Astronomie zur Physik

Der Begriff Physik taucht erst recht spät, nämlich im 19. Jahrhundert, als eigenständiger Begriff für die Lehre von den Naturerscheinungen auf. Doch schon lange vor Christi Geburt beobachteten die Menschen die Bewegungen von Sonne, Mond und Sternen, entwickelten Kalender und nutzten die Sterne zur Orientierung auf der Erde. Der bedeutendste Astronom der Antike war vermutlich Claudius Ptolemäus (um 85 – 165 v. Chr.). Er entwickelte das ptolemäische Weltbild, bei dem die Erde den Mittelpunkt der Welt darstellte. Auf dem Gebiet der Physik beschäftigte Ptolemäus sich mit Fragestellungen der Mechanik, Akustik und Optik.

Physikalische Erkenntnisse des Mittelalters

Im Mittelalter stagnierten die meisten Wissenschaften, und so gab es nur wenige Persönlichkeiten, die in dieser Zeit zur Weiterentwicklung physikalischer Gesetzmäßigkeiten beitrugen. Zu ihnen zählte der englische Franziskanermönch Roger Bacon (1214 – 92). Er erkannte die Bedeutung experimenteller Forschungen. Sein Betätigungsfeld stellte insbesondere die Optik dar. So beschäftigte er sich mit der Lichtausbreitung und -brechung. Er beschrieb die Verwendung von Lupen und erklärte die Erscheinung des Regenbogens sowie der Luftspiegelung (Fata Morgana). Das Interesse des französischen Gelehrten Pierre de Maricourt, u. a. bekannt als Petrus Peregrinus, galt insbesondere dem Magnetismus. So erkannte er 1269, dass Magnete stets zwei entgegengesetzte Pole besitzen. ■

Roger Bacon

Fata Morgana und Fliegende Holländer

Eine oft in Trockenwüsten zu beobachtende optische Erscheinung ist die Fata Morgana, eine Luftspiegelung am Himmel. Sie entsteht durch die Ablenkung des Lichts an unterschiedlich warmen Luftschichten. In gemäßigten Breiten beobachtet man solche Spiegelungen oft in Bodennähe über dunklen Flächen, wie z. B. auf Asphalt. Kommt es über dem Meer zu einer Mehrfachspiegelung eines Schiffs, so spricht der Seefahrer vom Fliegenden Holländer.

Bedeutende Physiker

Zu den Pionieren der Physik, insbesondere auf dem Gebiet der Mechanik, zählt zweifelsohne Leonardo da Vinci (1452 – 1519). Die Liste seiner Erfindungen reicht von Kränen und Aufzüge über Tauchgeräte bis zu Festungsbauten, Geschützen und Panzern. Da Vinci war seiner Zeit weit voraus; oft fehlten ihm nur die technischen Mittel zur praktischen Umsetzung seiner Ideen. So stammt u. a. eine Skizze einer Luftschraube, einer Vorstufe zum heutigen Helikopter, von ihm.

Leonardo da Vinci: Selbstporträt

Galileo Galilei (1564 – 1642) befasste sich neben astronomischen Fragestellungen insbesondere mit mechanischen Gesetzmäßigkeiten. Mit dem Gravitationsgesetz schuf Isaac Newton (1643 – 1727) die theoretische Grundlage für die klassische Mechanik. Robert Hooke (1635 – 1703) lieferte mit dem nach ihm benannten hookeschen Gesetz für elastische Körper, wie z. B. Zug- und Druckfedern, einen wesentlichen Beitrag zur klassischen Mechanik. Danach ist beim Auseinander- oder Zusammenziehen einer Feder die entgegenwirkende Kraft (F) proportional zur Längenänderung (ΔL) der Feder: $F = D \cdot \Delta L$. Die Federkonstante D (Federhärte) hängt sowohl vom Material als auch von der Form der Feder ab.

Optik und Licht

Einen Meilenstein der geometrischen Optik stellte die Entdeckung des Brechungsgesetzes durch Willebrord Snellius (1580 – 1626) dar. Christiaan Huygens (1629 – 95) vollendete die bereits von Francesco Maria Grimaldi (1618 – 63) und Robert Hooke angedachte Wellentheorie des Lichts. Das huygenssche Prinzip besagt, dass jeder Punkt einer Wellenfront Ausgangspunkt einer neuen Welle, der sogenannten Elementarwelle, ist.

Augustin Jean Fresnel (1788 – 1827) erweiterte Huygens Erkenntnisse um das Interferenzprinzip und erklärte damit erstmals die Beugungsmuster von Licht an einem Hindernis. Joseph von Fraunhofer (1787–1826) fand 1814 dunkle Linien im Sonnenspektrum. Eine Erklärung der fraunhoferschen Linien lieferten Robert Bunsen (1811–99) und Gustav Robert Kirchhoff (1824–87) und begründeten damit die Spektroskopie.

Elektrizität

Einen wichtigen Grundstein zum Verständnis elektrischer Phänomene legte Charles Dufay (1698–1739). Er zeigte 1732, dass es zwei Arten von Elektrizität gibt: positive und negative Ladungen. Benjamin Franklin (1706–90) erkannte, dass Blitze gigantische elektrische Funken sind, und erfand den Blitzableiter. André Marie Ampère (1775–1836) leitete eine Reihe von Gesetzen über die zwischen zwei Leiterelementen wirkende magnetische Kraft ab. Nach ihm ist die Einheit Ampere für die elektrische Stromstärke benannt. Georg Simon Ohm (1789–1854) stellte das ohmsche Gesetz auf. Michael Faraday (1791–1867) erkannte die Funktion des faradayschen Käfigs und entdeckte die elektromagnetische Induktion.

Relativitätstheorien

Albert Einstein veröffentlichte 1905 zuerst die Spezielle Relativitätstheorie und 1916 die Allgemeine Relativitätstheorie. Die Spezielle Relativitätstheorie beschreibt das Verhalten von Raum, Zeit und Massen aus der Sicht von Beobachtern, die sich relativ zueinander bewegen. Aus den Betrachtungen folgt u. a. die Äquivalenz von Masse und Energie, welche die berühmte Formel $E = mc^2$ ausdrückt. Weitere Konsequenzen sind u. a. die Längenkontraktion bewegter Körper und die Zeitdilatation, deren unmittelbare Folge ist, dass die verstrichene Zeit vom Weg abhängt. Das Zwillingsparadoxon, ein Gedankenexperiment, veranschaulicht einen scheinbaren Widerspruch: Einer von zwei Zwillingen geht mit Lichtgeschwindigkeit auf eine Reise. Nach der Rückkehr zur Erde stellt sich heraus, dass der zurückgebliebene Zwilling älter ist, als der gereiste.
Die Allgemeine Relativitätstheorie baut auf der Speziellen auf und führt das Phänomen der Gravitation auf eine Krümmung der Raumzeit zurück.

Moderne Physik

Marie und Pierre Curie

Albert Einstein (1879–1955) revolutionierte mit seinen Relativitätstheorien die Vorstellungen von Raum und Zeit sowie dem Wesen der Gravitation. Neben der relativistischen Physik bildete die Atom- und Kernphysik einen Forschungsschwerpunkt der modernen Physik. So entdeckte Wilhelm Conrad Röntgen (1845–1923) die Röntgenstrahlung. Pierre (1859–1906) und Marie Curie (1867–1934) untersuchten die natürliche Radioaktivität, und einem Team um Otto Hahn (1879–1986) gelang 1938 die Uranspaltung. ■

Kinematik: bewegte Körper

Die Kinematik (griech. Bewegung) beschreibt die Bewegung von Punktmassen und Körpern im Raum. Dabei lässt sie die Ursachen der Bewegung (Kräfte) außer Betracht. Ein Körper ist in Bewegung, sobald er seine Lage gegenüber einem Bezugskörper oder -system verändert. In Ruhe verharrt er in seiner Position. Die Bewegung von Körpern erfolgt gleichförmig oder ungleichförmig. Zu den kinematischen Größen zählen der Weg, die Geschwindigkeit und die Beschleunigung.

Die Geschwindigkeit gibt an, wie schnell oder langsam sich ein Körper bewegt. Ein Körper besitzt eine Geschwindigkeit von 1 Meter pro Sekunde (m/s), wenn er in jeder Sekunde einen Weg von einem Meter zurücklegt. Die Geschwindigkeit ist eine gerichtete Größe. Oft gibt man die Geschwindigkeit in Kilometer pro Stunde (km/h) an. Ein Radfahrer bewegt sich z.B. mit einer Geschwindigkeit von 20 Kilometern pro Stunde: (20 · 1000) / 60 / 60 = 5,5 Meter pro Sekunde. In den USA und einigen anderen englischsprachigen Ländern nutzt man die Einheit Meile pro Stunde (engl. miles per hour, mph). 1 Meile beträgt ungefähr 1609 Meter. Eine Meile pro Stunde entspricht demnach etwa 1,6 Kilometer pro Stunde oder 0,45 Meter pro Sekunde. In der See- und Luftfahrt ist außerdem die Einheit Knoten (kn) gebräuchlich. Ein Knoten ist eine Seemeile pro Stunde.Eine Seemeile entspricht wiederum ca. 1,85 Kilometern.

Schall- und Lichtgeschwindigkeit

Die Schallgeschwindigkeit ist die Geschwindigkeit, mit der sich Schallwellen in einem beliebigen Medium (üblicherweise in Luft) ausbreiten. Sie ist temperatur- und druckabhängig und liegt bei Raumtemperatur bei etwa 300 Metern pro Sekunde.

Die Lichtgeschwindigkeit beträgt im Vakuum etwa 300.000 Kilometer pro Sekunde. Sie kennzeichnet die Ausbreitungsgeschwindigkeit des Lichts und ist eine Naturkonstante.

Beschleunigung

Die Beschleunigung gibt an, wie schnell sich die Geschwindigkeit eines Körpers ändert. Dabei variiert der Betrag der Geschwindigkeit, die Richtung oder

Vergleich von Geschwindigkeiten und Beschleunigungen

Geschwindigkeiten	
Fußgänger	1,5 m/s
Regentropfen	8,0 m/s
Gepard	33,0 m/s
Flugzeug	250 m/s
Artilleriegeschoss	1500 m/s
Beschleunigungen	
Anfahrender Güterzug	0,1 m/s²
Anfahrendes Auto	2 m/s²
Startende Rakete	100 m/s²

beides. Verlangsamt sich der Körper, so spricht man von einer negativen Beschleunigung oder von einer Verzögerung. Die Einheit der Beschleunigung ist Meter pro Quadratsekunde (m/s^2). Beschleunigt z. B. ein Läufer nach dem Start um 3 Meter pro Quadratsekunde, so steigt seine Geschwindigkeit pro Sekunde um 3 Meter pro Sekunde. Eine Bewegung auf einer Bahnkurve ist wegen der dauernden Richtungsänderungen immer eine beschleunigte Bewegung, auch dann, wenn sich die Geschwindigkeit nicht ändert.

Gleichförmige Bewegung

Unter einer gleichförmigen Bewegung versteht man eine Bewegung mit gleichbleibender Geschwindigkeit. Man unterscheidet zwischen der gleichförmigen Translation (gleichförmig geradlinige Bewegung) und der gleichförmigen Rotation (gleichförmig krummlinige Bewegung). Bei einer gleichförmigen Translation erfolgt die Bewegung entlang einer Geraden. Innerhalb der gleichen Zeitintervalle legt der Körper dabei stets die gleiche Weglänge zurück. Beispiele sind Züge, die mit konstanter Geschwindigkeit fahren, oder eine Person auf einer Rolltreppe.

Gleichmäßige Bewegung

Bei einer gleichmäßigen Bewegung bzw. einer gleichmäßig beschleunigten Bewegung ändert sich die Geschwindigkeit mit der Zeit. Es handelt sich also um eine Bewegung mit einer konstant zunehmenden Beschleunigung. Man unterscheidet hier ebenfalls zwischen der gleichmäßigen Translation (gleichmäßig geradlinige Bewegung) und der gleichmäßigen Rotation (gleichmäßig krummlinige Bewegung). Befindet sich der Körper zu Beginn der Bewegung in Ruhe, so gelten folgende Gesetze.

1. Weg-Zeit-Gesetz: Der zurückgelegte Weg (s) einer gleichmäßig beschleunigten Bewegung ändert sich mit dem Quadrat der Zeit (t): $\mathbf{s = a / (2 \cdot t^2)}$
2. Geschwindigkeits-Zeit-Gesetz: Der Quotient aus Geschwindigkeit (v) und Zeit (t) ist konstant: $\mathbf{v / t = a =}$ **konst.**
3. Beschleunigungs-Zeit-Gesetz: Die Beschleunigung in Abhängigkeit von der Zeit ist konstant: **a (t) = konst.** ■

Gleichförmige Bewegung

Dynamik: Kräfte wirken überall

Die Dynamik untersucht im Gegensatz zur Kinematik die Ursachen (Kräfte) für die Bewegung von Körpern. Als ein Spezialfall der Dynamik beschäftigt sich die Statik mit der Kraftverteilung in ruhenden Systemen. Gemeint sind damit die Bedingungen, die gelten, damit sich ein Körper im Gleichgewicht befindet. Dies ist der Fall, wenn die Summe der auf einen ruhenden Körper wirkenden Kräfte und Momente gleich null ist.

Kraft – was ist das eigentlich? Ganz allgemein gesprochen ist Kraft die Fähigkeit, etwas zu bewirken. In der Physik bezeichnet die Kraft die Fähigkeit, einen Körper zu verformen (plastisch oder elastisch), die Bewegung eines Körpers zu ändern oder beides. Eine Bewegungsänderung erreicht man entweder durch eine Richtungsänderung oder durch eine Änderung der Beschleunigung. Die physikalische Definition der Kraft (F) gibt an, wie stark zwei Körper aufeinander wirken. Die Einheit der Kraft ist Newton (N). Ein Newton ist die Kraft, die einem Körper mit einer Masse von 1 Kilogramm eine Beschleunigung von 1 Meter pro Quadratsekunde erteilt. Die Kraft stellt eine gerichtete Größe (Vektor) dar und steht immer in Wechselwirkung mit mindestens einer weiteren Kraft. Die Kraftwirkung ergibt sich aus dem Betrag, der Richtung und dem Angriffspunkt der Kraft. Entsprechend der Richtung unterscheidet man drei Fälle:

1. Kräfte mit derselben Richtung
   Wirken zwei Kräfte auf einen Punkt in die gleiche Richtung, so addieren sich ihre Kraftbeträge: $F = F_1 + F_2$
2. Kräfte mit entgegengesetzter Richtung
   Wirken zwei Kräfte auf einen Punkt in entgegengesetzter Richtung, so ergibt sich die Gesamtkraft durch Subtraktion des größeren vom kleineren Kraftbetrag: $F = F_1 - F_2$
3. Kräfte mit unterschiedlichen Richtungen
   Wirken zwei Kräfte in unterschiedliche Richtungen auf einen Punkt, so findet man Richtung und Betrag zeichnerisch durch ein Kräfteparallelogramm. Die vektoriellen Kräfte F_1 und F_2 ergänzt man durch ihre Parallelen. Die entstan-

dene Diagonale entspricht der Gesamtkraft F. Rechnerisch lässt sich die Kraft mithilfe der Vektorrechnung ermitteln.

Gewichtskraft

Die Gewichtskraft F_G gibt an, mit welcher Kraft ein Körper auf eine ruhende, waagerechte Unterlage drückt oder an einer Aufhängung zieht. Damit hängt die Gewichtskraft von der Masse (m) des Körpers sowie seinem Ort ab.

Die Formel für die Gewichtskraft lautet: $F_G = m \cdot g$

Der Ortsfaktor g, die Fallbeschleunigung, beträgt an der Erdoberfläche im Mittel 9,81 Newton pro Kilogramm.

Fallschirmspringer in der Schwerelosigkeit

Während die Masse eines Körpers unabhängig vom Aufenthaltsort immer konstant ist, variiert seine Gewichtskraft je nach seiner Position. So hat zum Beispiel ein 100 Kilogramm schwerer Körper auf der Erde und auf dem Mond die Masse 100 Kilogramm. Dagegen beträgt die Gewichtskraft dieses Körpers auf der Erde 981 Newton, während sie auf dem Mond lediglich etwa ein Sechstel davon beträgt. Die Ursache für diesen Unterschied liegt in der Gravitation begründet. Sie ist das Resultat der gegenseitigen Anziehung von Massen. Die Gravitation bewirkt den Sachverhalt, dass Gegenstände zu Boden fallen, und sie bestimmt die Bahn der Planeten um die Sonne. Schwerelosigkeit (Gewichtslosigkeit) erreicht ein Körper, wenn die Summe aller auf ihn wirkenden Kräfte gleich null ist. Ein Fallschirmspringer erreicht z. B. kurz nach dem Ausstieg im freien Fall Schwerelosigkeit.

Reibungskraft

Immer wenn Körper aneinander haften, gleiten oder rollen, tritt Reibung auf. Die Reibung hemmt die zwischen zwei Körpern wirkende Kraft. Reibungskräfte wirken stets entgegen der Bewegungsrichtung. Die Ursache der Reibung liegt im Wesentlichen in der Oberflächenbeschaffenheit der Körper begründet. ■

Galilei und der freie Fall

Galilei versuchte, die Fallbeschleunigung experimentell zu ermitteln. Er besaß jedoch keinen genauen Zeitmesser, weshalb er die Bewegung unter Zuhilfenahme der schiefen Ebene verlangsamte. Er ließ eine Kugel eine Fallrinne hinunterlaufen und maß die Zeit über einen Wasserstrahl, der sich in einen Becher ergoss. Die Wassermenge, die sich während der Fallzeit in dem Becher sammelte, wog er anschließend. Es stellte fest, dass alle Körper – unabhängig von ihrer Masse und Form – gleich schnell fielen.

Die newtonschen Axiome

Isaac Newton

Die von Isaac Newton (1643 – 1727) im Jahre 1687 aufgestellten drei Axiome, die Grundgesetze der Bewegung, bilden das Fundament der klassischen Mechanik. Die newtonschen Gesetze geben grundlegende Zusammenhänge zwischen Kräften, Geschwindigkeiten und Beschleunigungen wieder. Newton veröffentlichte die drei Prinzipien der Mechanik in seinem berühmten Werk *Philosophiae Naturalis Principia Mathematica* (Mathematische Prinzipien der Naturphilosophie).

Das erste newtonsche Axiom, das Trägheitsprinzip, lautet: „Ein Körper verharrt in seinem Zustand der Ruhe oder der gleichförmigen geradlinigen Bewegung, solange die Summe aller auf ihn einwirkenden Kräfte null beträgt.“ Das Trägheitsprinzip lässt sich leicht durch eine alltägliche Situation belegen: Beim Anfahren eines Autos presst die Beschleunigungskraft den Fahrer in seinen Sitz; beim Abbremsen bewegt er sich weiter in Fahrtrichtung. Den Widerstand gegenüber einer Änderung des Bewegungszustands bezeichnet man als Trägheit eines Körpers. Die Masse des Körpers ist das Maß für die Trägheit. Körper verharren in ihrem Bewegungszustand, solange keine äußere Kraft auf sie einwirkt. Man benötigt demnach Kraft, um einen Körper zu beschleunigen oder um ihn abzubremsen. Beim Abbremsen erhält die Kraft ein negatives Vorzeichen; die Richtung der Kraft wirkt entgegen der Bewegungsrichtung des trägen Körpers.

Rotierende Körper

Bringt man zwei Kugeln gleicher Masse aber unterschiedlichen Durchmessers, wie z. B. eine größere Holzkugel und eine kleinere Bleikugel, zum Rotieren, so ist ihre Massenverteilung um die Drehachse für das benötigte Drehmoment relevant. Das Drehmoment gibt an, wie stark eine Kraft auf einen drehbar gelagerten Körper wirkt. Entscheidend für die Kraft ist dabei der Betrag und die Richtung der Kraft sowie der Abstand der Wirkungs-

Eiskunstläuferin bei einer Pirouette

linie der Kraft von der Drehachse. Je weiter die Massen von der Drehachse entfernt sind, desto größer ist das benötigte Drehmoment. Für das Kugelbeispiel bedeutet dies, dass für die größere Holzkugel ein größeres Drehmoment notwendig ist, um beide Kugeln in eine gleich schnelle Drehung zu versetzen. Den Widerstand, den die Kugeln der Änderung der Winkelgeschwindigkeit während der Drehung entgegensetzen, bezeichnet man als Trägheitsmoment.

Den gleichen Effekt erfährt ein Eiskunstläufer bei einer Pirouette. Zieht er die Arme an, dreht er sich, allein durch die Verlagerung der Körpermasse in Richtung der Drehachse, schneller.

Zweites newtonsches Axiom – Aktionsprinzip

Das zweite newtonsche Axiom drückt das Grundgesetz der Dynamik aus. Man nennt es Aktionsprinzip, da es den Zusammenhang zwischen der Bewegungsänderung eines Körpers und der Krafteinwirkung herstellt. Es lautet: „Die Änderung der Bewegung einer Masse ist zur Einwirkung der bewegenden Kraft proportional und geschieht nach der Richtung derjenigen geraden Linie, nach welcher jene Kraft wirkt.“ Dieser kompliziert anmutende Satz von Newton besagt nichts weiter als den bekannten Zusammenhang zwischen Kraft, Masse und Beschleunigung, die Definition der Kraft: Kraft gleich Masse mal Beschleunigung ($F = m \cdot a$). Dieser Zusammenhang gilt für die meisten Systeme mit konstanter Masse. Es ist ein Spezialfall des im Original von Newton beschriebenen Zusammenhangs für Systeme mit konstanter *oder* veränderlicher Masse. Die korrekte Gleichung lautet somit: Die Kraft ist gleich der Impulsänderung pro Zeit:
$F = (d / dt)(m \cdot v)$

Drittes newtonsches Axiom – Wechselwirkungsprinzip

Das dritte newtonsche Axiom lautet: „Kräfte treten immer paarweise auf. Übt ein Körper A auf einen anderen Körper B eine Kraft aus (actio), so wirkt eine gleich große, aber entgegengerichtete Kraft von Körper B auf Körper A (reactio).“ Kurz: „actio gleich reactio“: $F_1 = -F_2$ ■

Impuls und Impulserhaltung

Jeder Körper in Bewegung verfügt über einen Impuls, den er ganz oder nur teilweise auf andere Körper übertragen kann. Diese Impulsübertragung kann beispielsweise beim Kugelstoßpendel beobachtet werden. Der Impuls (p) ist definiert als Masse (m) mal Geschwindigkeit (v): $p = m \cdot v$

Arbeit und Leistung

Von mechanischer Arbeit spricht man, wenn sich ein Körper durch eine Kraft bewegt oder verformt. Die Arbeit (W) ist im Allgemeinen wegabhängig. Sie ist definiert als eine Kraft (F), die entlang eines Wegs (s) wirkt: $W = F \cdot s$. Ihre Einheit ist Joule (J). Als Leistung (P) bezeichnet man die geleistete Arbeit (W) pro Zeit (t). Die mechanische Arbeit betrachtet man entweder bezüglich ihrer Ursache oder ihrer Wirkung.

Hubarbeit in der Praxis: Kran

Hub- und Reibungsarbeit kann man hinsichtlich der Ursache betrachten. Hubarbeit leistet z. B. ein Kran. Je höher der Kran die Last heben muss, desto größer ist die zu verrichtende Arbeit. Die Gewichtskraft der anzuhebenden Masse beeinflusst die Arbeit ebenfalls: Je größer die Masse, desto mehr Arbeit muss der Kran verrichten. Aus diesen beiden Betrachtungen leitet sich die Formel für die Hubarbeit ab. Die Hubarbeit (W_H) ist proportional zur Höhe (h) und proportional zur Gewichtskraft, dem Produkt aus der Masse (m) und dem Gewicht (g): $W_H = h \cdot m \cdot g$

Reibungsarbeit

Zwischen einem bewegten Körper und seiner Unterlage wirken Reibungskräfte. Betrachtet man einen Körper mit einer Masse x und einen mit einer doppelten Masse 2x, so benötigt man für den doppelt so schweren Körper zur Überwindung der gleichen Wegstrecke (s) die zweifache Zugkraft. Damit einher geht eine doppelte Reibungskraft. Die Reibungskraft (F_R) ist somit proportional zur Gewichtskraft ($F_G = m \cdot g$) des Körpers. Ein zweiter Faktor, der die Reibungsarbeit mitbestimmt, ist die Beschaffenheit der Unterlage. Diese berücksichtigt man in Form einer Materialkonstanten, dem Reibungsfaktor μ. Zusammengefasst ergibt sich für die Reibungsarbeit: $W_R = F_R \cdot s = \mu \cdot m \cdot g \cdot s$

Beschleunigungsarbeit

Bei der Beschleunigungsarbeit betrachtet man die mechanische Arbeit hinsichtlich ihrer Wirkung. Nimmt die Geschwindigkeit eines Körpers zu, dann erfolgt Arbeit am Körper. Dies ist z. B. der Fall, wenn man auf das Gaspedal im Auto tritt. Nimmt die Geschwindigkeit des Körpers ab, dann verrichtet der Körper selbst

> **Wirkungsgrad**
>
> Der Wirkungsgrad ist das Verhältnis von abgegebener Leistung zu zugeführter Leistung; kurz: das Verhältnis von Nutzen zu Aufwand. Der Wirkungsgrad gibt somit die Effizienz eines Vorgangs an. Eine Dampfturbine hat einen Wirkungsgrad von etwa 40 Prozent; eine Solarzelle etwa von zwölf Prozent.

Arbeit. Dies trifft z. B. beim Bremsen eines Autos zu. Aus der alltäglichen Fahrpraxis ist bekannt, dass einer doppelten Fahrgeschwindigkeit ein vierfacher Bremsweg gegenübersteht. Die Formel für den Bremsweg lautet:

$s = v^2 / 2a$

Dabei ist s der Bremsweg in Metern, v die Geschwindigkeit in Metern pro Sekunde und a die Bremsverzögerung in Metern pro Quadratsekunde. Für Kraftfahrzeuge liegt die Bremsverzögerung bei etwa 4 Metern pro Quadratsekunde. Oft verwendet man die Faustformel $s = v^2 / 100$, wobei man die Geschwindigkeit in Kilometern pro Stunde einsetzt.

Außerdem verlängert sich der Bremsweg annähernd proportional mit der Masse. Ein voll beladenes Auto benötigt bei gleicher Fahrgeschwindigkeit einen längeren Bremsweg als ein unbeladenes Auto. Somit ergeben sich für die Beschleunigungsarbeit folgende zwei Aussagen:

1. Die Beschleunigungsarbeit ist proportional zum Quadrat der Geschwindigkeit.
2. Die Beschleunigungsarbeit ist proportional zur Masse des bewegten Körpers.

Hieraus folgt: $W_B = F \cdot s = m \cdot a \cdot s$

Der Weg (s) einer beschleunigten Bewegung (a) nimmt quadratisch mit der Zeit (t) zu und er verhält sich proportional zum Quadrat der Zeit: $s = 1/2 \cdot a \cdot t^2$

Die Beschleunigungsarbeit ergibt sich somit zu:

$W_B = m \cdot a \cdot s = m \cdot a \cdot 1/2 \cdot a \cdot t^2$

Setzt man nun $a = v/t$, erhält man:

$W_B = m \cdot v/t \cdot 1/2 \cdot v/t \cdot t^2$

$W_B = 1/2 \cdot m \cdot v^2$

Leistung

Die Leistung (P) ist der Quotient aus der Arbeit (W) und der für die Verrichtung der Arbeit benötigten Zeit (t). Die Einheit der Leistung ist Watt (W). Manchmal benutzt man noch die veraltete Einheit PS (Pferdestärken): 1 PS = 763 W.

Der Leistungsvergleich erfolgt entweder über die verrichtete Arbeit oder über die für den Vorgang benötigte Zeit.

Die mechanische Leistung lässt sich auch für gleichförmig bewegte Körper bestimmen. Sie ist dann das Produkt aus Kraft (F) und Geschwindigkeit (v): $P = F \cdot v$

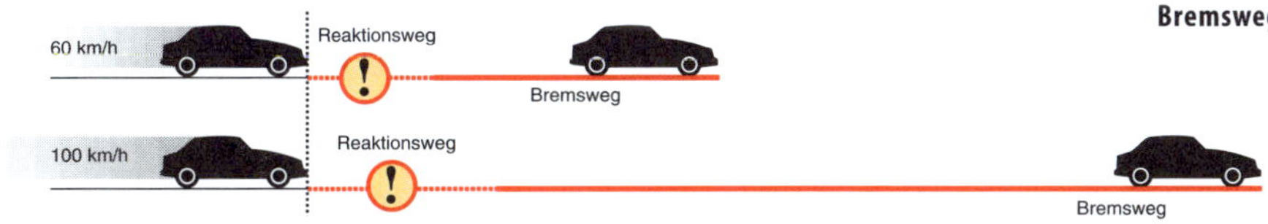

Bremsweg

Hebel, Rollen und schiefe Ebenen

Hebel: die Zange

Hebel, Rollen und der Einsatz von schiefen Ebenen bewirken eine Kraftumformung. Bei den Hebeln unterscheidet man zwischen einseitigen und zweiseitigen Hebeln. Beispiele für den Einsatz von Rollen sind Flaschenzüge, und schiefe Ebenen kommen bei Rolltreppen oder Transportbändern zum Einsatz. Weitere kraftumformende Einrichtungen stellen hydraulische und pneumatische Anlagen dar. In der Hydraulik verwendet man Flüssigkeiten und in der Pneumatik Druckluft zur Kraftübertragung.

Ein Hebel ist ein mechanisches Kraftübertragungssystem, bei dem Ursache und Wirkung bzw. Kraft und Last in einer Ebene, nicht jedoch auf einer Linie, liegen. In der Regel ist der Hebel um eine Achse drehbar. Für alle Hebel gilt das Hebelgesetz: $F_1 \cdot r_1 = F_2 \cdot r_2$. ($r_1$ und r_2 sind dabei die Längen der zugehörigen Kraft- bzw. Lastarme).

Wählt man einen kurzen Lastarm gegenüber einem längeren Kraftarm, kann man mit dem Hebel große Lasten mithilfe einer relativ geringen Kraft bewegen. So ist z.B. bei einem weihnachtlichen Nussknacker in Form eines Soldaten in Uniform der Kraftarm der lange Rückenstiel. Der Lastarm ist der untere Mundteil des Nussknackers und kurz gegenüber dem Rückenstiel. Über den längeren Weg verringert man die Kraft zum Knacken der Nuss. Weitere Beispiele für solche einseitigen Hebel sind Schraubenschlüssel oder Locher. Bei einseitigen Hebeln ist die Drehachse zu einer Kraftseite verschoben, sodass die beiden Kräfte – von der Drehachse aus gesehen – auf der gleichen Seite angreifen. Bei zweiseitigen Hebeln liegt die Drehachse so, dass beide Kräfte – von der Drehachse aus gesehen – auf verschiedenen Seiten angreifen. Beispiele für zweiseitige Hebel sind Wippen, Scheren oder Zangen.

Rollen

Rollen mit Seilen setzt man ein, um die Richtung und ggf. den Betrag der Kraft zu ändern. Man unterscheidet zwischen festen Rollen, losen Rollen und Flaschenzügen. Bei einer festen Rolle (Umlenkrolle) ist die Zugkraft genauso groß wie die Gewichtskraft; Zugweg und Lastweg sind ebenfalls gleich groß. Man lenkt die Kraft somit lediglich in eine andere Richtung um. Bei einer losen Rolle verteilt sich die Gewichtskraft der Last auf zwei Seile. Auf jedes Seil wirkt dann nur die halbe Gewichtskraft. Der Zugweg ist doppelt so groß wie der Lastweg. Häufig nutzt man eine Kombination aus festen und losen Rollen, wobei man mit der festen Rolle die Richtung und mit der losen Rolle den Betrag der aufzuwendenden Kraft ändert. Die Rollen bei einem Flaschenzug können sehr unterschiedlich angeordnet sein. Für die Zugkraft entscheidend ist aber immer die Anzahl der tragenden Seile, auf die sich die Last verteilt. Die backenartigen oder wangenartigen Halterungen beiderseitig der Rollen nennt man Flaschen bzw. Scheren.

Die goldene Regel der Mechanik

Alle Kraftwandler sind technische Geräte, die dazu dienen Arbeit zu erleichtern. Die zu leistende Arbeit bleibt jedoch stets gleich. Die mechanische Arbeit ist definiert als Kraft mal Weg. Somit geht die eingesparte Kraft auf Kosten des Wegs, d. h. die Kraft wird geringer, der Weg dafür länger. Diesen Sachverhalt drückt die von Galileo Galilei (1564 – 1642) aufgestellte goldene Regel der Mechanik aus: „Was man an Kraft spart, muss man an Weg zusetzen."

Schiefe Ebenen

Als schiefe oder geneigte Ebene bezeichnet man eine ebene Fläche, die gegen die Horizontale geneigt ist. Man verwendet sie vor allem, um die Kraft zur Überwindung einer Höhendifferenz zu verringern.

Auf einen Körper, der sich auf einer geneigten Ebene befindet, wirkt die Gewichtskraft. Diese spaltet sich in zwei Komponenten auf: eine senkrecht zur geneigten Ebene, die Normalkraft, und eine in Richtung der geneigten Ebene, die Hangabtriebskraft. Die schiefe Ebene trägt die Normalkraft. Deshalb muss man lediglich die Hangabtriebskraft ausgleichen, um den Körper im Gleichgewicht zu halten. Gleicht man die Hangabtriebskraft nicht aus, so rutscht der Körper die schiefe Ebene hinab. Anwendung findet dieses Prinzip z. B. bei Serpentinen im Gebirge und bei Rollstuhlrampen. Das Keilwerkzeug nutzt ebenfalls die Technik der schiefen Ebene. ■

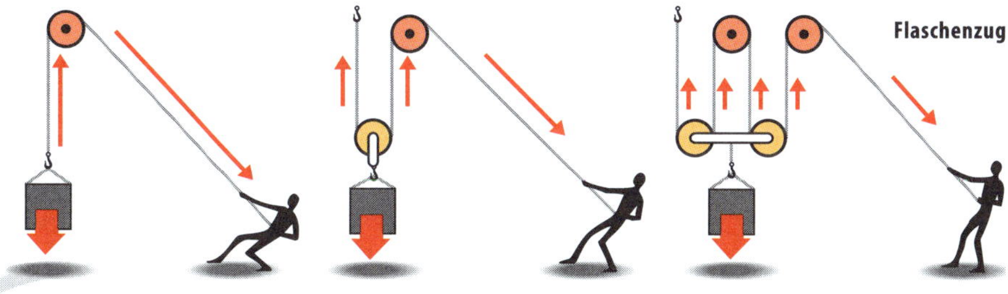

Flaschenzug

Druck und Auftrieb

Der Druck ist zwar eng verknüpft mit der Kraft, jedoch nicht mit ihr gleichzusetzen. Übt man z. B. eine Kraft auf eine Flüssigkeit oder ein Gas aus, so weichen diese zunächst aus, da die Flüssigkeits- und Gasmoleküle frei beweglich sind. Sperrt man die Flüssigkeit bzw. das Gas in ein Gefäß ein, so kann die Kraft wirken. Flüssigkeiten und Gase unterscheiden sich in ihrer Komprimierbarkeit: Gase sind komprimierbar, Flüssigkeiten jedoch nicht.

Der Druck (p) gibt an, mit welcher Kraft ein Körper senkrecht auf eine Fläche (A) von 1 Quadratmeter (m^2) wirkt. Die Einheit des Drucks ist Pascal (Pa) oder Newton pro Quadratmeter (N/m^2). Zur Erklärung des Drucks zieht man das Teilchenmodell heran: Der Druck in Flüssigkeiten bzw. Gasen entsteht durch die Krafteinwirkung der Teilchen aufeinander sowie auf die Gefäßwände. Der Druck ist – entgegen einer Kraft – nach allen Seiten gleich und damit ungerichtet.

Der Schweredruck in einer Flüssigkeit oder einem Gas hängt von der Dichte und von der Höhe der Flüssigkeits- bzw. Gassäule über dem Ort innerhalb der Flüssigkeit bzw. des Gases ab. Die Dichte ist eine Materialeigenschaft. Ihre Einheit ist Kilogramm pro Kubikzentimeter (kg/cm^3). Der Schweredruck von Flüssigkeiten und Gasen (p) ergibt sich aus der Summe von Dichte (ρ), Ortsfaktor (g) und der Höhe der Flüssigkeits- bzw. Gassäule (h):
$p = \rho \cdot g \cdot h$

Luftdruck

Der Luftdruck ist der Druck, der an einem beliebigen Ort der Erdatmosphäre herrscht. Er ist gleich der Gewichtskraft der Luftsäule, die auf der Erdoberfläche oder auf einen Körper wirkt. Der mittlere Luftdruck beträgt auf Meereshöhe etwa 1013 Hektopascal. Dies entspricht ungefähr 1 Bar. Er nimmt mit zunehmender Höhe ab.

Auftrieb und archimedisches Prinzip

Betrachtet man einen Gegenstand in Wasser, so hat es den Anschein, als ob der Körper im Wasser leichter wäre. Dieser Eindruck entsteht durch die dem Gewichtsdruck entgegengesetzte Auftriebskraft. Der Auftrieb ist die Kraft, die eine Flüssigkeit oder ein Gas auf einen Körper ausübt. Ursache für den Auf-

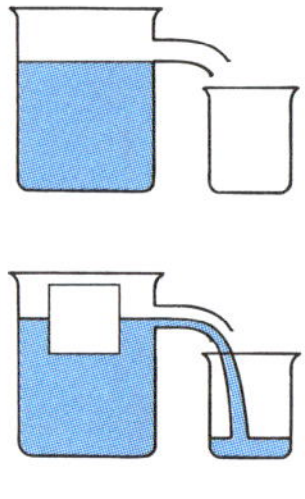

Archimedisches Prinzip

trieb ist der unterschiedliche Schweredruck in verschiedenen Tiefen.

Für Körper in Flüssigkeiten oder Gasen gilt das archimedische Prinzip: „Die auf einen Körper wirkende Auftriebskraft (F_A) ist gleich der Gewichtskraft (F_G) der von ihm verdrängten Flüssigkeits- bzw. Gasmenge: $F_A = F_G$."

Ob nun ein Körper in einer Flüssigkeit wie z. B. Wasser sinkt, schwebt, steigt oder schwimmt, hängt vom Verhältnis zwischen Gewichts- und Auftriebskraft ab. Da die Gewichtskraft eines Körpers von seiner Dichte (ρ), seinem Volumen (V) und dem Ortsfaktor (g) abhängt, bestimmt letztlich das Verhältnis zwischen der mittleren Dichte des Körpers (ρ_K) und der Dichte der Flüssigkeit bzw. des Gases ($\rho_{F,G}$), wie sich der Körper in dem Medium verhält: $F_G = \rho \cdot V \cdot g$.

sinken	**schweben**	**steigen**	**schwimmen**
$\rho_{F,G} < \rho_K$	$\rho_{F,G} = \rho_K$	$\rho_{F,G} > \rho_K$	$\rho_{F,G} > \rho_K$
$F_A < F_G$	$F_A = F_G$	$F_A > F_G$	$F_A = FG$
Ein Stein sinkt in Wasser.	Ein U-Boot schwebt in Wasser.	Ein Fisch steigt nach oben.	Ein Boot schwimmt auf Wasser.

Hydrostatisches Paradoxon

Das hydrostatische Paradoxon beschreibt das Phänomen, nach dem der Schweredruck einer Flüssigkeit zwar abhängig von der Füllhöhe ist, jedoch unabhängig von der Form des Gefäßes: In Gefäßen mit demselben Füllstand wirkt in derselben Höhe derselbe Flüssigkeitsdruck auf die Gefäßwand, unabhängig von der Grundfläche und der Gefäßform.

Strömung

Bei strömenden Flüssigkeiten oder Gasen unterscheidet man zwischen laminarer (glatter) und turbulenter (verwirbelter) Strömung. Der Druck hängt von der Strömungsgeschwindigkeit ab. Es gilt das bernoullische Gesetz: „Je größer die Strömungsgeschwindigkeit einer Flüssigkeit oder eines Gases, desto kleiner ist der statische Druck." ■

Magdeburger Halbkugeln

Otto von Guericke (1602 – 86) demonstrierte 1663 in Magdeburg einen spektakulären Versuch zum Luftdruck: Er fügte zwei ca. 50 Zentimeter große Halbkugeln zu einer Kugel zusammen und entzog dem entstandenen Hohlraum mittels Kolbenpumpen die Luft. Der äußere Luftdruck drückte die Kugelhälften so stark zusammen, dass selbst die Kraft von 16 Pferden nicht ausreichte, um sie zu trennen.

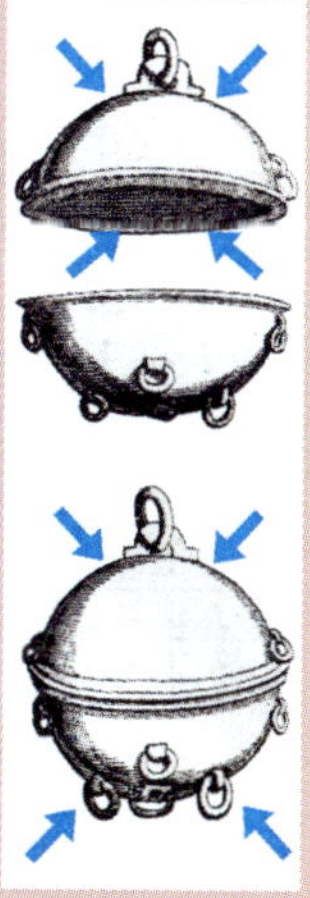

Magdeburger Halbkugeln

Schwingungen und Wellen

Transversale Welle

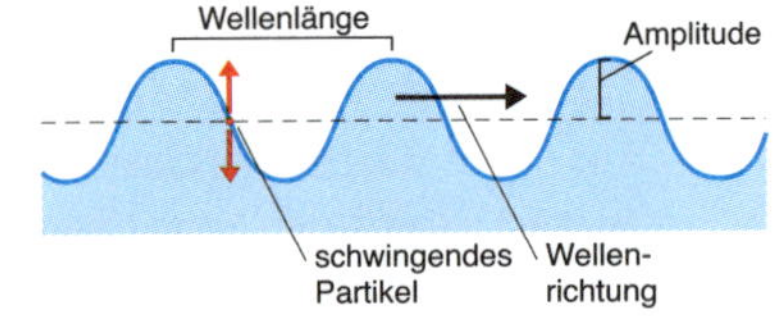

Longitudinale Welle
(dargestellt wird eine Schallwelle bzw. die Verdichtung der Luftmoleküle)

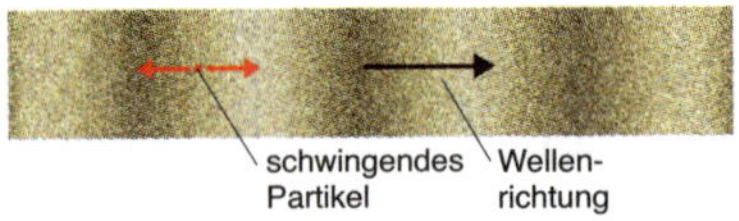

Die Wellenlehre beschäftigt sich mit mechanischen Schwingungen und Wellen. Bei einer mechanischen Schwingung führt ein Körper eine periodische Bewegung um seine Ruhelage aus. Dies ist z. B. bei Fadenpendeln oder einer schwingenden Stimmgabel der Fall. Eine Schraubenfeder mit einem Gewicht am unteren Ende bezeichnet man als Federpendel. Der an der Feder hängende Körper schwingt entlang der Federachse um seine Ruhelage auf und ab und vollzieht dabei eine harmonische Schwingung.

Eine harmonische Schwingung erfolgt periodisch und sinusförmig. Bei einer ungedämpften harmonischen Schwingung bleiben mechanische Energie und Auslenkung des schwingenden Körpers gleich. Liegt eine gedämpfte harmonische Schwingung vor, so erfolgt eine Umwandlung eines Teils der mechanischen in thermische Energie; die Auslenkung verringert sich mit der Zeit. Dies geschieht z.B. durch die Luftreibung bei einem schwingenden Fadenpendel.

Als mechanische Welle bezeichnet man die Ausbreitung einer mechanischen Schwingung im Raum. Wellen treten entweder in Form von periodischen Wellen, wie z.B. bei einem klingenden Ton, oder als Stoßwelle, wie bei einem lauten Knall, auf.

Beschreibung von Wellen

Die Schwingungsdauer (Periode) bezeichnet die Zeit für eine vollständige Hin- und Herbewegung. Den maximalen Abstand des schwingenden Körpers von der Ruhelage nennt man Amplitude (maximale Auslenkung). Die Frequenz (f) einer Schwingung gibt an, wie viele Schwingungen in jeder Sekunde erfolgen. Die Einheit der Frequenz ist Hertz (Hz). Bei einer Schallwelle bestimmt die Amplitude die Lautstärke und die Frequenz die Tonhöhe. Ein weiteres Merkmal der Welle ist ihre Ausbreitungsgeschwindigkeit (v). Es gilt der Zusammenhang: $f = v / l$, wobei v die Ausbreitungsgeschwindigkeit der Welle im jeweiligen Medium und l die Wellenlänge darstellen. Für Licht in einem Medium mit der Brechzahl n beträgt die Ausbreitungsgeschwindigkeit v, wenn c die Vakuum-Lichtgeschwindigkeit bezeichnet: $v = n \cdot c$.

In Bezug auf die Ausbreitungsrichtung einer Welle unterscheidet man zwischen Longitudinalwellen (Längswellen) und Transversalwellen (Querwellen). Bei Longitudinalwellen stimmt die Schwingungs- mit der Ausbreitungsrichtung überein. Dies ist z. B. bei Schall- oder Erdbebenwellen der Fall. Transversalwellen zeichnen sich dadurch aus, dass Schwingungs- und Ausbreitungsrichtung senkrecht zueinander verlaufen. Ein Beispiel für Transversalwellen stellen Wasserwellen dar. Sie breiten sich waagrecht aus; die Schwingung selbst erfolgt jedoch in der Senkrechten. Bei Wasser ist dies daran zu erkennen, dass sich das Wasser hebt und senkt, während sich die Welle ausbreitet.

Resonanz

Ein frei schwingender Körper kommt aufgrund der Reibung allmählich zur Ruhe. Wird z. B. eine Schaukel einmal kräftig angestoßen, so nimmt ihre Amplitude stetig ab. Die Eigenfrequenz, und damit die Schwingungsdauer, bleibt jedoch gleich. Sitzt man auf der Schaukel und nimmt im richtigen Rhythmus Schwung, dann vergrößert sich die Amplitude bis zu einem Maximum. Das Maximum erreicht man dann, wenn die Erregerfrequenz (f_E) gleich der Eigenfrequenz (f_O) ist: $f_E = f_O$. In der Musik verwendet man Resonanzkörper (Hohlkörper), um eine Verstärkung von Klängen oder Tönen zu erreichen.

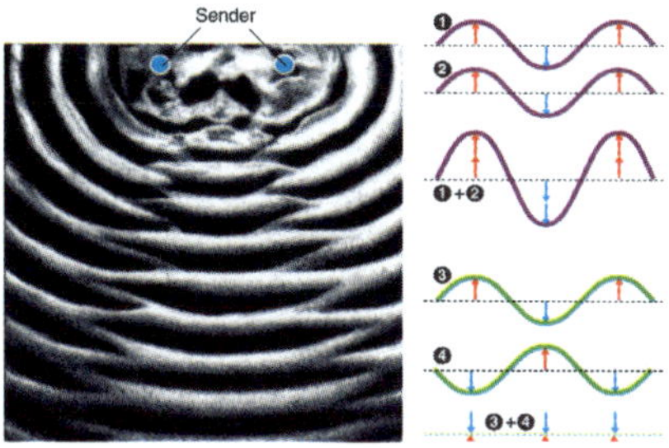

Interferenz

Reflexion, Brechung und Beugung von Wellen

Für die Reflexion gilt: Eintrittswinkel gleich Austrittswinkel. Bei der Brechung von Wellen – am Übergang von einem Material in ein anderes – verändern Wellen ihre Ausbreitungsrichtung. Ursache für die Beugung von Wellen ist, dass jeder Punkt, auf den eine Welle trifft, den Ausgangspunkt für eine neue Welle darstellt. Somit breiten sich Wellen z. B. auch hinter einer Kante oder einem Spalt aus. Unter Interferenzen versteht man verstärkte und abgeschwächte (ausgelöschte) Bereiche bei sich überlagernden Wellen. ■

Foucaultsches Pendel

Jean Bernard Léon Foucault (1819–68) ließ ein 2 Meter langes Fadenpendel mit einer großen Pendelmasse dicht über dem Boden schwingen. Das Pendel änderte dabei mit der Zeit seine Richtung, woraus Foucault schloss, dass sich die Erde unter ihm drehte. Er bewies damit 1851 anschaulich die Erdrotation.

Akustik

Die Akustik bezeichnet die Lehre vom Schall. Schall ist allgemein jedes Geräusch, jeder Klang, Ton und Knall, welche Mensch und Tier wahrnehmen. Schallwellen breiten sich in Gasen und Flüssigkeiten ausschließlich in Form von Longitudinalwellen (Längswellen) aus. In Festkörpern treten neben Longitudinal- auch Transversalwellen (Querwellen) auf. Man unterscheidet zwischen niederfrequentem Infraschall (< 16 Hertz), Hörschall (16 bis 20.000 Hertz), hochfrequentem Ultraschall (20 Kilohertz bis 1 Gigahertz) und Hyperschall (> 1 Gigahertz).

Die Tonhöhe (Frequenz) ist davon abhängig, wie schnell ein Körper schwingt. Je größer die Frequenz, umso höher der Ton. Die Lautstärke (Amplitude) ist von der Auslenkung abhängig. Je größer die Amplitude, desto lauter nimmt man den Ton wahr. Die Einheit der Lautstärke ist Dezibel (dB). Die Hörschwelle des Menschen liegt bei null Dezibel. Mit normalem Sprechen erreicht man etwa 20 Dezibel, und ein Presslufthammer erzeugt eine Lautstärke von etwa 100 Dezibel. Die Schmerzgrenze, bei der es zur Schädigung des Gehörs kommen kann, liegt bei etwa 130 Dezibel.

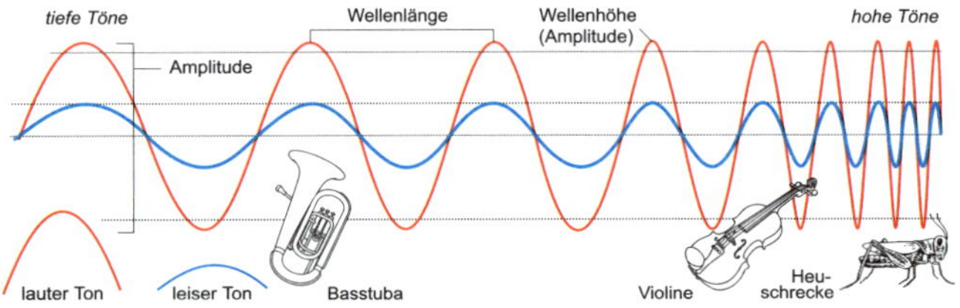

Der Schall breitet sich in der Luft über Druckschwankungen aus. Folglich kann Schall sich im Vakuum nicht ausbreiten. Die Ausbreitungsgeschwindigkeit des Schalls ist vom Material abhängig. Bei Raumtemperatur und Normaldruck beträgt die Schallgeschwindigkeit in Luft etwa 300 Meter pro Sekunde; in Glas etwa 5300 Meter pro Sekunde. Diamant besitzt mit etwa 18.000 Metern pro Sekunde die höchste Schallgeschwindigkeit.

Dopplereffekt

Der akustische Dopplereffekt beschreibt die Veränderung der wahrgenommenen bzw. gemessenen Frequenz von Schallwellen, während sich eine Geräuschquelle und ein Beobachter einander nähern oder voneinander entfernen. Es ist zu unterscheiden, ob sich die Schallquelle, der Beobachter oder beide relativ zum Medium (der Luft) bewegen. Im Falle eines vorbeifahrenden Polizeiwagens mit eingeschaltetem Martinshorn bewegt sich die Schallquelle; der Beobachter befindet sich in Ruhe. Da der Wagen in der Zeit zwischen zwei Wellenbergen auf den Beobachter zufährt, verkürzt sich der Abstand zwischen zwei aufeinanderfolgenden Wellen. Die einzelnen Wellenberge folgen somit schneller aufeinander. Anders ausgedrückt: Die Wellenberge erreichen den Beobachter mit einer höheren Frequenz (Tonhöhe). Dadurch hören sich die Töne des Martinshorns beim Herannahen höher an. Ist der Polizeiwagen an dem Beobachter vorbeigefahren, verhält es sich umgekehrt. Der Abstand zwischen zwei Wellenbergen vergrößert sich und der Beobachter nimmt einen tieferen Ton wahr.

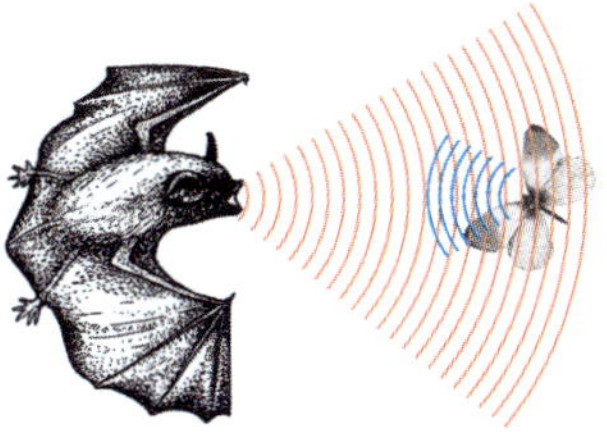

Fledermäuse nutzen Ultraschall zur Orientierung

Ultraschall

Ultraschall wird je nach Material eines Hindernisses an diesem reflektiert oder von ihm absorbiert. Einige Tiere, wie z.B. Fledermäuse und Wale, nutzen den Ultraschall zur Orientierung. So stoßen Fledermäuse kurze Schreie im Ultraschallbereich aus. Das Echo ermöglicht ihnen ein rasches Vorbeifliegen an Hindernissen und das Auffinden von fliegenden Insekten. Sie erhalten dadurch ein dreidimensionales Bild ihrer Umgebung.

Schallmauer

Als Schallmauer bezeichnet man die Grenze zwischen Unter- und Überschallgeschwindigkeit. Überschall bedeutet, dass sich ein Objekt schneller bewegt als der Schall im gleichen Medium. In größeren Höhen ist die Schallgeschwindigkeit wegen der niedrigeren Temperaturen geringer als am Boden. Durchbricht ein Flugzeug die Schallmauer, hört man den Überschallknall.

In der Medizin setzt man unschädliche Ultraschallwellen (Sonografie) als bildgebendes Verfahren zur Untersuchung von organischem Gewebe ein. Ein weiteres Einsatzgebiet sind Ultraschall-Reinigungsgeräte. Auch Hundepfeifen erzeugen Schallwellen im Ultraschallbereich.

Echolot

Das Echolot dient der akustischen Messung von Fluss- oder Meerestiefen. Bei der Echolotung sendet man einen Impuls im Ultraschall aus. Die vom Gewässerboden reflektierten Schallwellen registriert ein Empfänger. Aus der Laufzeitmessung der Schallwellen und der Ausbreitungsgeschwindigkeit ermittelt man die Tiefe. Die Schallgeschwindigkeit im Wasser hängt von der Temperatur und dem Salzgehalt ab; sie liegt durchschnittlich bei etwa 1500 Metern pro Sekunde. ■

Energie und Energieerhaltung

James Prescott Joule

Energie bezeichnet die in einem System gespeicherte Arbeit bzw. die Fähigkeit eines Systems, Arbeit zu verrichten. Energie kann man weder erzeugen noch verbrauchen; man kann sie lediglich in andere Energieformen überführen. Die Gesamtmenge der Energie bleibt immer konstant. Die Energie (E) eines Systems lässt sich selbst nicht messen, sie wird berechnet oder durch die an einem System verrichtete Arbeit bestimmt. Die Einheit der Energie ist Joule (J).

In der Mechanik unterscheidet man zwischen zwei Formen der mechanischen Energie, der Lageenergie bzw. potenziellen Energie eines gehobenen Körpers und der Bewegungsenergie bzw. kinetischen Energie eines sich bewegenden Körpers. Die an einem Körper verrichtete Hubarbeit oder Beschleunigungsarbeit führt zu einer Änderung der mechanischen Energie. Die potenzielle Energie (E_{pot}) ergibt sich aus der Gewichtskraft ($F_G = m \cdot g$) mal seiner Höhe (h): $E_{pot} = m \cdot g \cdot h$

Die kinetische Energie (E_{kin}) ist von der Masse (m) des Körpers und der Geschwindigkeit (v), mit der er sich bewegt, abhängig: $E_{kin} = 1/2\, m \cdot v^2$

Die Energie eines mechanischen Systems ist die Summe aus kinetischer und potenzieller Energie.

Neben der Hub- und Beschleunigungsarbeit existieren noch andere Formen der mechanischen Arbeit, wie z. B. die Verformungsarbeit (elastische Energie) oder die Reibungsarbeit. Bei der elastischen Energie ergibt sich die potenzielle Energie der aus ihrer Ruhelage verschobenen Atome oder Moleküle in einem elastisch deformierten Körper, wie z. B. bei einer Feder, zu: $E_{pot} = 1/2\, F \cdot s$, wobei s die Längenänderung der Feder ist. Reibungsarbeit führt immer zu einer Verkleinerung der mechanischen Energie, da sich ein Teil dieser Energie in thermische Energie (Wärme) umwandelt.

Rotations- und Schwingungsenergie

Eine weitere Form der kinetischen Energie ist z. B. die Rotationsenergie eines starren Körpers, der um eine feste Achse rotiert. Diese Energie ist abhängig vom

Die drei Hauptsätze der Thermodynamik (Wärmelehre)

1. Hauptsatz: Energie kann man weder erzeugen noch vernichten. Man kann sie lediglich in verschiedene Energiearten überführen.
2. Hauptsatz: Energie ist nicht in beliebigem Maße in andere Arten umwandelbar.
3. Hauptsatz: Der absolute Nullpunkt der Temperatur ist unerreichbar.

Trägheitsmoment und der Winkelgeschwindigkeit des Körpers: Je mehr Masse von der Rotationsachse entfernt ist, desto mehr Energie muss man aufbringen, um einen Körper auf eine bestimmte Rotationsgeschwindigkeit zu bringen.

Die Schwingungsenergie ist charakterisiert durch einen periodischen Wechsel beider Energieformen. So wechselt z. B. beim Pendel die potenzielle Energie bei maximaler Auslenkung mit der gleich großen kinetischen Energie während des Durchgangs durch die Ruhelage ab.

Energieerhaltungssatz der Mechanik

Der Energieerhaltungssatz der Mechanik ist ein spezieller Fall des ersten Hauptsatzes der Thermodynamik (Energieerhaltungssatz). Unter der Bedingung, dass keine Umwandlung von mechanischer Energie in andere Energieformen, wie z. B. Wärme, erfolgt, gilt: Die Summe aus potenzieller und kinetischer Energie ist konstant: $E_{pot} + E_{kin} = \text{konst.}$

Perpetuum Mobile

Das Perpetuum Mobile (lat. das ununterbrochen Bewegliche) ist eine Maschine, die, einmal in Gang gesetzt, ewig in Bewegung bleibt und dabei unter Umständen noch Arbeit verrichtet. Eine solche Maschine widerspricht dem ersten Hauptsatz der Thermodynamik (Energieerhaltungssatz), da man Energie nicht aus nichts erzeugen kann. Trotzdem gab (und gibt) es zahlreiche Versuche ein Perpetuum Mobile zu erschaffen. Die ersten Maschinen dieser Art knüpften an den Gedanken einer ewigen Kreisbewegung an. So sollte sich das Quecksilberrad aus dem 16. Jh. so geschickt bewegen, dass das Rad sich ständig drehte. Um 1235 entwickelte der Architekt Villard de Honnecourt ein Rad mit beweglichen Klapphämmern. Selbst Galileo Galilei faszinierte die Idee vom Perpetuum Mobile, obwohl er selbst um 1495 den Nachweis erbrachte, dass das Perpetuum Mobile mit Scharnierhebeln nicht funktionierte. ■

Pendel

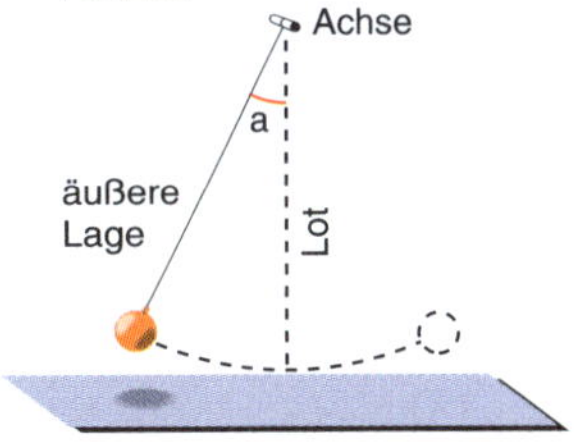

Konisches Pendel

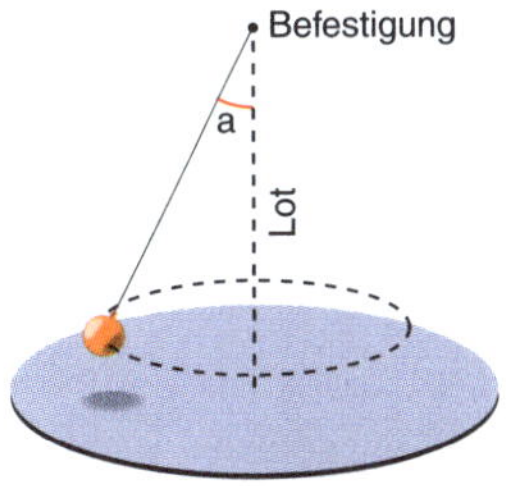

Wärmelehre

Die Wärmelehre oder Thermodynamik ist die Lehre von der Energie und ihren Erscheinungsformen. Eine der Formen stellt die Wärme (Wärmemenge) dar. Sie ist an Transportvorgänge gebunden. Man misst die Wärme mithilfe eines Thermometers in Grad Celsius oder Kelvin. Neben diesen beiden Temperaturskalen existieren noch weitere, wie z. B. die Fahrenheit-Skala. Im Mittelpunkt der Wärmelehre stehen jedoch Zustandsgrößen und Zustandsänderungen.

Eine Zustandsgröße ist eine physikalische Größe, wie z. B. die Energie, die in einer Zustandsgleichung nur vom momentanen Zustand des betrachteten Systems abhängt. Sie ist dagegen unabhängig vom Weg, auf dem sie diesen Zustand erreichte. Ändert sich der Zustand einer solchen Größe, so spricht man von einer Zustandsänderung. Ein Beispiel für eine solche Zustandsänderung ist der Übergang eines Stoffs von einem Aggregatzustand (fest, flüssig, gasförmig) in einen anderen. Der Einfluss der Temperatur spielt dabei eine große Rolle. So dehnen sich Festkörper, Flüssigkeiten und Gase bei einer Erhöhung der Temperatur aus und ziehen sich beim Abkühlen zusammen. Aus diesem Grund lagert man Brücken z. B. auf Rollen. Ein anderes Beispiel sind Dehnungsfugen auf asphaltierten Straßen.

Anders Celsius

Thermische Energie und Wärmekapazität

Alle Körper besitzen aufgrund ihrer Temperatur thermische bzw. innere Energie. Diese kann ein Körper an einen kälteren abgeben. Den transportierten Energiebetrag nennt man Wärme (Q). Die Einheit der Wärme ist Joule (J), früher Kalorie (cal). Eine Kalorie ist etwa 4,2 Joule und vermag ein Gramm bzw. einen Milliliter (1 cm^3) Wasser um 1 Kelvin zu erwärmen. Mischt man bei konstantem Druck zwei Stoffe mit unterschiedlichen Temperaturen, so stellt sich ein thermisches Gleichgewicht ein. Dabei geht so lange Wärmeenergie vom wärmeren Körper auf den kälteren über, bis beide Körper die gleiche Temperatur (Mischtemperatur) erreichen.

Die Wärme bzw. thermische Energie (Q), die man einem Körper zu- oder abführt, berechnet sich nach: $Q = c \cdot m \cdot \Delta T$. Dabei ist c die spezifische Wärmekapazität, m die Masse des Körpers und ΔT die Temperaturänderung des Körpers. Die spezifische Wärmekapazität ist eine Materialkonstante und gibt an, wie viel Wärme ein Körper mit einer Masse von 1 Kilogramm abgibt bzw. aufnimmt, damit sich seine Temperatur um 1 Kelvin ändert.

Ideales Gasgesetz

Gase reagieren bei Veränderung der Temperatur neben einer Volumenänderung u. U. zusätzlich mit einer Druckänderung. Für Zustandsbeschreibungen verwendet man das Modell des idealen Gases. Reale Gase verhalten sich bei Raumtemperatur und Normaldruck annähernd wie ein ideales Gas. In vielen Fällen ändern sich Druck (p), Volumen (V) und Temperatur (T) gleichzeitig; dann gilt die Zustandsgleichung für das ideale Gas:

$(p \cdot V) / T = \text{konst.}$

oder

$(p_1 \cdot V_1) / T_1 = p_2 \cdot V_2 / T_2$

Ist der Druck konstant, so gilt das Gesetz von Gay-Lussac:

$V_1 / T_1 = V_2 / T_2$ (Beispiel: Erwärmung der Luft in einem Wohnraum)

Ist das Volumen konstant, so gilt das Gesetz von Amontons:

$p_1 / T_1 = p_2 / T_2$ (Beispiel: Erwärmung eines Gases in einer Gasflasche)

Ist die Temperatur konstant, so gilt das Gesetz von Boyle-Mariotte:

$P_1 \cdot V_1 = p_2 \cdot V_2$ (Beispiel: Zusammendrücken der Luft in einer Luftpumpe) ■

Temperaturskalen

In der Physik nutzt man die Temperatureinheit Kelvin. Sie geht auf William Thomson (1824 – 1907), den späteren Lord Kelvin, zurück. Der absolute Nullpunkt der Kelvin-Skala, die niedrigste erreichbare Temperatur, liegt bei -273 Grad Celsius. 0 Grad Celsius entsprechen 273 Kelvin. Ein Temperaturunterschied von z. B. 10 Kelvin ist gleichbedeutend mit einer Differenz von 10 Grad Celsius. Die Celsius-Skala führte 1742 Anders Celsius (1701 – 1744) ein. Die Einheit Fahrenheit ist nach Daniel Gabriel Fahrenheit (1686 – 1736) benannt. Fahrenheit wählte als Nullpunkt seiner Skala die tiefste Temperatur des strengen Winters 1708/09 in seiner Heimatstadt Danzig. Mit einer Mischung aus Eis, Wasser und Salmiak (Ammoniumchlorid, NH_4Cl) reproduzierte er den Nullpunkt von -17,8 Grad Celsius. Daneben existieren noch weitere Temperaturskalen, die heute allerdings kaum gebräuchlich sind.

0 K = -273 °C = -460 F

273 K = 0 °C = 32 F

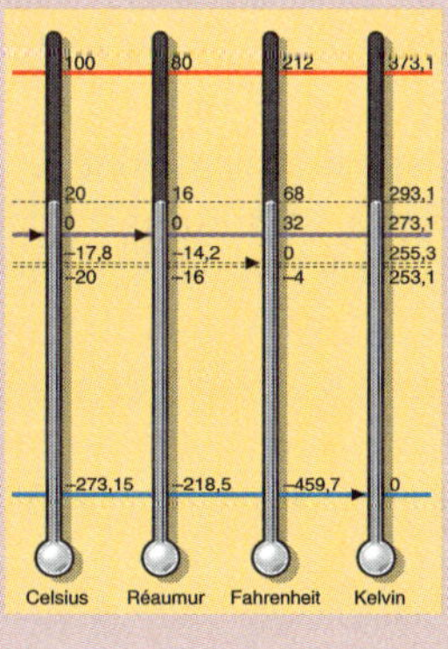

Reflexion und Brechung des Lichts

In der geometrischen Optik bzw. Strahlenoptik vernachlässigt man die Welleneigenschaften des Lichts und geht von einer geradlinigen und nach allen Seiten gleichförmigen Ausbreitung der Lichtstrahlen aus. Treffen Lichtstrahlen einer punktförmigen Lichtquelle auf ein Objekt, so spalten sich diese in einen reflektierten und einen gebrochenen Teilstrahl auf. Je nach Materialbeschaffenheit des bestrahlten Körpers erfolgt eine mehr oder minder starke Absorption (Aufnahme, Schwächung) der Lichtstrahlen.

Ob ein Körper auftreffende Lichtstrahlen vollständig oder teilweise reflektiert bzw. absorbiert, hängt u. a. vom Material, der Schichtdicke und seiner Farbe ab. Fensterglas oder dünne Plastikfolie sind durchscheinend, während eine Stahlplatte lichtundurchlässig ist. Helle, glatte Oberflächen reflektieren einen größeren Strahlenanteil als dunkle, raue Oberflächen; diese absorbieren einen größeren Anteil der Strahlung und heizen sich dadurch auf. Ein dunkles Auto erwärmt sich im Sommer schneller als ein hell lackiertes Auto. Für den reflektierten Teil des Lichts gilt das Reflexionsgesetz: Einfallswinkel ist gleich Ausfalls- bzw. Reflexionswinkel. Dies ist an glatten Oberflächen, wie z. B. Spiegeln oder der ebenen Wasseroberfläche, der Fall. Die Eigenschaften des Spiegelbilds lassen sich mithilfe des Reflexionsgesetzes erklären: Von jedem Punkt des Körpers geht Licht aus, das der Spiegel reflektiert. Führt man die Konstruktion des Strahlenverlaufs komplett aus, so entsteht das virtuelle Spiegelbild hinter dem Spiegel; Körper und Spiegelbild sind beide aufrecht und gleich weit vom Spiegel entfernt sowie symmetrisch zueinander.

Trifft paralleles Licht auf eine gekrümmte Spiegelfläche, so reflektiert diese jeden einzelnen Lichtstrahl nach dem Re-

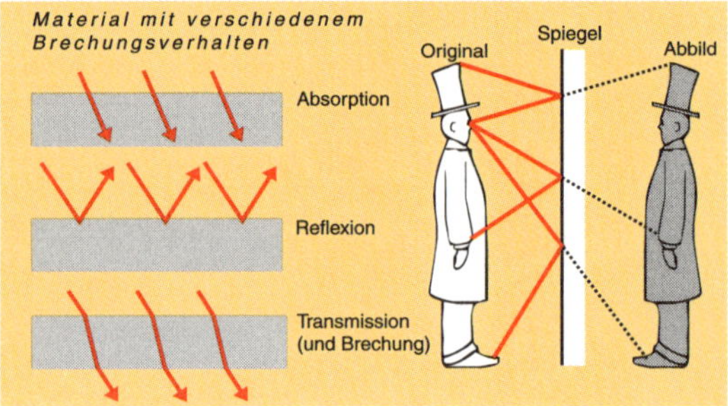

flexionsgesetz. Je nach der Form des gekrümmten Spiegels unterscheidet man Hohl- (bzw. Konkav-) und Wölb- (bzw. Konvex-) Spiegel. Konkave Spiegel konzentrieren parallele Lichtstrahlen in einem Punkt, dem Brennpunkt. Die Brennweite, der Abstand vom Spiegel zum Brennpunkt, ist von der Stärke der Krümmung abhängig. Konvexe Spiegel hingegen erzeugen einen divergenten Lichtkegel.

An rauen Oberflächen erfolgt eine diffuse Reflexion in verschiedene Richtungen (Lichtstreuung).

Brechungsgesetz

In verschiedenen Materialien pflanzt sich das Licht mit unterschiedlichen Geschwindigkeiten fort. Stoffe, in denen sich das Licht langsamer bewegt, nennt man optisch dicht; solche, in denen sich das Licht schnell bewegt, optisch dünn. Trifft Licht auf eine Grenzfläche zwischen zwei verschieden lichtdurchlässigen Stoffen, so kommt es neben der Reflexion zur Brechung der Strahlen an der Grenzfläche. Dabei ändert sich die Ausbreitungsrichtung. Hier gilt das snelliussche Brechungsgesetz:

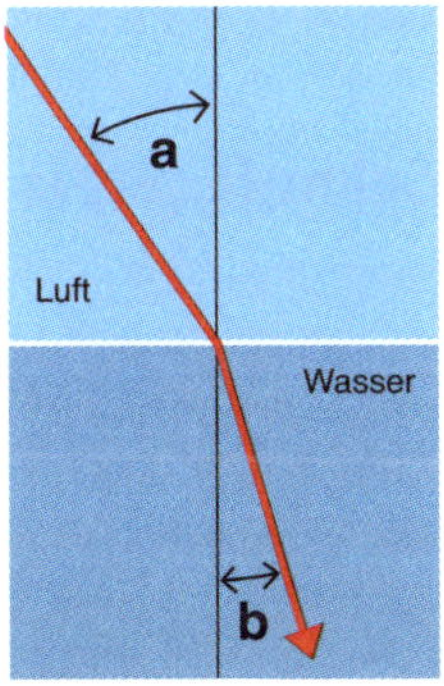

Brechung

$\sin \alpha / \sin \beta = c_I / c_2 = n$;
wobei α der Einfallswinkel, β der Brechungswinkel und c_I bzw. c_2 die jeweiligen Lichtgeschwindigkeiten in den beiden Stoffen wiedergeben. Die Brechzahl n ist demnach vom Verhältnis der Lichtgeschwindigkeiten in den beiden Stoffen abhängig.

Geht Licht von einem optisch dünneren (z. B. Luft) in einen optisch dichteren Stoff (z. B. Glas) über ($c_I > c_2$), so ist der Einfallswinkel α größer als der Brechungswinkel β, und das Licht bricht zum Lot hin. Für den umgekehrten Fall mit $c_I < c_2$ (z. B. Lichtübergang von Glas zu Luft) folgt, dass der Einfallswinkel α kleiner ist als der Brechungswinkel β; das Licht bricht vom Lot weg.

Lichtgeschwindigkeit

Die Ausbreitungsgeschwindigkeit des Lichts ist eine Naturkonstante und liegt bei etwa 300.000 Kilometern pro Sekunde im Vakuum. In Wasser beträgt die Lichtgeschwindigkeit etwa 225.000 Kilometer pro Sekunde.

Totalreflexion

Kommt es an einer Grenzfläche zweier Stoffe unter einem bestimmten Einfallswinkel zu einer vollständigen Reflexion der Strahlen, so spricht man von Totalreflexion. Dies ist der Fall, wenn ein Lichtstrahl aus einem optisch dichteren Medium in ein optisch dünneres Medium übergeht und der Winkel des einfallenden Lichts größer ist als der Grenzwinkel α_G der Totalreflexion: $\alpha_G = c_I / c_2$; für den Fall $c_I < c_2$.

Optische Instrumente

Mithilfe optischer Instrumente erzeugt man Bilder von Gegenständen. Dabei unterscheidet man zwischen Geräten ohne Linsen (z. B. Lochkamera), mit einem Linsensystem (z. B. Brille, Lupe, Fotoapparat) und solchen mit zwei Linsensystemen (z. B. Mikroskop, Fernrohr). Das menschliche Auge ist ebenfalls eine optische Einrichtung zur Abbildung eines Bildes. Die Linse des Auges erzeugt auf der Netzhaut ein auf dem Kopf stehendes Bild; der Strahlenverlauf beim Auge ist mit dem eines Fotoapparats vergleichbar.

Eine Lochkamera ist eine dunkle Kammer oder Schachtel, in die durch ein kleines Loch Licht hineinfällt. Auf der dem Loch gegenüberliegenden Seite, dem Schirm, entsteht ein seitenvertauschtes, umgekehrtes Bild. Die Bildentstehung erklärt sich über die geradlinige Ausbreitung des Lichts. Das erzeugte Bild ist umso schärfer, aber auch lichtschwächer, je kleiner das Loch ist.

Spiegelreflexkamera

Im Jahre 1686 konstruierte Johann Zahn (1641–1707) eine transportable Lochkamera. Im Inneren der Kamera brachte Zahn einen Spiegel mit einem Winkel von 45 Grad an, der das Bild nach oben auf eine Mattscheibe projizierte. Diese Lochkamera setzten Maler als Zeichenhilfe ein, um z. B. Landschaften auf Papier abzumalen und dabei alle Proportionen beizubehalten.

Heute setzt man Lochblenden z. B. anstelle abbildender Linsen für Röntgenstrahlung ein. Denn anders als für sichtbares Licht gibt es für diese kurzwellige Strahlung keine Materialien mit geeigneter Brechzahl, aus denen man Linsen herstellen könnte.

Sehhilfe: Brille

Brillen zählen zu den ersten optischen Geräten, die der Mensch einsetzte. Die ersten Brillen stammen aus dem 13. Jh. Sie dienen der Korrektur von Sehfehlern. Diese können angeboren sein oder als Alterserscheinung auftreten. Bei normalsichtigen Menschen erfolgt die Anpassung der Linsenkrümmung an die Entfernung des betrachteten Gegenstandes automatisch, sodass ein scharfes Bild auf der Netzhaut entsteht. Bei kurzsichtigen Menschen ist der Augapfel etwas länger als gewöhnlich, wodurch diese Menschen ferne Gegenstände verschwommen wahrnehmen. Umgekehrt ist der Augapfel bei

Brechwert einer Linse

Der Brechwert (D) einer Linse gibt an, wie stark man den Strahlenverlauf durch eine Linse korrigiert. Die Einheit des Brechwerts ist Dioptrie (dpt): D = 1 / f, mit f = Brennweite der Linse in Meter. Der Brechwert von Sammellinsen zur Korrektur der Weitsichtigkeit ist positiv, der von Zerstreuungslinsen zur Korrektur der Kurzsichtigkeit negativ.

weitsichtigen Menschen etwas kürzer als gewöhnlich ausgebildet, wodurch nahe Gegenstände verschwommen wirken. Kurzsichtigkeit korrigiert man mittels konkaver Linsen (Zerstreuungslinsen) und Weitsichtigkeit mittels konvexer Linsen (Sammellinsen).

Vergrößerung mittels Mikroskop

Mikroskope sind optische Geräte mit denen man sehr kleine Gegenstände stark vergrößert darstellt. Die ersten Lichtmikroskope entstanden im 16. Jh. Sie setzen sich aus zwei Linsensystemen (Sammellinsen) zusammen. Das vordere optische Element nennt man Objektiv. Es erzeugt ein Zwischenbild, welches das Okular nochmals vergrößert. Das Okular wirkt somit wie eine Lupe.

Die Vergrößerung eines Mikroskops hängt von den Brennweiten von Objektiv und Okular sowie von der Tubuslänge ab. Entscheidend für die Fähigkeit eines Mikroskops, Strukturen kleiner Objekte unterscheidbar abzubilden, ist jedoch nicht die Vergrößerung, sondern die Auflösung. Diese hängt unter anderem von der Wellenlänge des verwendeten Lichts ab. Das Zwischenbild muss sich nach der Vergrößerung durch das Okular noch vom Auge auflösen lassen. Dies funktioniert nur, wenn das Objekt unter einem Winkel von etwa zwei Grad erscheint. Wählt man die Vergrößerung höher, so entsteht zwar ein größeres Bild des Objektes, allerdings sind keine weiteren Details erkennbar. Aus diesem Grund muss man Objektiv und Okular genau aufeinander abstimmen.

Je nach verwendeter Beleuchtungstechnik kann man ein Mikroskop zur Durchlicht- oder Auflichtmikroskopie nutzen. Bei der Durchlichtmikroskopie benötigt man durchsichtige Präparate (Dünnschliffe). Bei der Auflichtmikroskopie reflektiert das Präparat das Licht. ■

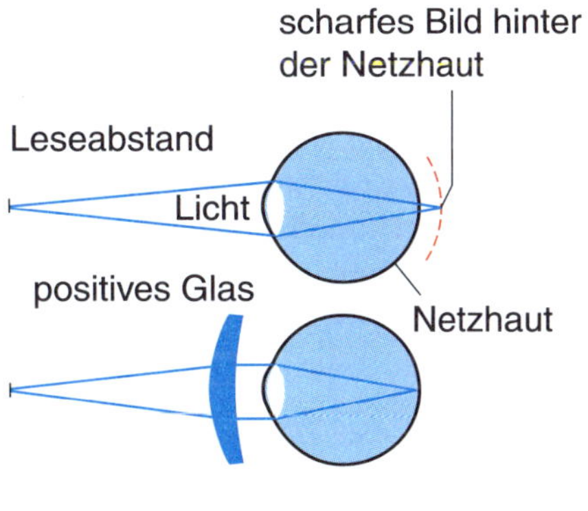

Korrektur bei Weitsichtigkeit

Wellenoptik: Beugung des Lichts

Die Wellenoptik beschäftigt sich mit der Wellennatur des Lichts. Mit diesem Modell lassen sich viele Eigenschaften des Lichts erklären, die sich durch die Strahlenoptik nicht deuten lassen. Dazu gehören u. a. Beugung, Interferenz und Farben. In der Wellenoptik fasst man Licht als elektromagnetische Wellen auf. Es handelt sich dabei um Wellen aus gekoppelten elektrischen und magnetischen Feldern, wobei die beiden Felder senkrecht zueinander stehen.

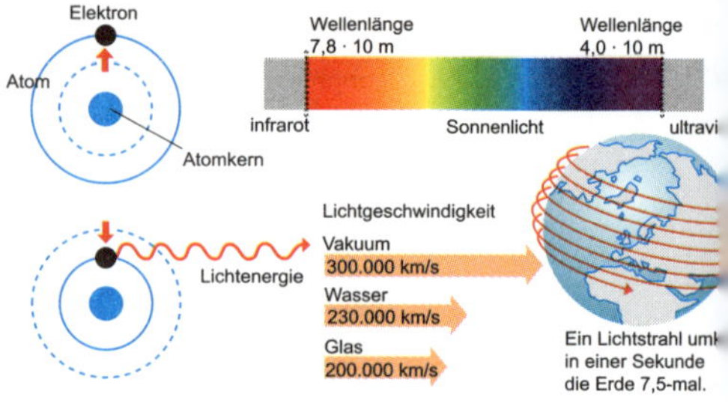

Elektromagnetische Wellen transportieren Energie und breiten sich auch im Vakuum aus. Lichtwellen besitzen – ebenso wie mechanische Wellen – eine Frequenz, eine Wellenlänge und eine Ausbreitungsgeschwindigkeit, die Lichtgeschwindigkeit. Während die Frequenz (f) von Licht in allen Stoffen gleich ist, ändert sich die Lichtgeschwindigkeit (c) und damit die Wellenlänge (λ) in Abhängigkeit vom lichtdurchflossenen Medium. Für die Ausbreitung von Licht gilt: $c = \lambda \cdot f$

Das elektromagnetische Spektrum reicht von kurzwelliger, energiearmer Gamma-, Röntgen- und UV-Strahlung über das sichtbare Licht bis zur langwelligen, energiereichen Infrarot- und Mikrowellenstrahlung. Das weiße, sichtbare Licht stellt die Summe aller Wellenlängen im Bereich von etwa 400 bis 700 Nanometern dar. Es umfasst das gesamte Farbspektrum von Rot über Orange, Gelb, Grün und Blau bis Violett. Die Farbe des Lichts ist somit von der Wellenlänge abhängig. Einfarbiges (monochromatisches) Licht ist elektromagnetische Strahlung nur einer Wellenlänge.

Polarisation

Lichtwellen sind Transversalwellen, d. h. die Schwingungsrichtung ist senkrecht zur Ausbreitungsrichtung. Die Schwingungsrichtung kann jedoch in allen möglichen Richtungen senkrecht zur Ausbreitungsrichtung liegen. Durchdringt Licht einen sogenannten Polarisationsfilter, so filtert dieser eine oder mehre-

Vergleich von Schallwellen und Lichtwellen

Schallwellen	**Lichtwellen**
Mechanische Wellen	Elektromagnetische Wellen
Schallwellen benötigen zur Ausbreitung einen Träger; im Vakuum können sie sich nicht ausbreiten	Lichtwellen benötigen keinen Träger; sie breiten sich auch im Vakuum aus
Schallwellen lassen sich reflektieren, brechen und beugen	Lichtwellen lassen sich reflektieren, brechen und beugen
Frequenz = Tonhöhe	Frequenz = Farbe
Amplitude = Lautstärke des Tons	Amplitude = Intensität des Lichts

re transversale Wellen heraus. In diesem Fall spricht man von polarisiertem Licht. Man unterscheidet verschiedene Arten von polarisiertem Licht: linear polarisiert, zirkular polarisiert und elliptisch polarisiert. Linear polarisiertes Licht schwingt nur noch in eine ganz bestimmte, zur Ausbreitungsrichtung senkrechte Richtung. Man setzt Polarisationsfilter z.B. in Sonnenbrillen und bei der Fotografie ein.

Doppelspaltexperiment

Christiaan Hygens

Beugung tritt bei der allseitigen Ausbreitung von Licht (oder anderen elektromagnetischen Wellen, Wasser- oder Schallwellen) an einem Hindernis auf. Christiaan Huygens (1629–95) verglich die Lichtausbreitung mit Wasserwellen und formulierte das huygenssche Prinzip, welches besagt, dass von jedem Punkt einer beugenden Fläche kugelförmige Elementarwellen ausgehen, die sich überlagern und so Beugungseffekte hervorrufen. Ein Beispiel für die Beugung von Licht sind die typischen Interferenzstreifen, die durch Auslöschung bzw. Überlagerung nach dem Durchtritt von einfarbigem Licht durch einen Doppelspalt entstehen. Hinter den zwei Spalten breitet sich das Licht so aus, wie Wellen auf einem Teich. Trifft die Welle hinter dem ersten Spalt auf eine Welle hinter dem zweiten Spalt, so verstärken sie sich oder löschen sich gegenseitig aus. Verwendet man Licht einer anderen Farbe (Licht anderer Wellenlänge), so verschieben sich die Interferenzstreifen.

Beugung an Gittern

Optische Gitter, auch Beugungsgitter genannt, bestehen aus einer großen Zahl von Einzelspalten in gleichmäßigem Abstand. Licht, das auf ein Beugungsgitter auftrifft, wird vergleichbar zum Doppelspaltexperiment gebeugt. Die so entstehenden Elementarwellen interferieren und bilden ein Gitterspektrum. Das erste optische Gitter entwickelte Joseph von Fraunhofer (1787–1826) im Jahre 1820, indem er feine Drähte dicht nebeneinander spannte.

Farben und Farbspektren

Die Auffächerung von weißem Licht in die einzelnen Spektralfarben nennt man Dispersion (Farbzerlegung). Dies kann z. B. durch ein Prisma geschehen. Das weiße, sichtbare Licht setzt sich aus den reinen, monochromatischen Farben Rot, Orange, Gelb, Grün, Blau und Violett zusammen. Es handelt sich jeweils um Licht mit einer bestimmten Wellenlänge. Licht einer Spektralfarbe kann man nicht weiter zerlegen. Um Farben quantitativ beschreiben zu können, entwickelte man verschiedene Farbmodelle.

Bei der Dispersion von weißem Licht an einem Prisma erfolgt eine Lichtbrechung. Da Licht unterschiedlicher Wellenlängen (Farben) unterschiedlich stark gebrochen wird, kann man mit einem Prisma Licht in seine Farbbestandteile zerlegen. Dabei wird blaues, kurzwelliges Licht stärker gebrochen als rotes, langwelliges Licht. Eine Dispersion weißen Lichts erhält man auch, wenn man es durch ein Gitter lenkt. Dabei entstehen durch Interferenz Streifen des kontinuierlichen Spektrums. Da das Spektrum durch Beugung entsteht, spricht man von Beugungsspektren.

Ursache für einen Regenbogen ist ebenfalls die Dispersion des Lichts, die in diesem Fall durch die Brechung des Lichts an den Regentropfen erfolgt. Da die Brechungswinkel des austretenden Lichts für die einzelnen Wellenlängen (Farben) unterschiedlich sind, gelangt nur jeweils ein Teil des gebrochenen Lichts in das Auge des Betrachters. Dabei wird das blaue Licht mit geringerer Wellenlänge stärker gebrochen als das rote Licht mit höherer Wellenlänge. Der Betrachter sieht somit die einzelnen Spektralfarben des Lichts. Die Farbfolge von Orange zu Violett ist dabei immer gleich. Die Farbe Weiß kann im Regenbogen nicht enthalten sein, da sie die Summe aller Wellenlängen darstellt. Schwarz beobachtet man ebenfalls nicht, da es gar keine Farbe ist. Denn aus physikalischer Sicht ist Schwarz die Abwesenheit von Licht aller Farben.

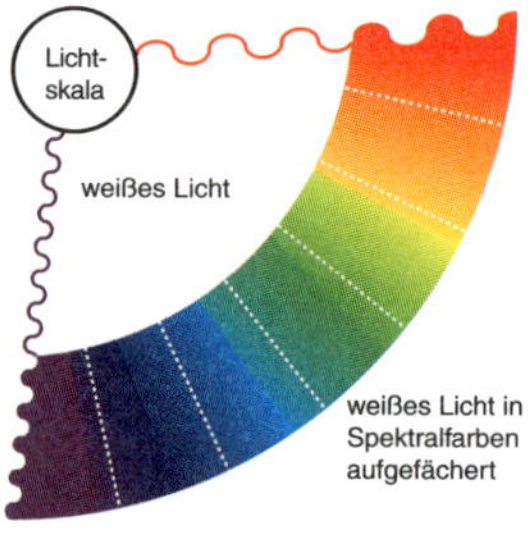

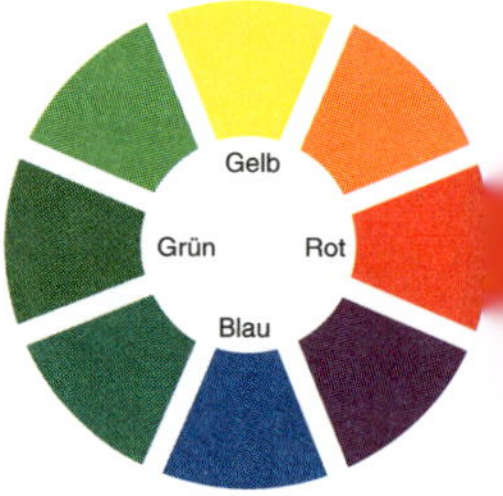

Farbkreis

Additives Farbmodell

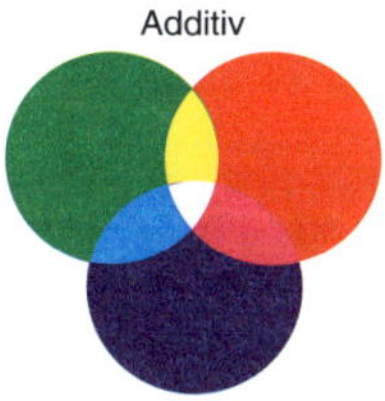

Beim additiven RGB-Modell definiert man eine Farbe durch ihre Anteile an den drei Farben **R**ot, **G**rün und **B**lau. Jede Farbe hat einen Rotwert, einen Grünwert und einen Blauwert. Jeder der drei Werte definiert sich über Zahlen zwischen 0 und 255. Der Wert Null bedeutet: kein Anteil an der betreffenden Grundfarbe. Der Wert 255 bedeutet: maximaler Anteil an der betreffenden Grundfarbe. Beim additiven Modell ist die Mischfarbe aller Farben Weiß.

Fernseher und Computerbildschirme arbeiten nach dem Prinzip des additiven Farbmodells. Die Bildröhre enthält drei Systeme zur Erzeugung von Elektronenstrahlen. Ein farbiger Bildpunkt entsteht durch die Mischung der drei Grundfarben Rot, Grün und Blau. Da die Bildpunkte so klein sind, nimmt man aus einiger Entfernung ein klares, farbiges Gesamtbild wahr.

Fraunhofersche Linien

1814 entdeckte Joseph von Fraunhofer (1787 – 1826) mehr als 570 dunklen Linien im Sonnenspektrum. Sie entstehen dadurch, dass weißes Licht aus dem Sonneninneren Gase an der Sonnenoberfläche durchdringt und dabei Teile des Spektrums absorbiert.

Subtraktives Farbmodell

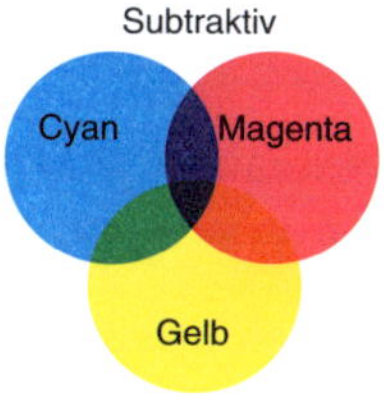

Das CMYK-Farbmodell basiert auf subtraktiven Primärfarben. Es wird vorrangig zum Vierfarbdruck eingesetzt. Das CMYK-Modell verhält sich umgekehrt zum additiven RGB-Modell: So ergeben 100 Prozent **C**yan, 100 Prozent **M**agenta und 100 Prozent **Y**ellow – rein rechnerisch – die Farbe Schwarz. In der Praxis ergibt sich aus der Mischung aller Farben ein schmutziges Braun. Deshalb verwendet man zusätzlich die Farbe Schwarz als Schlüsselfarbe (engl. **K**ey).

Spektroskopie

Zerlegt man Licht mittels eines Prismas oder Gitters, so erhält man ein kontinuierliches Spektrum, welches alle Spektralfarben umfasst. Mittels der Spektroskopie untersucht man, bei welchen Frequenzen bzw. Wellenlängen eine Substanz Energie in Form von elektromagnetischen Wellen absorbiert oder emittiert. Die Untersuchung der Lichtemission bzw. -absorption von Molekülen und Atomen mithilfe von Gitter- und Prismenspektrometern zählt zu den ältesten spektroskopischen Verfahren. Leuchtende Gase unter niedrigem Druck erzeugen charakteristische Linienspektren. Die Anzahl und Lage der Spektrallinien definiert einen bestimmten chemischen Stoff. ■

Elektrizität

Die Elektrizitätslehre beschäftigt sich mit sämtlichen Phänomenen der elektrischen Ladung und Strömen sowie elektrischen Feldern und dem Stromfluss in elektrischen Schaltungen. Ladungsträger sind negativ geladene Elektronen und positiv geladene Protonen sowie Ionen. Entsprechend dem coulombschen Gesetz ziehen sich ungleichnamige Ladungen an; gleichnamige stoßen sich ab. Die Einheit der elektrischen Ladung ist Coulomb (C).

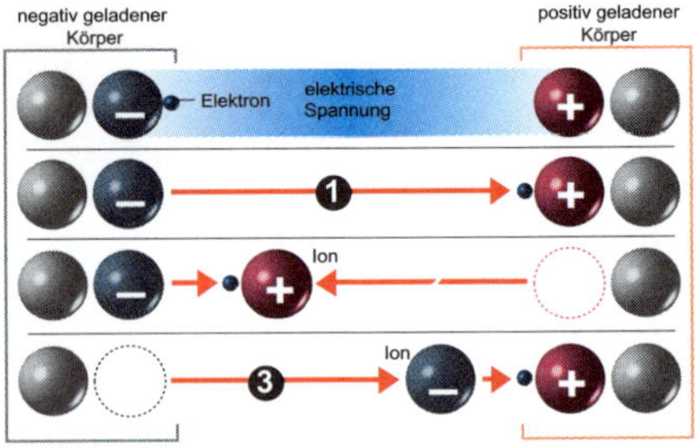

Die kleinste, frei existierende elektrische Ladung, die Elementarladung, ist die des Elektrons. Es gibt genau zwei einander entgegengesetzte elektrische Elementarladungen, die man durch ein entsprechendes Vorzeichen kennzeichnet und dementsprechend als positive oder negative Ladungen bezeichnet: Ein Elektron besitzt die Ladung -e; ein Proton entsprechend +e.

Elektrisch neutrale Körper kann man durch Ladungsverschiebung bzw. Ladungstrennung (Influenz) elektrisch aufladen. Dies erreicht man z.B. durch Reibung: Reibt man eine CD-ROM mit einem Tuch, so lädt sich die CD positiv auf. Bringt man nun den statisch aufgeladenen Datenträger in die Nähe von z. B. Papierschnipseln, so zieht die CD die Schnipsel an.

Stromstärke, Spannung und Widerstand

Eine gerichtete Bewegung elektrischer Ladungsträger bezeichnet man als elektrischen Strom. Die elektrische Stromstärke (I) gibt an, wie viele elektrische Ladungen (Q) sich pro Sekunde (t) durch den Querschnitt eines elektrischen Leiters bewegen. Die Einheit der Stromstärke ist Ampere (A): $I = Q / t$. Elektrische Leiter sind solche, die den Strom gut leiten. Dazu zählen u.a. Metalle, wie z.B. Kupfer oder Aluminium. Stoffe, die den Strom schlecht oder gar nicht leiten, nennt man Nichtleiter oder Isolatoren. Beispiele für Isolatoren sind Keramik, Glas, Kunststoffe, Gummi, Watte und Luft.

Die elektrische Spannung (U) gibt an, wie viel Arbeit (W) bzw. Energie nötig ist,

Vergleich zwischen Reihen- und Parallelschaltung von Widerständen

	Reihenschaltung	Parallelschaltung
Strom	$I = konst., I_{ges} = I_1 + I_2 + I_3 + \ldots$	$I_1 = U / R_1, I_2 = U / R_2, \ldots, I_n = U / R_n$ $I_{ges} = U / R_{ges} = I_1 + I_2 + \ldots + I_n$
Spannung	$U_1 = R_1 \cdot I, U_2 = R_2 \cdot I, \ldots, U_n = R_n \cdot I$ $U_{ges} = R_{ges} \cdot I = U_1 + U_2 + \ldots + U_n$	$U = konst., U = U_1 = U_2 = \ldots = U_n$
Gesamt-widerstand	$R_{ges} = R_1 + R_2 + R_3 + \ldots + R_n$	$1 / R_{ges} = 1 / R_1 + 1 / R_2 + \ldots + 1 / R_n$

um ein Objekt mit einer bestimmten elektrischen Ladung (Q) innerhalb eines elektrischen Feldes zu bewegen. Die Einheit der Spannung ist Volt (V): U = W / Q

Dem elektrischen Strom steht in jedem Leiter ein Widerstand entgegen. Dieser resultiert u.a. aus den Zusammenstößen der bewegten Teilchen. Der elektrische Widerstand (R) gibt an, welche Spannung (U) erforderlich ist, damit ein elektrischer Strom von der Stärke 1 Ampere fließt. Die Einheit des elektrischen Widerstands ist Ohm (Ω): R = U /I

Ohmsches Gesetz

Georg Simon Ohm (1789–1854) fand 1826 für viele Leiter einen linearen Zusammenhang zwischen dem Strom (I) und der Spannung (U). Der Widerstand (R) ist in diesem Fall konstant. Das nach ihm benannte ohmsche Gesetz gilt für Leiter bei konstanter Temperatur; es stellt allerdings einen – wenn auch bedeutenden – Spezialfall dar.

Georg Simon Ohm

Für alle Leiter gilt: aus U = R · I mit R = konst. ergibt sich U = I.

Reihen- und Parallelschaltung

Für einen Gleichstromkreislauf, in dem man z.B. zwei Glühbirnen mit einer Batterie betreiben möchte, gibt es zwei Möglichkeiten: 1. Reihenschaltung und 2. Parallelschaltung.

In der Reihenschaltung fließt der Strom nacheinander durch die beiden Lampen, von der jede dem Stromfluss einen Widerstand entgegensetzt. Schraubt man eine Birne heraus, ist der Stromfluss unterbrochen; fügt man eine weitere Glühbirne hinzu, so nimmt die Helligkeit der Lampen ab. Bei der Parallelschaltung leuchten die Lampen beide in derselben Helligkeit wie bei einer einfachen Schaltung mit nur einer Lampe. Es fließt die doppelte Menge Strom. Schraubt man eine Birne heraus, leuchten die anderen weiter wie bisher; fügt man eine weitere Glühbirne in einem zusätzlichen Parallelkreis hinzu, so ändern sich die Helligkeiten der einzelnen Lampen nicht. ■

Magnetismus

Der Magnetismus umfasst magnetische Eigenschaften von Körpern, Kraftwirkung zwischen Magneten und magnetische Felder, die sich durch die Bewegung der elektrischen Ladungen in elektrischen Leitern ergeben. Magnete sind Körper, die bestimmte andere Körper magnetisch anziehen. Jeder Magnet besitzt zwei Pole, einen Nord- und einen Südpol, wobei sich gleiche Pole abstoßen und ungleiche Pole anziehen.

Als Dauer- bzw. Permanentmagnete bezeichnet man Körper, die ihre magnetische Eigenschaft auf Dauer bzw. über lange Zeit besitzen. Ein magnetisches Feld übt Kräfte auf Magnete und magnetisierbare Körper aus. Im einfachsten Fall kann man diese Körper als magnetische Dipole beschreiben. Die magnetische Kraft nutzt man z.B. beim Kompass, in dem sich die Kompassnadel, ein magnetischer Dipol, nach dem Erdmagnetfeld ausrichtet.

Jeder Magnet besitzt ein Magnetfeld. Die Richtung und Stärke magnetischer Kräfte veranschaulicht man durch Feldlinien. Die äußeren Magnetfeldlinien zeigen stets vom magnetischen Nord- zum Südpol. Die magnetische Feldstärke (H) gibt die Kraft an, die auf einen magnetischen Körper in einem Punkt des Feldes wirkt. Die Einheit der magnetischen Feldstärke ist Ampere pro Meter (A/m).

Elektromagnetismus

Jeder elektrische Leiter ist bei Stromfluss von einem Magnetfeld umgeben. Besonders stark ist das magnetische Feld, wenn man einen Leiter als Spule um einen Eisenkern wickelt. Man spricht dann von einem Elektromagneten. Das Magnetfeld existiert nur so lange, wie der elektrische Strom fließt. Schaltet man den Strom ab, vergeht die magnetische Wirkung. Die magnetische Feldstärke (H) eines Elektromagneten ist abhängig von der Stromstärke (I) sowie von der Windungszahl (N) und der Länge (l) der Spule: $H = N \cdot I / l$

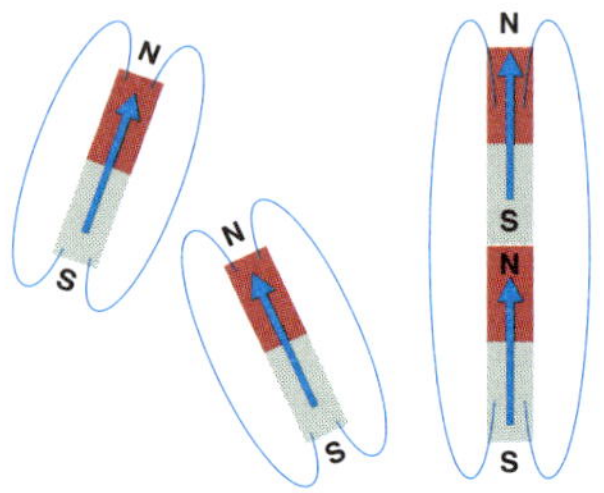

Für einen elektrischen Strom, der durch einen Draht fließt, lässt sich die Richtung der Magnetfeldlinien wie folgt bestimmen: Man umfasst den Leiter so, dass der abgespreizte Daumen die technische (konventionelle) Stromrichtung vom Plus- zum Minuspol (entgegen dem Elektronenfluss) anzeigt. Nun zeigen die Finger der gekrümmten Faust in Richtung der Magnetfeldlinien.

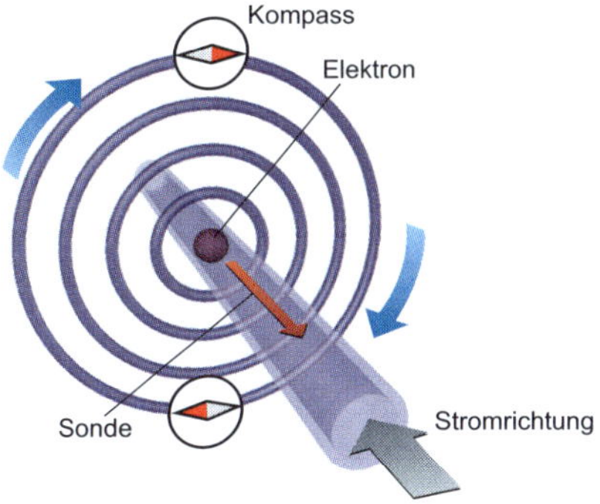

Lorenz-Kraft

Befindet sich ein stromdurchflossener Leiter in einem Magnetfeld, so wirkt die Lorenz-Kraft senkrecht zur Bewegungsrichtung der Elektronen (Stromfluss) und senkrecht zur Richtung des magnetischen Felds. Die Richtung der Lorenz-Kraft ermittelt man mithilfe der Drei-Finger-Regel: Der Daumen zeigt in die technische Stromrichtung. Der Zeigefinger zeigt senkrecht zum Daumen in Richtung der magnetischen Feldlinien, dann zeigt der Mittelfinger senkrecht zu Daumen und Zeigefinger die Richtung der Lorenz-Kraft an. Die Lorenz-Kraft nutzt man z. B. bei Elektromotoren, um elektrische in mechanische Energie umzuwandeln und damit Arbeit zu verrichten.

Elektromagnetische Induktion

Unter der elektromagnetischen Induktion versteht man das Entstehen einer elektrischen Spannung durch die Änderung eines Magnetfelds. Die Induktion entdeckte Michael Faraday (1791–1867) bei dem Versuch, die Funktionsweise von Elektromagneten umzukehren. Die Induktionsregel lautet: „Strom erzeugt ein Magnetfeld und umgekehrt erzeugt ein Magnetfeld einen Strom." Die Induktionswirkung setzt man technisch z. B. in Stromerzeugern (Generatoren) oder in Transformatoren ein.

Elektrische Leiter oder Spulen, die durch den Stromfluss ein Magnetfeld erzeugen, können durch diesen Vorgang auch in sich selbst wieder eine Spannung induzieren. Diesen Vorgang bezeichnet man als Selbstinduktion. Technisch nutzt man die Selbstinduktion in z. B. einer Zündspule, um den Zündfunken bei Ottomotoren zu erzeugen. Die Zündspule unterbricht den Stromfluss, und aus dem abrupt zusammenbrechenden Magnetfeld resultiert eine hohe Gegenspannung. ■

Technische und physikalische Stromrichtung

Die technische Stromrichtung ist historisch bedingt und geht von einem Strom positiv angenommener Ladungen aus, die sich vom positiven zum negativen Pol bewegen. Damals kannte man die negativen Elektronen, die eigentlichen Ladungsträger, noch nicht. Die physikalische Stromrichtung ist die tatsächliche Bewegungsrichtung der Elektronen vom negativen zum positiven Pol.

Atom- und Quantenphysik

Albert Einstein

Im 20 Jh. stand im Mittelpunkt der physikalischen Forschung die Untersuchung des immer Kleineren. So beschäftigt sich die Atomphysik mit den Atomen und ihren Mikrobestandteilen, den Elementarteilchen. Sie sind die kleinsten bekannten Bausteine der Materie. Für diese extrem kleinen Dimensionen versagten die Erklärungsansätze der klassischen Physik. Deshalb schaffte man eine neue Theorie – die Quantentheorie.

Unter einem Quant versteht man eine unteilbare Portion an Energie. Diese Energieportionen treten z. B. im subatomaren Bereich bei Wechselwirkungsprozessen zwischen Materie und Licht auf. Das von Isaac Newton (1643–1727) aufgestellte Teilchenmodell der Lichtstrahlung erklärte die geradlinige, allseitige Ausbreitung von Licht und die Bildentstehung an z. B. Linsen. Das auf Christiaan Huygens (1629–95) zurückgehende Modell „Licht als Welle“ lieferte eine Erklärung für die Beugung und Interferenz. Doch der fotoelektrische Effekt (kurz Fotoeffekt) ließ sich weder mit dem Teilchen- noch mit dem Wellenmodell deuten. Beim fotoelektrischen Effekt setzt man mittels Strahlung Elektronen aus einer Metalloberfläche frei. Dies gelingt jedoch nur mit Licht einer bestimmen Frequenz (z. B. kurzwelliges ultraviolettes Licht). Das Modell „Photon“ stellte Albert Einstein (1879–1955) im Jahre 1905 auf und erhielt dafür 1921 den Nobelpreis. Danach besteht Licht aus Photonen der Energie $E = h \cdot f$, wobei h das plancksche Wirkungsquantum mit dem Wert $6{,}6262 \cdot 10^{-34}$ Ws^2 und f die Frequenz des Lichts ist. Die Lichtenergie tritt damit nicht in beliebigen Energiebeträgen auf, sondern immer als Summe kleinster Energiemengen, dem Energiequant mit dem Betrag $h \cdot f$. Man spricht in diesem Zusammenhang von gequantelter Lichtenergie.

Quantenmechanik

Erwin Schrödinger (1887–1961) gilt als Vater der Quantenmechanik. Er stellte 1926 die Wellengleichung auf. Nach der Orbitaltheorie umfasst ein Orbital (Elektronenwolke) den Raum in der Atomhülle, in dem die Aufenthaltswahrscheinlichkeit für ein Elektron am größten ist. Au-

Elementarteilchen

Eine Eigenschaft der Elementarteilchen ist ihr Eigendrehimpuls, der Spin. Teilchen mit einem ganzzahligen Spin nennt man Bosonen. Zu ihnen zählen u. a. Photonen. Besitzen die Teilchen einen halbzahligen Spin, so bezeichnet man sie als Ferminonen. Bei den Ferminonen unterscheidet man zwischen Quarks (Up- und Down-Quark, Strange- und Charm-Quark sowie Bottom- und Top-Quark) und Leptonen (Elektron, Myon, Tauon und drei Arten von Neutrinos).

Zusammengesetzte Elementarteilchen (Hadronen) unterteilt man in zwei Kategorien:

1. Mesonen mit ganzzahligem Spin. Sie setzen sich aus Quarks und Antiquarks zusammen.
2. Baryonen mit halbzahligem Spin. Sie bestehen aus jeweils drei Quarks. Zu ihnen gehören u. a. die Protonen und Neutronen. Ein Proton enthält zwei Up-Quarks und ein Down-Quark. Ein Neutron besteht aus zwei Down-Quarks und einem Up-Quark. Die Ladung des Up-Quarks beträgt +2/3; die des Down-Quarks -1/3.

	Elementarteilchen	**Ladung**
Elektronen	Elektronen	-1
Protonen	2 Up-Quarks + 1 Down-Quark	2/3 + 2/3 -1/3 = 3/3 = +1
Neutron	1 Up-Quark + 2 Down-Quarks	2/3 + 1/3 + 1/3 = 0/3 = 0

ßerdem kommt jedem Orbital ein bestimmter Energiebetrag zu. Die Elektronen besetzen die Orbitale so, dass das Atom im Grundzustand stets über den geringsten Energiebetrag verfügt. In einem Orbital findet maximal ein Elektronenpaar mit entgegengesetztem Spin Platz. 1927 erweiterte Werner Heisenberg (1901–76) die Schrödinger-Gleichung und postulierte die Unschärfe- bzw. Unbestimmtheitsrelation, nach der es unmöglich ist, Aufenthaltsort und Impuls (Masse mal Geschwindigkeit) von Elektronen gleichzeitig zu bestimmen.

Elektronenwolke um einen Atomkern

Quantenchemie

Die Quantenmechanik erklärt mithilfe der Orbitaltheorie den Aufbau von Atomen und bietet Erklärungsansätze für chemische Verbindungen. Das Orbitalmodell ermöglicht die Bestimmung von Elektronenkonfigurationen nach einfachen Regeln und bietet gleichzeitig eine grafische Darstellung der Aufenthaltsorte (Orbitale) der Elektronen. Das Modell lässt sich durch die Summation mehrerer Atomorbitale auch auf Moleküle mit Molekülorbitalen ausdehnen.

Kernphysik

Die Kernphysik beschäftigt sich mit den Eigenschaften des Atomkerns. Dazu zählen Kernumwandlungen durch den spontanen Zerfall oder Beschuss mit Teilchen sowie Kernspaltung und Kernfusion. Bei allen Kernprozessen ändert sich die Kernladungszahl, sodass ein anderes chemisches Element entsteht. Dabei setzt sich Energie in Form von radioaktiver Strahlung frei. 1896 entdeckte Henri Becquerel (1852–1908) die natürliche Radioaktivität.

Henri Becquerel

Die radioaktive Strahlung setzt sich aus α-, β- und γ-Strahlung zusammen. Die α-Strahlung besteht aus doppelt positiv geladenen Heliumkernen (α-Teilchen). Die β-Strahlung setzt sich aus negativ geladenen Elektronen oder positiv geladenen Positronen zusammen. Positronen sind Antiteilchen des Elektrons, d.h. Elektronen und Positronen stimmen bis auf die elektrische Ladung in allen Eigenschaften überein. Die γ-Strahlung stellt eine energiereiche elektromagnetische Strahlung mit kleiner Wellenlänge dar. Elektrische und magnetische Felder lenken α- und β-Strahlung ab; γ-Strahlung jedoch nicht. Die drei Strahlungsanteile lassen sich von verschiedenen Stoffen unterschiedlich stark abschirmen (absorbieren). Das Durchdringungsvermögen von radioaktiver Strahlung ist für die γ-Strahlung am größten. So absorbiert z.B. Papier α-Strahlen; Aluminium bereits α- und β-Strahlen. Blei schirmt α- und β-Strahlen komplett und gut 50 Prozent der γ-Strahlen ab. Der Nachweis radioaktiver Strahlung erfolgt mittels einer fotografischen Schicht, einem Zählrohr (z.B. Geiger-Müller-Zähler) oder in einer Nebelkammer.

Kernumwandlung

In der Natur existiert eine ganze Reihe an instabilen Atomkernen, sogenannte radioaktive Nuklide. Sie wandeln sich spontan unter Aussendung radioaktiver Strahlung in andere chemische Elemente um. Die entstehenden Atomkerne sind meist wieder instabil und somit ergibt sich eine Zerfallsreihe. So zerfällt z.B. ^{238}Uran über viele Zwischenschritte in das stabile ^{206}Blei. Von den in der Natur vorkommenden 91 Elementen sind ca. 300 natürliche Nuklide bekannt, von denen wiederum etwa 50 radioaktiv sind. 1898 entdeckten Marie und Pierre Curie die radioaktiven Elemente Radium und Polonium.

Atombomben

Die erste Atombombe zündeten die Amerikaner 1945 auf einem Versuchsgelände in den USA. Lediglich 21 Tage später, am 6. August 1945, erfolgte der Atombombenabwurf auf Hiroshima und am 9. August 1945 auf Nagasaki. Die erste Wasserstoffbombe testeten die USA 1952.

Ein Maß für den radioaktiven Zerfall ist die Halbwertszeit. Sie gibt an, in welcher Zeit die Hälfte der instabilen Atomkerne zerfällt. Für das instabile, radioaktive Kohlenstoffatom ^{14}C beträgt die Halbwertszeit 5730 Jahre. Die sogenannte ^{14}C-Methode nutzt man z. B. zur Altersbestimmungen von archäologischen Funden.

Kernspaltung

Unter der Kernspaltung versteht man die Zerlegung schwerer Atomkerne in leichtere. Die Kernspaltung von Uran gelang 1938 zuerst Otto Hahn (1879–1968), Fritz Straßmann (1902–80) und Lise Meitner (1878–1968). Uran besitzt die meisten Protonen aller in der Natur vorkommenden Elemente. In Kernkraftwerken beschießt man ^{235}Uran mit Neutronen. Das Uran nimmt ein Neutron auf und besitzt dann eine Massenzahl von 236. Dieser Urankern ist jedoch instabil und zerfällt unter Energieabgabe. Dabei entstehen zwei neue Atome und zwei bis drei Neutronen. Diese freien Neutronen spalten automatisch weitere Kerne, wodurch es zu einer Kettenreaktion kommt.

Otto Hahn

Kernfusion

Neben der Kernspaltung schwerer Atomkerne existiert noch ein weiterer Prozess, der Kernenergie freisetzt: Die Verschmelzung leichter Atomkerne, die sogenannte Kernfusion.

Gelingt es beispielsweise, zwei Wasserstoffkerne – gegen die abstoßenden elektrischen Kräfte der Protonen – sehr nahe zusammenzubringen, verschmelzen sie zu einem Heliumkern. Dabei wird eine gewaltige Energiemenge frei. Diese Reaktion kommt nur bei mehreren Millionen Grad in Gang. Erst dann ist die Geschwindigkeit der Protonen so groß, dass sie die abstoßenden Kräfte überwinden. Die Kernfusion findet im Inneren von Sternen, wie z. B. der Sonne, statt. Ungesteuerte Fusionskettenreaktionen setzt man in Kernwaffen (z. B. Wasserstoffbomben) ein. Kontrollierte Fusionsreaktionen sind bislang nicht möglich. ■

Physik im Alltag

Ohne Physik gäbe es weder Elektrizität, Telefon, Fernsehen, Internet, Fahrzeuge oder Maschinen noch medizinische Diagnostik oder die Raumfahrt. Die Physik reicht von der Erforschung elementarer Bausteine und Eigenschaften der Materie bis zur Untersuchung der kosmischen Strukturen. Bei der Suche nach den grundlegenden Naturgesetzen bezieht die Physik alle verwandten Naturwissenschaften wie Chemie, Biologie und Astronomie mit ein und bietet damit die theoretischen und experimentellen Voraussetzungen für das Verständnis von Natur und Technik.

So ermöglichte z. B. erst die Erfindung des Transformators durch Nikola Tesla (1856–1943) elektrischen Strom über weite Entfernungen zu übertragen. Auf der Weltausstellung 1893 bewies Tesla, dass transformierbarer Wechselstrom viel weniger Leistungsverluste als Gleichstrom aufweist. Der entscheidende Vorteil von Wechselstrom ist, dass man ihn unter Beibehaltung der Energie zwischen unterschiedlichen Spannungsebenen transformieren (umspannen) kann. Mithilfe von Transformatoren lassen sich elektrische Wechselspannungen auf die gewünschten Erfordernisse für das jeweilige technische Gerät herauf- oder heruntertransformieren, also erhöhen oder verringern. Netzgeräte oder Netzadapter enthalten Transformatoren, welche die Betriebsspannung des jeweiligen elektrischen Geräts, wie z. B. Halogenlampen oder TV-Geräte, an das Spannungsnetz anpassen. Die Netzspannung in Deutschland liegt seit 1989 bei 230 Volt.

Eines der typischen Haushaltsgeräte, die man wohl in jedem Haushalt antrifft, ist der Kühlschrank. Ihn erfand 1876 Carl von Linde (1842–1934). Das Funktionsprinzip des Kühlschranks entspricht einer Wärmepumpe. Um aus einer Wärmepumpe eine Kältemaschine zu erhalten, vertauscht man lediglich Innen- und Außenraum miteinander. Im Inneren des Kühlschranks befindet sich ein Verdampfer, in dem die Kühlflüssigkeit verdampft. Beim Verdampfungsprozess entzieht der Kühlschrank der Umgebung Wärme und reduziert so die Kühlschranktemperatur. Die gasförmige Kühlflüssigkeit verdichtet man und leitet sie in einen Verflüssiger. Hier überführt man nun das erwärmte, zusammengepresste Kühlmittel wieder in den flüssigen Zustand. Die dabei abgegebene Wärme entlässt man an die Umgebung.

Musik: Saiteninstrumente

Die Saiten einer Gitarre sind unterschiedlich dick: Dünne Saiten erzeugen hohe Töne; dicke Saiten tiefe Töne, da dicke Saiten mehr Masse besitzen und damit träger schwingen. Ihre Periodendauer ist relativ groß und ihre Frequenz damit klein. Eine Saite, die an beiden Enden befestigt ist, erzeugt beim Zupfen stets den gleichen Grundton, da sie immer auf die gleiche Art und Weise schwingt; sie führt eine Eigenschwingung aus. Beim Stimmen einer Gitarre verändert man durch Drehen am Wirbel die Spannung einer Saite und damit ihre Tonhöhe. Eine stärkere Spannung bei gleicher Saitendicke bewirkt einen höheren Ton. Durch das Abgreifen verkürzt man die Länge der Saite und erzeugt so ebenfalls einen höheren Ton. Das Material der Saite entscheidet über die Klangfarbe des Instruments. So erzeugen Metallsaiten einen harten, klaren Klang, wie es z. B. beim Banjo der Fall ist.

Wärmepumpe

Wärmepumpen dienen u. a. zur Heizung von Gebäuden. Dabei pumpt man Wärme von einem äußeren Medium unter Energieaufwand ins Innere des Gebäudes.

Laser

Laser ist die Abkürzung für **l**ight **am**plificaton by **s**timulated **e**mission of **r**adiation, was so viel bedeutet wie „Lichtverstärkung durch induzierte Emission". Den Begriff prägte 1957 der Erfinder des Lasers Gordon Gould (1920–2000). Die Wellenlänge kann im sichtbaren oder nicht sichtbaren Bereich des elektromagnetischen Spektrums liegen. Man erzeugt Laserlicht (Licht einer Frequenz) in einem sehr schmalen, nahezu parallelen Lichtbündel. Dadurch erhält man äußerst energiereiche und sehr intensive Strahlung, wodurch Laser sich in der Technik gleichermaßen zum Schneiden sowie zum Schweißen eignen. Man setzt sie u. a. zum Bohren kleinster Löcher in Metallplatten ein, in der Chirurgie und Messtechnik sowie zum Lesen und Beschreiben von CDs oder zum Abtasten von Strichcodes. ■